U0135036

世界 兩生爬行類圖鑑

全新美耐版

自然珍藏系列

世界兩生爬行類圖鑑

全新美耐版

歐喜雅、哈勒帝◎合著

艾佛里◎編輯顧問

貓頭鷹出版

A Dorling Kindersley Book
www.dk.com

世界兩生爬行類圖鑑（全新美耐版）

Original title : Reptiles and Amphibians
Copyright © 2000 Dorling Kindersley Limited, London
Text Copyright © 2000 George C. Mcgavin
Chinese Text Copyright © 2001, 2008 Owl Publishing House,
a division of Cite Publishing Ltd.
All rights reserved.

作者　歐喜雅（Mark O'Shea）、哈勒帝（Tim Halliday）
審定　楊懿如
譯者　謝伯娟、黃雅倫、劉奇璋、劉怡里、林中一、李承恩
出版者　貓頭鷹出版
發行人　涂玉雲
發行　英屬蓋曼群島商家庭傳媒股份有限公司城邦分公司
104 台北市中山區民生東路二段141號2樓
劃撥帳號　19863813 書虫股份有限公司
購書服務信箱　service@readingclub.com.tw
購書服務專線　02-25007718~9／24小時傳真專線　02-25001990~1
香港發行所　城邦（香港）出版集團
電話：852-25086231　傳真：852-25789337
馬新發行所　城邦（馬新）出版集團
電話：603-90563833　傳真：603-90562833
印製廠　成陽彩色製版印刷股份有限公司
初版　2001年7月／二版1刷　2008年4月
定價　新台幣550元／ISBN　978-986-6651-07-6
有著作權‧侵害必究

系列主編　謝宜英
特約責任執編　莊雪珠／編輯協力　林明月
版面構成　李曉青、謝宜欣／封面設計　董子瑈
行銷企畫　翁筠緯
社長　陳穎青
總編輯　謝宜英
讀者服務信箱　owl@cph.com.tw
貓頭鷹知識網　http://www.owls.tw
大量團購請洽專線02-23560933轉264
歡迎投稿！請寄：台北市信義路二段213號11樓　貓頭鷹編輯部收

全新美耐版‧吳氏總經銷

國家圖書館出版品預行編目資料

世界兩生爬行類圖鑑 ／ 歐喜雅（Mark O'Shea）、哈勒帝
（Tim Halliday）著 ；謝伯娟等譯. -- 二版. -- 台北市：
貓頭鷹出版：家庭傳媒城邦分公司發行，2008.04
面；公分. --（自然珍藏系列全新美耐版；15）
含索引
譯自：Reptiles and Amphibians
ISBN 978-986-6651-07-6（平裝）

1. 兩生類　2. 爬行類　3. 圖錄

388.6025　　　　　　　　　　　　　97004564

城邦讀書花園
www.cite.com.tw

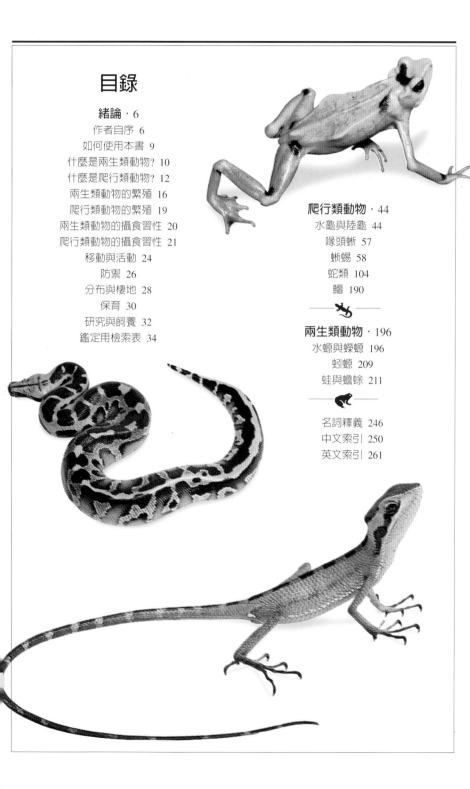

目錄

作者序

兩生爬行動物學（Herpetology）是專指研究兩生類與爬行類動物的學問，此類動物包含約 11,000 個現生種類，體型從微小的南美箭毒蛙到龐大的印度鱷都有。兩生類與爬行類動物是地球上分化最成功的動物，大部分的種類擁有迷人的生活史、具謀略的裝飾、絢麗的顏彩與保護色，甚至是致人於死的毒液。有些種類更是兇猛的掠食者。

兩生類動物大約在四億年前出現於地球，此後即稱霸陸域動物逾八千萬年之久。不過，這些在石炭紀（三億五千萬年前-二億七千萬年前）出現的掠食者體型龐大、具武裝的甲殼且外形似魚，與現今缺少身體防護、沒有堅固骨骼且體型較小的兩生類截然不同。現生種兩生類大約出現於二億年前，而後約在一億五千萬年前的侏羅紀期間，隨著盤古大陸板塊的破裂、移動而四處擴散，此為兩生類對海水忍容力低卻能廣泛分布全世界的原因。現今兩生綱（Class Amphibia）動物分為三目（Order），約 4,550 種。

雖然爬行類動物的歷史可以上溯至上石炭紀，但大部分的目（包括海龍、翼龍與陸棲

性恐龍）很可能因天然的宇宙或氣候災難，於六千五百萬年前就已滅絕。現今的爬行綱（Class Reptilia）由於不含鳥類，屬於人為的

遠祖
現今認為兩生類是由肉鰭魚（lobe-finned fish）所演化而來。肉鰭魚與現今的肺魚長得不一樣。上圖的肺魚化石標本得自蘇格蘭，已有四億年以上的歷史。

分類群而非自然的分類群。另置於鳥綱（Class Aves）的鳥類，目前認為與現生種鱷類（包括鱷與短吻鱷）相近。龜類的祖先約於二億年前演化出來，最早的鱷類則約於一億年前由有鱗類（蛇、蜥蜴與喙頭蜥的祖先）所分化出來。現今爬行綱分四目，約有 6,660 種。

箭毒蛙
色彩鮮豔的箭毒蛙通常在白天活動，這對大多在夜晚出沒的兩生類來說極不尋常。有些種類有劇毒。

特徵差異

兩生類、爬行類動物與哺乳類和鳥類均屬具有四肢的四足類脊椎動物（雖然蛇、蚓螈等有些種類已退化成無足）。兩生類動物由於卵缺少保護性外殼，必須返回水中完成生殖，而與其他四足類區分開來；大部分必須經過幼體階段或一連串的生活史。反之，爬行類動物的卵則具有堅韌的外殼保護，所以不用再返回水中生殖；有些爬行類動物更進一步演化，可以將幼體留置在母體內發育，例如蛇的生殖方式即有卵生（產卵）和卵胎生（產下幼蛇）兩種。爬行類動物的皮膚有防止水分散失的功能，迥異於兩生類動物的無鱗及透水性皮膚。兩生類、爬行類動物都屬冷血動物，均要仰賴外在環境將體溫升高至可以活動的溫度。

虎紋鈍口螈

雖然許多蠑螈形似蜥蜴，但事實上這種兩生類擁有光滑無鱗的皮膚。虎紋鈍口螈是陸棲性種類，不過還是必須返回水中生殖。虎紋鈍口螈的膠狀卵塊會黏附在水面下的植物上，再發育成水棲性幼體。

長尾上有連續的斑紋

皮膚有毒，以鮮豔的色彩警告捕食者

適應陸地生活的四肢

◁短吻鱷

有些爬蟲類已能適應水棲的生活型態。美洲短吻鱷的捕食對象有魚、龜、鳥類與哺乳動物，這種短吻鱷將卵產在陸地上，並有保護幼鱷的行為。

▽巨蜥

重達140公斤的科摩多巨蜥是世上體型最龐大的蜥蜴，動作卻敏捷詭異，可以伏擊野豬、鹿及人類。

分類

生物學家將所有的生命形式分成五個界（kingdoms），所有的動物都歸屬動物界（Animalia），其下再細分為門（phyla）。脊索動物門（Chordata，具脊索的動物）下具脊椎的動物再組成脊椎動物亞門（Vertebrata），兩生類與爬行類動物為此亞門下的兩個綱，其主要分類階層如下：

綱
由目組成的分類群，所屬動物共享相似的特徵。

| 爬行綱 REPTILIA | 兩生綱 AMPHIBIA |

目
每一綱又細分為許多目，目是由相近的科所組成。

| 有鱗目 SQUAMATA | 無尾目 ANURA |

科
每一目分成許多科，科是由十分相近的屬所組成。

| 毒蜥科 HELODERMATIDAE | 狹口蛙科 MICROHYLIDAE |

屬
每一科包含若干屬，每一屬都由十分相近的種所組成。

| 毒蜥屬 *Heloderma* | 暴蛙屬 *Dyscophus* |

種
種是最基本的分類單元，同種的動物可以互相交配。

| 鈍尾毒蜥 | 番茄蛙 |

亞種
物種為適應新的隔離環境而形成不同的亞種或變種。

| 條紋鈍尾毒蜥 |

△番茄蛙
番茄蛙是馬達加斯加島上瀕危的物種。

◁巨毒蜥
條紋鈍尾毒蜥是鈍尾毒蜥中有環狀體色的亞種。

如何使用本書

本書首先分成爬行類動物與兩生類動物兩大部分，再按目依次分章介紹。每一目下均細分成科，科下再舉列其代表性物種。下面所示即爲本圖鑑的標準編排樣章，上部樣章取自兩生類動物，下部樣章則爲爬行類動物。

物種所屬科名

拉丁學名

現今族群狀態，包括稀有、瀕危、普遍或地區性普遍

此物種分布的地區

俗名

形態描述與特徵介紹

分布與棲地資訊

卵與幼體的說明

指出該物種主要是陸棲或水棲

活動符號圖例
相關的詳細說明請參見本書25頁。

☼ 日行性
☾ 夜行性
◐ 晨昏活動
○ 全日活動

顯示物種活動時間的符號

食性符號圖例
相關的詳細說明請參見本書21頁。

🐾 哺乳類
🐦 鳥類
🦎 爬行類
🐸 兩生類
🥚 卵
🐟 魚類
🐚 軟體動物
🪱 蠕蟲
🦐 節肢動物
🌿 植物
🍄 真菌

毒性符號圖例
毒性符號有時會附加在某些爬行類動物的俗名之後，詳細說明請參見15頁。

☠ 高危險性
☢ 潛在性危險

物種全彩照片

容易與本種混淆的形態相似種（相同或不同地理區）

一般成體的體長範圍

顯示物種成體食性的符號（見左邊的食性符號圖例）以及主要食物來源

拉線說明重要的特徵，有助於辨識

什麼是兩生類動物？

兩生類動物可區分成三個類群或目：有尾目（Urodeles，水螈與蠑螈）、蚓螈目（Gymnophionans，蚓螈）、無尾目（Anurans，蛙與蟾蜍）。蛙與蟾蜍的體型特殊醒目，一眼就能辨識出來；不過體型多變的水螈與蠑螈就很難清楚判別，蚓螈更是經常被誤認成蠕蟲或蛇。

兩生類的結構

兩生類動物的皮膚薄且缺少保護性的外層構造（例如鳥類的羽毛、哺乳動物的毛髮或爬蟲類的鱗片等）；可分泌黏液來保持皮膚濕潤，因此身體多呈潮濕狀態，分泌物並具毒性以嚇阻捕食者；許多兩生類還可透過皮膚吸取氧氣。大部分的兩生類主要仰賴視覺捕食，通常都有大大的眼睛和色彩鮮豔的虹膜，以便在夜晚出獵。多數的兩生類動物還有個大嘴，可以吞下體型不小的獵物。

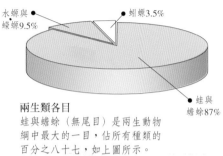

水螈與蠑螈9.5%　　蚓螈3.5%　　蛙與蟾蜍87%

兩生類各目
蛙與蟾蜍（無尾目）是兩生動物綱中最大的一目，佔所有種類的百分之八十七，如上圖所示。

圓形　　　　水平　　　　垂直

眼睛的變化
垂直瞳孔方便夜間捕食；水平瞳孔常見於白天活動的種類。所有的蠑螈都有圓形瞳孔。

光滑　　　　粗糙有疣

皮膚形式
兩生類的皮膚多為明亮的顏色，膚質或是光滑或是粗糙。此外，皮膚上還有分泌黏液的腺體來潤濕身體。

無鱗的透水性皮膚

大而突出的雙眼方便夜晚活動

適於游泳的趾

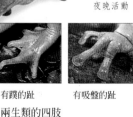

有蹼的趾　　　有吸盤的趾

兩生類的四肢
兩生類的腳趾通常具有可以幫助游泳的蹼，有時還有吸盤以助攀爬。

蛙與蟾蜍

蛙與蟾蜍的標準特徵是大頭與寬嘴、堅硬的短背、小小的前肢以及肌肉發達的大型後肢。此外，還有大而突出的雙眼；蛙類的皮膚光滑且通常體色明亮，蟾蜍則有疣且膚色暗沉。皮膚的花紋可用於偽裝。

蟾蜍

這隻大蟾蜍移動緩慢且無力攀爬，只能在地面行走及跳躍。

細長的趾可以抓握樹枝

晦暗有疣的皮膚

樹蛙

紅眼樹蛙有閃亮光滑的皮膚，趾端有可以幫助攀爬的吸盤，身手非常靈活敏捷。

蚓螈

形似大蚯蚓的蚓螈無足，細長的身體上有無數的溝紋。蚓螈的頭尖呈鏟狀、尾非常短，端憑嗅覺尋找食物。

身體有明顯的溝紋

蠕蟲狀的身體

挖洞的體型

左圖的墨西哥蛇皮蚓可以像蠕蟲般利用鏟狀的頭部挖洞。

水螈與蠑螈

水螈與蠑螈由幼體發展至成體時，外形的改變相較於青蛙與蟾蜍來說變化並不大。水螈與蠑螈有相對較小的頭部、長而柔軟的身體與尾巴。有些棲居在水中的種類有側扁的尾巴，游泳時可左右拍打。前肢具四趾，後肢則為五趾。

△吸引雌性

這隻雄性的高山歐螈在繁殖季節時發展出明亮的體色，以吸引異性交配。

側扁的尾巴有助於游泳

膚色鮮豔

體側的肋間溝

◁警戒色

這隻帶有劇毒的真螈，以鮮豔的體色警告捕食者。

什麼是爬行類動物？

爬行類動物分成以下四個目：龜鱉目（Testudines，水龜與陸龜）、鱷目（Crocodylia，鱷、短吻鱷與食魚鱷）、喙頭目（Rhynchocephalia，喙頭蜥）以及有鱗目（Squamata，有鱗爬行類）。有鱗目更細分成蜥蜴亞目（蜥蜴）、蚓蜥亞目（蚓蜥）與蛇亞目（蛇）。

爬行類的結構

爬行動物的防水性皮膚通常外覆鱗片或有骨板加以強化，但沒有哺乳動物所具有的皮膚腺體。爬行動物的體色或可隱藏偽裝以防偵測，或是色彩俗麗可用以警示。至於感覺器官的發育情形則各群組間互有差異，特殊化的器官如：某些蛇類的熱感應頰窩、蛇及某些蜥蜴舌頭上的化學感應器等，都是為了加強對獵物的定位及捕捉能力所發展出來的。

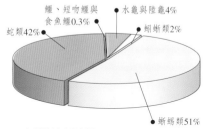

鱷、短吻鱷與食魚鱷0.3%　水龜與陸龜4%
蛇類42%　蚓蜥類2%
蜥蜴類51%

△爬行類各目比例

蛇類、蜥蜴類與蚓蜥類（有鱗目）佔所有爬行類動物的95%，只佔0.03%的喙頭目因比例太小，無法在上圖中顯現出來。

顆粒狀

平滑

鱗脊化

△鱗片

蜥蜴的皮膚多樣化，從壁虎的顆粒狀皮膚到毒蜥的珠狀鱗片皮膚都有。蛇類的皮膚或是平滑（蟒蛇類）或是鱗脊化（如沙漠蝮蛇或水棲稜背蛇）。

△蛻皮

大部分爬行動物在成長過程中，都會蛻去皮膚上層的薄皮。蛇類蛻皮時可將皮蛻成一整片；而蜥蜴類因有四肢，所以只能將皮蛻成一片一片。

蜥蜴的眼瞼大多可眨動，但蛇類則否

水平

垂直

圓形

△眼睛形式

日行性爬行動物的瞳孔通常呈圓形，少數則為水平形式；夜行性種類則有垂直的瞳孔。

由鱗片或骨板所覆蓋的堅韌皮膚

有足爬行動物大多具有五趾

鱷與短吻鱷

鱷類雖然早在史前時期就已存在，不過現生的鱷魚卻具有四心室的心臟，遠較其他只有三心室的爬行類動物先進。鱷類外覆堅韌的革質皮膚，皮下通常有具保護功能的骨板。大型鱷魚有肌肉發達的尾巴、蹼狀的後肢，以及長滿牙齒的有力顎部，是淡水域的終極捕食者，所有進入其領域的動物幾乎都難逃一劫。不過不是所有的鱷魚都會危害到人類，例如體型龐大的恆河鱷就是一種吃魚的鱷類。食魚鱷（特徵是細長的口鼻部）與鱷及短吻鱷分屬不同科；寬吻鱷則是產於南美的短吻鱷。

強而有力的尾有助游泳

胄甲般的皮膚

上顎凹槽

△尼羅河鱷
鱷魚下頜的第四齒突出於上顎的凹槽內。

▽美洲短吻鱷
美洲短吻鱷的寬廣口鼻部（吻部）在閉合時可完全覆蓋住牙齒。這種短吻鱷在沼澤地相當常見，黑褐色的身軀常覆蓋著水藻。

寬大的口鼻部

粗厚的尾巴有助泅水

後肢有蹼

▷雅各布森氏器
蛇與許多蜥蜴的舌可將化學氣味傳至顎部頂端的化學接受器——雅各布森氏器上。

舌分岔

爬行動物的尾巴可用於泅水、攀爬與禦敵

四肢發達，但也有退化或缺少情形

喙頭蜥

大多數的喙頭蜥種類在六千五百萬年前就已滅絕，僅存活下來的兩種可視為活恐龍，現今分布在紐西蘭外海偏僻的小島上。這些古怪的爬行動物體型相當小、生長遲緩，生殖與代謝過程也十分緩慢。雖然外形與棕鬣蜥相似，但與蛇類及蜥蜴類在血緣上並不接近。

形似鬣蜥

陸龜與水龜

陸龜與水龜在外形上與其他現生的爬行類動物截然不同，早在二億三千萬年前，龜類的祖先就已經與其他爬行類動物分化。所有的陸龜與水龜都有背甲與腹甲，不過某些種類的龜甲卻柔軟如皮革。大部分的龜類生活於淡水環境中，但龜鱉目中仍有八種海龜與一大群的陸棲性龜類。大部分的陸棲種類為草食性，而水棲種類則多為雜食性。海龜就比較特殊，牠們是世上最偉大的海洋領航者與旅行家。

△紅足龜
紅足龜是體型龐大、動作遲緩的雨林草食性動物，端賴其堅硬的背甲來自我保護。

保護頭部、四肢與身體的龜甲

頭部可完全縮入甲殼內

◁巴西龜
美洲巴西龜是流行的寵物，為典型的雜食性淡水龜，有堅韌外殼。

蜥蜴

蜥蜴是爬行類中最為分化的亞目，也是最常見到的爬行類動物。從小壁虎至大巨蜥，無論是外形、骨骼結構、體色、生殖、行為、防禦與食性等都有相當大的差異。雖然許多蜥蜴看似嚇人，不過只有兩種具有毒性（縱然如此，被大蜥蜴咬到的傷害性仍不可小覷）。蜥蜴的演化趨向四肢的減少以至於完全無足。眼瞼與外耳孔的喪失也可視為蜥蜴更為進化的現象。

蜥蜴的尾巴常用於儲存脂肪，也可在防禦時斷尾求生

壁虎的皮膚相當脆弱，而大多數蜥蜴的皮膚則會覆蓋堅韌的重疊鱗片

△多刺魔蜥
某些蜥蜴經過特化後已能適應極端的生活環境。棲居在乾旱沙漠的多刺魔蜥，以螞蟻維生，其多棘刺的身體可以收集沙漠的露水，並導送至口。

◁豹斑瞪虎
在所有遭捕捉囚養的蜥蜴中，豹斑瞪虎是最為人熟知的種類。這種蜥蜴是棲居在沙漠的夜行性動物。一如大多數蜥蜴，這種小型蜥蜴對人類無害且以昆蟲維生。

蛇類

沒有四肢、沒有眼瞼、沒有外耳孔以及全身外覆鱗片（鱗片或光滑或呈鱗脊狀）是蛇類的主要特徵。不同於蜥蜴中有些是草食性或至少為雜食性，所有的蛇類都是肉食性。蛇類會利用特殊的方式移動與捕食，其中有些種類是世上最毒的動物。其生殖方式或採產卵繁殖或直接生下幼蛇。分岔的舌是蛇類主要的感覺器官，但有些種類也能感應到獵物的體溫。

● 明顯鱗脊化
的體鱗

膨蝰

這種體型大而粗短的毒蛇有足以令人致命的毒性；其一身的鱗脊化鱗片與其棲居在乾燥環境有關。

有多危險？

本書使用以下兩種符號分別代表爬行動物所具有的危險性質。

高危險性
咬囓時可以同時注入危險毒液的種類，包括所具有前毒牙的毒蛇。

潛在危險性
指毒蛇的大口足以咬住人類，並注入大量毒性不強的毒液。

● 細長的身體

● 帶蛇有縱向
的長條形花紋

帶蛇

帶蛇移動迅速、行動靈活敏捷，捕食青蛙及魚類。這種沒有毒性的蛇，常被當成寵物飼養。

蚓蜥類

其他的有鱗目動物（蛇與蜥蜴）使蚓蜥類黯然失色。這些無足、身體細長、會分泌黏液及會挖洞的爬行類動物，經常與蛇類或蠕蟲混淆不清。蚓蜥有適合鑽洞的堅硬頭部，細小的體鱗成環狀排列，使其外形看起來更像蚯蚓。

退化的
眼睛 ●

環紋 ●

兩生類動物的繁殖

大多數兩生類動物爲了繁殖，會在一年中的某些時期大量聚集（有時前後只有數天）。溫帶地區的繁殖季節是由溫暖的氣候所引發，而在熱帶地區則是開始於雨季。求偶時，交配群內的雄性必須卯盡全力吸引雌性的注意。蛙、蟾蜍以及許多蠑螈，雄性在交配之前要抱住雌性，這種行爲稱爲抱接（amplexus）。蛙與蟾蜍爲體外受精，大多數的蠑螈、水螈與蚓螈則爲體內受精。

生活史

所有兩生類動物的生活史可區分爲三個階段：卵、幼體及成體（此處圖示爲大蟾蜍的生活史）。蛙與蟾蜍產下呈團塊狀或串珠狀的卵，卵再孵化出幼體（即一般熟知的蝌蚪）。幼體成長快速並長出腳，經變態後，蝌蚪離水生活並失去尾巴。小成體在陸地上生活若干年後逐漸會長至成體的大小，最後再返回水中尋找交配對象與生殖。

雄性由後面緊抱雌性的頭部

▷ 交配
交配前，雄蟾蜍會跨坐在雌蟾蜍的背上，以強而有力的前肢緊緊抱住對方，而雌蟾蜍則會將卵放置在適當的位置。雄蟾蜍的後腳會懸置著，以便隨時踢開就爭對手。抱接的位置必須能夠在雌蟾蜍釋放卵時，能夠緊臨雄蟾蜍的泄殖口，使卵獲得最大的受精機會。

雌蟾蜍的體型通常大於雄蟾蜍

卵大量產在植物間

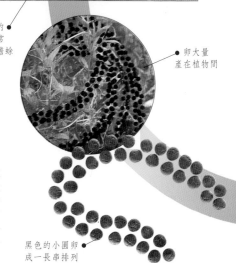

▷ 卵
蟾蜍產下數千個小而黑的卵，成串纏繞在植物上。在位置幾乎沒有變動之下，不出數天卵就可孵化成蝌蚪，蝌蚪再吸收剩下的卵黃以供成長所需。初孵化的蝌蚪沒有四肢，而是藉由尾巴的拍動來尋找食物。對許多捕食者來說，捕食蝌蚪輕而易舉，所幸多數魚對蟾蜍的蝌蚪根本不感興趣。

黑色的小圓卵成一長串排列

◁尋找交配對象

繁殖季時，許多蛙與蟾蜍會以高聲鳴叫的方式來吸引
雌性，通常會形成一個鳴叫群。蛙鳴是將大鳴囊填滿
空氣後，再讓空氣在肺與鳴囊間來回傳送，以便震動
聲帶發出聲音。

鳴囊

▽蟾蜍成體

蟾蜍在進入成體階段後生長緩慢，蟾蜍的最終
體型關係到生殖是否能成功。在雌性方面，體
型較大者可以產下較多的卵，而體型較大的雄
性則能在交配競爭中勝出。
蟾蜍成體必須返回水中
數天以便進行繁殖。

寬大的嘴可以吃
進較大的獵物

與成體的
體型相似

皮膚上的
疣更為突出

◁小蟾蜍

在變態階段，蝌蚪的尾巴和鰓
會由身體吸收而轉型成小蟾
蜍。小蟾蜍用肺呼吸，有時會
出現在陸地上，而且很快就能
開始捕食昆蟲維生。小蟾蜍在
乾燥的情形下相當脆弱，因此
通常只有在雨天時才會離開水
面上岸。

由於體內腸子
盤繞而形成
球狀體型

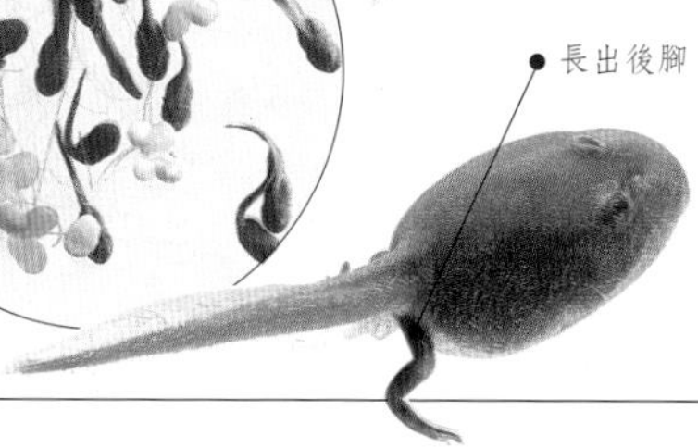

長出前肢

◁較大的蝌蚪

當蝌蚪逐漸長大時會長出四肢，
體型也更趨流線型。首先會長出
後腳，而且尾巴會變短。蟾蜍的
蝌蚪常於淺水處活動，如此既可
讓蝌蚪避開捕食者，也能藉此攪
動水面覓食微小的食物。

長出後腳

不同的策略

兩生類典型的三階段生活史常有變異的情形出現。例如有些蠑螈會跳脫常軌，在成體階段時不到陸域上生活，反而就在水棲幼體階段直接性成熟，並且仍保有外鰓。某些兩生類沒有自由游動的幼體期，其幼體期完全在卵囊內，並直接孵化出成體的縮小版。

兩生類對幼體的保護與照顧也同樣形形色色。例如許多蠑螈會保護卵，避免受到捕食者攻擊或感染到眞菌；還有一些水蠑會將每顆卵用折疊的樹葉包裹。許多蛙類會將卵產在卵泡中，使卵保持濕潤並讓捕食者無法接近。蛙的親代照顧也互有差異，以發育中的卵爲例，就可能被安置在母蛙身體的不同部位，包括口、皮膚、胃或是背部、腿部上的育兒袋內。箭毒蛙還會帶著蝌蚪遷往不同的池塘。

背部隆起，表示育兒袋中有卵

△育兒生活

這隻雌袋蛙的背上有育兒袋，可以攜帶上百顆的卵。交配期間，這些卵均置於袋內直到孵出小蛙。等小蛙發育完全就會離開這個育兒袋。

▷雌巨冠蠑螈

這隻雌性的巨冠蠑螈用後肢夾緊一片葉子，使葉子能環繞住牠所產的一顆卵。這個過程可以提供保護，同時防止卵遭捕食及感染疾病。

羽狀外鰓

▷外鰓

蠑螈的幼體通常有羽狀的大外鰓。右圖這隻虎紋鈍口蠑的明顯外鰓在十二週後將會消失。

產卵至植物間時，身體保持豎直

△卵泡

雄、雌兩性的大灰攀蛙會一起建立一個用來藏卵的共用大卵泡。圖中這個卵泡就懸掛在池塘上方。

爬行類動物的繁殖

不同於兩生類動物，爬行類動物沒有
精巧複雜的繁殖策略，不過在繁殖
方式上還是多所變化。爬行類動物的繁殖
過程包括體內受精，並有卵生（產卵）與
胎生（產幼體）兩種形式，但這兩種繁殖
方式甚少一起出現在同一種類。雄性爬行
類動物尋找交配對象，然後進行求偶與交
配。雌性爬行類動物在產卵或生下幼體
後，通常沒有更進一步的親代照顧行為。

求偶與交配

爬行類動物的求偶儀式非常講究，雄性間競
爭激烈。例如馬達加斯加犁頭龜的外殼前方
有突出物，可用來推倒競爭對手。此外，
雄蛇可以跟蹤雌蛇的氣味、雄鱷
魚則會發出巨響吸引雌鱷
魚等，都是求偶方式之
一。大部分爬行類動物
在產卵後會棄之不顧，
但雌鱷魚卻有護巢行為，還會
將孵出的幼鱷移至安全的「育嬰室」。

亮綠色
的體色

臉上有鮮亮的
黃色與橙色斑紋

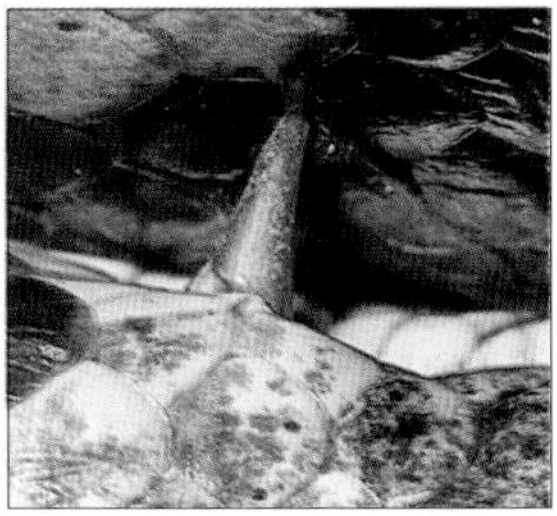

◁泄殖腔棘
求偶期間，雄性的蚺蛇與
蟒蛇會使用泄殖腔棘來刺
激交配。左圖為雄性緬甸
岩蟒的泄殖腔棘，雌緬甸
岩蟒一次可以產下三十顆
以上的卵。

△展示色
許多爬行類動物有精緻的頂飾或
令人目炫神迷的體色以便吸引異
性。這隻變色龍一身鮮麗的顏色
稱冠所有蜥蜴，除了令人驚異的
藍綠色條紋外，眼睛上還有像光
線四射的橙色紋路。

卵或幼體

鱷魚、水龜、陸龜與壁虎產下硬殼卵，但有些蜥蜴
與蛇則是產下柔軟的革質卵。幼體在孵出時會以卵
齒破殼而出。許多蛇類與蜥蜴的繁殖方式則是直接
產下幼體，但產下的幼體會包在胚外膜內，因此幼
體還是必須破膜而出，歷經第二次的誕生。

新生膜囊

△新生的蚺蛇
上圖的銀虹蚺甫出生，就
從幼兒囊探出頭來。

▷豬鼻蛇的孵化
孵出小蛇後，柔軟的革質卵不是破裂
而是萎陷。

革質卵殼

兩生類動物的攝食習性

所有兩生類動物的成體都為肉食性，捕食的野生獵物十分廣泛，主要獵食昆蟲、蚯蚓、馬陸、蛞蝓與蝸牛等無脊椎動物。兩生類動物的嘴巴能張得很開，因此可以吃下體型相當大的食物。大部分的兩生類動物行動遲緩，無法敏捷的捕捉獵物，所以大都採取「守株待兔」的方式坐等獵物上門。

不定時的進食者

兩生類動物的食量較體型相同的哺乳動物與鳥類要少得多；而且只有在溫暖的氣候下才需要不斷進食。冬季的低溫限制牠們的活動，此時只能仰賴夏季所儲存的脂肪存活。水螈、蠑螈與蚓螈捕食行動緩慢且身體柔軟的獵物，例如蠕蟲與蛞蝓。某些體型較大的兩生類動物（如惡名昭彰的海蟾蜍）則捕食小型哺乳動物（甚至是鳥類）；有些兩生類動物的食性特殊且專一，例如西狹口蛙專門獵食螞蟻。水棲性的兩生類動物則以小魚及蝌蚪維生。

強而有力的上下顎可以捕捉行動緩慢的獵物

紅癏疣螈
上圖的紅癏疣螈正在吞食一隻與自己體長相彷的蟲。如此的大餐可以讓牠持續數天不進食。

「守株待兔」策略

某些蛙會在一段距離外就起身撲跳獵食，但大多數的兩生類則以又長又黏的舌頭伏擊經過的獵物。一般來說，兩生類動物都善於偽裝，通常綴有精緻複雜的花紋，且能長時間靜伏不動。其他如綠蟾蜍等的兩生類則會搜尋行動緩慢的獵物。

節紋角蟾

先吞老鼠的頭部

△▷角蟾
當角蟾在等待獵物上門時，其一身迷彩花紋可以提供完美的偽裝。角蟾可以捕捉並吞下將近其一半體型的獵物，例如上圖的老鼠。

角蟾

▽獵食
雖然蟾蜍行動遲緩，但是其又長又黏的舌頭可以迅速出擊獵物。

身體前傾

舌頭快速彈出

爬行類動物的攝食習性

包括所有的鱷魚及蛇類等大部分的爬行類都屬肉食性動物，其餘的爬行動物則為雜食性，只有少數是純草食性。小型的蜥蜴與喙頭蜥大多以節肢動物為食，但體型較大的蜥蜴則會捕食較大的獵物。多數蚓蜥以身體柔軟的無脊椎動物維生。爬行類動物捕食及制服獵物的方法十分多樣，其捕食對象如下框所列。

草食性爬行類動物

為了能順利消化植物，草食性爬行動物的腸道內必須有共生的微生物，才能分解所吃下的葉子纖維。食葉維生的蜥蜴大多是鬣蜥或其相近種類，但也有少數的其他爬行類已演化出特化的腸道。所羅門石龍子與加勒比海的地棲性犀鬣蜥所攝食的植物，其中有些成分可能會使其他草食性動物斃命。陸龜是典型的草食性動物——行動緩慢、陸棲性且無抵抗能力。鏈背陸龜與森石龜也以真菌為食。大致上來說，相較於數量龐大的純肉食性爬行類動物，純草食性者還是少數。

海棲的草食性爬行動物
加拉巴哥海鬣蜥是最不尋常的草食性爬行動物。這種世上唯一的海生蜥蜴會潛至冰冷的海洋中，從海床上取食滿口的海草。

食性符號

本圖鑑共使用十一種符號來表示爬行類動物所攝食的各種生命形式，分別標示與解釋於下。凡與攝食習性相關的特殊資訊會附加在文中。

 哺乳動物
捕食的哺乳動物從老鼠到羚羊與牛羚都有。

卵
包括鳥類及爬行類動物的卵。有些爬行類專以食卵維生。

節肢動物
昆蟲、蜘蛛等節肢動物是許多小型爬行類動物最主要的食物來源。此符號也代表某些爬行類動物會獵食的水生甲殼類動物，如螃蟹、螯蝦等。

 鳥類
以鳥類維生。某些鱷魚、蛇類與大型蜥蜴會獵食大型水鳥。

魚類
某些鱷魚與水龜以獵食魚類為主。

植物
取食植物的組織。許多水龜與陸龜主要為草食性動物。

 爬行類
捕食其他的爬行類動物維生，這點對蛇類來說更為明顯。

軟體動物
以蛞蝓及蝸牛等腹足類動物或海洋軟體動物為獵食對象。

真菌
食物中包含真菌在內。攝食真菌的爬行類動物非常少。

兩生類
青蛙與蟾蜍會以兩生類動物維生。有毒的兩生類動物可能例外。

 蟲
此符號表示以蟲為食，也代表取食其他身體柔軟的無脊椎動物。

肉食性爬行類動物

從獵食趨光性昆蟲的小壁虎到捕食牛羚的尼羅河鱷，可以看出肉食性爬行類動物的獵食對象相當廣泛。蜥蜴的獵食對象主要為無脊椎動物，而像巨蜥與南美鱷蜥等大型蜥蜴則以小哺乳動物、體型較小的蜥蜴、腐肉、鳥類或爬行類的卵為食。科摩多巨蜥是世界上體型最大的蜥蜴，其獵食對象有鹿及其他大型的哺乳動物，甚至還包括人類。蛇類全部都是肉食性動物，其捕食對象不分脊椎動物或無脊椎動物。大部分的爬行類動物幾乎什麼都吃，但也有食性專一的種類，例如美洲角蜥就專吃螞蟻；甚至還有專吃蠍子和蜈蚣的蛇。

吃蝗蟲的摩爾氏守宮
昆蟲是小型及中型蜥蜴的主要食物來源。一方面是捕食時危險性較少，而且就算是體型較大的昆蟲，對於蜥蜴強而有力的顎來說只需稍加用力就可咬碎其外骨骼；另一方面是昆蟲數量眾多，足以供應一個蜥蜴大族群所需。

食性專一的攝食者

盲蛇主要以白蟻為食；食蛞蝓蛇與渴蛇則以陸生軟體動物為食；紅樹林水蛇則捕食螃蟹。眼鏡王蛇的獵食對象以包括蟒蛇在內的其他蛇類為主；珊瑚蛇則不放過任何一種圓柱形的獵物，包括鰻魚、其他蛇類、兩生類以及蚓蜥等。綠森蚺、非洲蟒蛇、水岩蟒都曾有捕食鱷魚的紀錄，其中體型龐大的綠森蚺與蟒蛇甚至還以能吞下包括人類在內的大型哺乳動物而令人膽顫心驚。此外，還有一些食性專一的龜類，例如革龜主要以水母為食、玳瑁主要以海綿為食，而蛇頭龜則是捕魚專家。

先吞蛇的頭部

△蛇吞蛇
帶有劇毒的索諾拉珊瑚蛇正輕鬆地享用著毒性溫和的冠蛇。蛇吃蛇可以先從頭部或尾部吞起，但若是有腳的獵物就得從頭部先吞下。

▽非洲食卵蛇
食卵蛇可以一口吞下整顆鳥蛋。鳥蛋在喉部破裂後，蛋液往下滑到身體內部，蛋殼則會形成殘渣從嘴巴吐出來。

蛋的形狀明顯可見

頭部顯然比蛋小

獵食

爬行類動物會主動追蹤並設下陷阱伏擊獵物。若是無害的小獵物，例如昆蟲、蛋、魚、青蛙或小蜥蜴也許就直接生吞活剝下肚，而體型較大的獵物則必須先殺後吃，尤其是帶爪或長有牙齒的獵物。大型巨蜥獵食時或是就地擊倒獵物，或使用強而有力的顎部壓碎獵物；水龜會用前爪撕碎獵物；鱷魚則會先將獵物淹死，再用強力的旋轉或搖動方式來肢解獵物。

蛇類獵食時則採用纏繞擠壓的絞死方式或使用足以致命的毒液。蟒蛇到玉米蛇等許多蛇種即以其肌肉發達的身體緊纏住獵物以至窒息為止。眼鏡蛇與響尾蛇等毒蛇，在咬傷獵物的同時會注入作用力快的毒液，讓獵物在短時間內就一命嗚呼。受限於身體結構，蛇類必須將獵物整個吞下，牠們可以移動連接下顎的關節，因此能吞下比自己頭部還要大的獵物。

保護性皮膚鞘中的毒牙

◁攻擊獵物

毒蛇可分為前毒牙蛇與後毒牙蛇（毒牙長在眼睛下後方）。響尾蛇為前毒牙蛇種類，可以利用熱感應頰窩來盯緊獵物，然後快速出擊，將前毒牙刺入獵物身體。

▷熱感應頰窩

蚺蛇、蟒蛇與蝮蛇的臉部上都有熱感應頰窩，可以精確感應出獵物的位置與距離。

◁黑寬吻鱷

這隻兇猛的鱷魚是體型最大的寬吻鱷，體長可達4.5公尺。其主要的獵食對象是水中的魚及兩生類動物，也會攻擊闖入領域內的爬行類、哺乳動物與鳥類。

▷非洲蟒蛇

非洲蟒蛇捕食大型的哺乳類動物，例如瞪羚、馴養的山羊，甚至是人類。絞斃的獵物先從頭部吞起，進食過程可以長達數小時。最後連瞪羚的骨頭也會在蟒蛇的胃酸中分解殆盡。

移動與活動

由於兩生類與爬行類動物必須藉助環境溫度來提高體溫至可以活動的程度，因此其活動主要受限於寒冷的氣候。分布在氣溫偏低地區的兩生類與爬行類動物，一年中的活動時間可能只有短短的數月。而對於熱帶種類來說，水源、食物缺乏的乾季則是最主要的生存威脅。

移動

爬行類與兩生類動物的移動方式各有千秋，包括爬、跑、跳、滑行、游泳與挖掘。每一種移動方式都經過長期的適應與演化而來。例如尖形或鏟狀的口鼻部有利於挖掘，特別是當尾部又可在平滑的坑道中作為槓桿點時更是有利；一個側扁或槳狀的尾、鰭狀前肢或蹼狀趾均能增進泅水的能力；趾端有吸盤則可有效增加攀爬能力。此外，蛇類的複雜肌肉系統，可因應必須穿越的地勢完成不同的移動形式（見下圖）。

強而有力的後腿下接具蹼的長趾

跳躍

藉由長而有力的後腿，青蛙可以完成驚人的跳躍動作。圖中這隻南美豹蛙當天敵接近時，會利用連續的之字形跳躍方式逃向水中。

腹鱗的邊緣提供抓地力

身體呈波浪狀往前移動

從身體後部準備往前推進

直線前進

蛇的身體兩側肌肉發達，可以在滑行時直線向前移動。

蛇行

這是蛇類最普遍的移動方式，係由地表的不規則起伏來推進身體前行。

曲行

這種移動方式是藉由不斷緊縮身體後部肌肉且伸展前方肌肉的重複性動作來達成。

游泳

水螈、鬣蜥、海蛇與鱷魚以長尾來推動身體前進。下圖的紅腹蝾螈左右擺動尾巴在水中快速穿梭。

身體彎曲並擺動尾巴，以提供快速的推進力

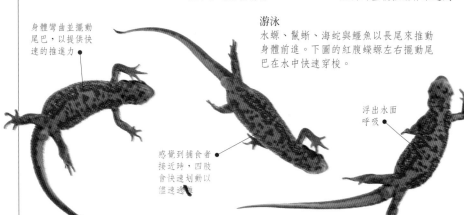

感覺到捕食者接近時，四肢會快速划動以儘速逃離

浮出水面呼吸

白天或夜晚

對穴居種類來說，白天與夜晚其實沒有差別；只有在洪水淹沒洞穴時牠們才會鑽出地面。非穴居的爬行類與兩生類動物通常在可以捕捉到獵物的時間活動，例如許多熱帶蛇種會趁夜摸黑獵食熟睡的蜥蜴或鳥類；青蛙與蟾蜍主要也是夜行性。對於棲居在熱帶雨林底層的爬行類與兩生類來說，由於雨林只會透進少許光線，因此日夜的差別也不大。

夜行性種類
平尾虎在白天時會藏身在樹上，並在夜幕低垂時現身捕食昆蟲。

曬太陽
像右圖這隻歐洲藍斑蜥蜴等日行性爬行動物，會靠著曬太陽來提高足以讓身體活動的體溫。假如曝曬的時間過早，此時四周的溫度仍偏低，則會有遭捕食的風險。

● 靜伏不動並隨時提高警覺

活動符號

本圖鑑使用以下四種符號來代表每一種類在一天中的活動時間。雖然大部分的爬行類與兩生類動物都在夜晚活動，不過溫帶地區的種類必須在日間活動。

☀ **日行性**
此符號表示這些爬行類與兩生類動物在白天活動。

◐ **晨昏活動**
此符號表示這些爬行類與兩生類動物主要的活動時間在晨昏之際。

☾ **夜行性**
此符號表示這些爬行類與兩生類動物主要在夜晚活動。

○ **全日活動**
此符號表示這些種類在白天或夜晚都可活動。

季節習性

動物會在最有利的時間外出活動，此時可以順利獲得食物、獵物或覓得交配對象，生存環境也不會太極端。在熱帶地區，對於大部分蛇類或其獵物來說，雨季都是牠們最活躍的季節。溫帶地區的爬行類與兩生類動物選在春天進行繁殖，如此其子代才能在冬季前獲得充足的食物。

響尾蛇冬眠
在溫帶地區，當氣溫降至比代謝活動所需的溫度還低時，爬行類與兩生類動物會隱伏不動。

防禦

兩生類與爬行類動物有其一貫的消極或積極的禦敵方式。消極的防禦策略包括利用偽裝來防止天敵偵測，或是以一身俗麗的警戒色來嚇阻捕食者。積極的防禦策略則包羅萬象，除了快速逃離外，還有眼鏡蛇神奇的頸褶；膨蛙、鏈松蛇、鎖蛇（或東亞蛙蛇）的嘶嘶作響；蜥蜴斷尾求生；蛙與蟾蜍則鼓脹身體讓體積加大，使捕食者誤以為獵物太大而打退堂鼓。

顏色

許多種類藉著鮮亮且令人驚異的顏色，以警告獵食者其皮膚上有毒，例如箭毒蛙；有些青蛙快速閃現出眼點，以混淆或恐嚇獵食者。反之，不明顯或隱蔽晦暗的顏色則可以用於偽裝，達到自保的作用。通常這類的偽裝色會結合一些裝飾物來增加效果，例如馬達加斯加葉吻蛇的口鼻部前端就有葉芽狀的奇怪突起。變色龍與某些蛙類可以隨著周圍環境來改變體色；無毒蛇類與蛙有時會藉由警戒色的模仿，擬態其他危險性的物種。

◁偽裝
亞洲葉蛙的褐色體色與三角形的體型，可以成功藏身在森林底層的枯葉中。

△警告
這隻日本紅腹蠑螈的腹部上有亮紅色的斑紋，藉此以警告捕食者其皮膚上有難以下嚥的分泌物。

保護外衣
東南亞的金龜（與其他較進化的「直頸」水龜）可以完全將頭部縮進殼內以自保。

保護構造

陸龜與水龜是武裝得最成功的爬行動物，身上有兩塊具保護作用的骨質外殼。箱龜甚至已經演化出可以將四肢與頭部縮回殼內，並且緊閉腹甲而成為一個「箱子」，讓外力無用武之地。許多藉由退回洞穴以自保的蜥蜴，則用尖銳的武裝尾巴來堵住洞口；沙蚺的尾鱗上也有相似的保護性骨片。鱷魚，尤其是侏儒鱷與西非矮鱷等小型種類的皮膚內則有防衛性骨板。許多兩生類皮膚上的毒素可以視為化學武器。

裝死

裝死的過程又稱「假死」（thanatosis）。有些水蠑會裝死以躲開依賴視覺出擊的水游蛇的注意。豬鼻蛇、水游蛇與唾蛇也會裝死逃生，這些蛇會腹部朝上，甚至張嘴吐信來加強效果。裝死的過程中通常還會自泄殖腔內釋出氣味刺激的排放物，以驅逐捕食者。

▷假死
這條蜷曲成一團的水游蛇，以腹部朝上、舌頭外翻的方式裝死。一旦獵食者失去興趣，牠就會急忙撤退。

其他禦敵方式

爬行類與兩生類的禦敵方式千奇百怪，不同種類有不同的因應之道。例如美洲角蟾蜥蜴在禦敵時，眼睛周圍的血管會破裂，而某些西印度蚺則會從嘴裡吐出血來，這些情形均稱爲自體出血。對獵食者來說，血不是味道苦澀，就是讓牠們倒盡胃口。至於蜥蜴斷尾逃生的過程則稱爲尾部自割。

尾部有若干個斷裂點，此為其中之一

△斷尾
許多蜥蜴在遭到捕食者攻擊時會自斷尾巴逃生，如上圖的翡翠樹棲石龍子。

八個月後，新尾巴完全長好

綠色的保護色是最主要的消極防禦

△再生
斷尾後可以再長出一條由軟骨構成的新尾巴，要長至原來的長度需要數月時間。這條新尾巴在必要時仍可再犧牲。

毒性防禦

雖然許多蛇有毒，但這些毒素主要用於獵食。許多蛇類會用聽覺或視覺訊號來彰顯出牠們身懷劇毒，而還擊則是牠們最後的防禦手段。當眼鏡蛇察覺到危險時，會朝向來敵的臉上噴出類似「霰彈」效果的毒液，這些毒液所引起的強烈疼痛，使眼鏡蛇有時間脫逃。其他以毒液作爲防禦武器的爬行類動物只有美洲毒蜥。

搖動時，環環相扣的中空環節會嘶嘶作響

每一次蛻皮會增加一個環節

響環
雖然響尾蛇的毒液主要用於獵食，但也是有力的禦敵武器。響尾蛇尾部的響環用於警告敵人避離。

分布與棲地

限制兩生類分布的因素包括氣溫、鹽度、乾燥程度以及可資利用的淡水。由於皮膚的透水性，使兩生類動物不論是曝曬在陽光下或是浸泡在海水中都很容易受到傷害。相對來說，爬行類動物因為皮膚外覆可以防止乾燥的鱗片，在地理分布上比較不受限制，除了極地與山巔，大部分的環境都可以適應良好。

形形色色的環境

熱帶雨林與濕地充斥著各種兩生類與爬行類動物，溫帶森林、沙漠與草原等棲地也可見到種類繁多的這兩類動物。海洋和高山地區也棲居著某些爬行類動物。許多兩生類與爬行類動物已能適應在人類的都市區生存。

草原

稀樹大草原、南美大草原與牧場，為兩生類與爬行類動物提供多樣化的棲地。不管是葉片上的小青蛙、精於偽裝的蝮蛇、穴居蛇種或笨重的陸龜都是這裡的常客。乾旱是草原生物最主要的威脅。

分布

影響兩生類與爬行類動物的種類與數量的最主要因素是氣溫（當然雨量也是主因之一）。

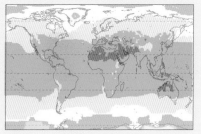

氣溫	
攝氏	華氏
30	86
20	68
10	50
0	32
-10	14
-20	-4
-30	-22

氣溫

上圖所示是地球的平均氣溫。爬行類與兩生類動物族群種類最多者集中在炎熱且潮濕的區域，而越接近極地與緯度越高者，這兩類動物不但族群數量較小，變化也較少。

沙漠

連最不適合棲居的沙漠，都還可以見到捕食蜥蜴維生的蛇類 **闊趾虎** 以及捕食昆蟲維生的蜥蜴。水分的保存與在鬆軟的沙地上移動是生活在沙漠中的必備條件。大部分的活動都在夜晚進行。

濕地

許多兩生類與爬行類動物棲居在沼澤、水澤、湖泊與河流中。某些鱷魚從未離開過水域，而青蛙必須返回水中生殖。大型的鱷魚、兇猛的水龜以及水眼鏡蛇等罕見的種類也可能出現在較大的水域中。

溫帶森林

 雖然溫帶森林兩生類與爬行類動物的種類不及熱帶森林，仍棲居著數量可觀的水螈、蠑螈、葉蜥與蛇類。

黃條背蟾蜍

熱帶森林

熱帶森林中的兩生類與爬行類動物豐富且多樣，包括許多食性與習性特殊的種類。從森林底層的土壤到透光性十足的樹冠層，都可以見到各式動物棲居其間。

島嶼

偏居一隅的島嶼上，物種數目比較少，對於兩生類來說更是拓展不易。島嶼的族群在某些外形特徵上經常會出現變大或變小的現象，也可能發現單一物種不尋常的龐大數量。

海洋

海洋是少數爬行類動物的家，兩生類動物無法在鹹水中生存。

玳瑁

山區

山區矮坡的碎石堆中經常可以見到蜥蜴出沒；像沙蝰等少數特殊的蛇類則棲居在高海拔地帶，而不是在低地上。

沙蝰

都市與郊區

許多兩生類與爬行類動物可與人類所創造的環境比鄰而居，有些甚至可以繁盛滋生。兩生類會棲居在填海拓地的地區與公園的池塘中，並吸引蛇類上門捕食。許多大城市有時甚至還可見到大型毒蛇出沒。

保育

爬行類與兩生類動物面臨相當程度的威脅，每年都有若干個物種滅絕。雖然其中有些種類經常受到忽視，但不管是獵物或捕食者，對於其棲居地的生態都是相當重要的一環。兩生類族群的減少是環境污染的警訊；兩生類與爬行類動物的滅絕也會連帶影響其他物種的生存。因此，當大家將焦點集中在某些珍稀動物的同時，其實也應該正視兩生類與爬行類的保育工作。

族群衰退

兩生類正以驚人的速度從世界的生態系中消失。除哥斯大黎加金蟾等明星物種外，許多物種也有族群衰退的趨勢。此外，相隔遙遠的澳洲與歐洲都有族群內畸形個體明顯增加的現象。雖然目前對於發生畸變的原因尚不明朗，不過由臭氧層破洞所導致的輻射增加、全球暖化、酸雨以及化學污染等都是可能的原因。棲地破壞是爬行類動物的最大威脅，儘管保育政策三申五令的宣導，不當的商業開發與引入天敵等做法還是時有所聞。

● 透水性皮膚對酸雨等污染因子相當敏感

● 亮綠的體色可以巧妙隱身在繁茂的熱帶植物中

◁斑紋變色蜥
棲居在小島上的斑紋變色蜥因棲地遭破壞、違法捕捉以及引入貓或大老鼠的天敵而受到嚴重威脅。這個目前列入保護的物種分布於墨西哥外海的兩座小島上。

△猴蛙
產自中美洲的猴蛙是在樹葉上繁殖的種類。猴蛙本是哥斯大黎加等分布區域內常見的物種，不過近年來已經瀕臨滅絕。令人擔心的是，縱使在全世界最原始的環境中，目前仍未發現導致其數量減少的明顯原因。

繁殖季時，這些冠狀構造可以吸引異性

▽巨冠蠑
巨冠蠑必須完全依賴特定類型的淡水池塘進行生殖。首先這些淡水池塘的深度必須足以讓池塘每年都不會發生乾涸情形；但又必須偶爾出現乾涸，讓魚類及其他獵食者無法在此生活。符合這種條件的池塘已越來越少了。

鮮明的警戒色使獵食者怯步

商業剝削

每年有數以百萬計的爬行動物淪為皮革市場與觀光業的犧牲品。舉例來說,雖然亞洲地區在貿易與觀光業上已多所限制,但是將死亡的爬行動物製成裝飾品還是屢見不鮮,而在富裕國家的高級商店中也不斷進口與消耗真皮的皮鞋、皮包與其他物件。雖然其中的原料有些來自養殖的鱷魚,但野生族群通常也不可能完全倖免。至於蛇類與蜥蜴目前尚無商業用途的人工養殖,烏龜則是養殖有限,因此所有這類產品的原料幾乎都來自野外族群。

▽綠蠵龜
為了取得肉與卵,海龜遭人類大量獵殺,雌海龜甚至還來不及產卵就慘遭屠殺。海龜每年會回到原來的海灘築巢下蛋,這種行為使得牠們更容易成為捕獵的對象。

△鱷魚皮包
這個手提包由瀕危的侏儒鱷所製成,頭部與四肢還清晰可見。目前至少有13至23個現生種鱷魚因皮革業所需而遭到獵殺,這是導致其生存受到威脅的主要原因。

保育

現在的保育都指向少數的明星物種,不過已經有越來越多人了解到生物多樣性的重要性,並將關注的焦點擴及到其他生物上。近年來的保育措施已針對皮革貿易與捕捉養殖方面立法限制獵捕或收集。華盛頓公約已確立瀕危物種的名錄,凡是出現在名錄上的物種都經嚴格立法保護,全面禁止或嚴格管制買賣或販售利用這些物種加工製成的產品。雖然如此,由於這些物種的分布地過於廣泛,使得保育措施鞭長莫及。例如因為貧窮、政局不穩定,或難以全面防制盜獵與棲地破壞的行為,均使得保育成效不如預期。

島蚺
這種特殊的島蚺從幾乎滅絕的情形下存活了下來。其棲居的小島棲地由於引進山羊而慘遭破壞,不過山羊已全數被撲滅。島蚺目前正經由人工繁殖計畫重新繁衍族群,為往後的野放做準備。

研究與飼養

觀察與研究爬行類與兩生類動物可說人人可行，甚至只要在住家附近就可找到觀察對象。幸運的話，或許自家的花園中就可以發現到蟾蜍或蜥蜴的蹤影。

每個人的投入程度不一，有些人偏愛野外觀察，有些人則乾脆將喜歡的兩生類或爬行類動物帶回家中飼養。不管是哪一種情形，負責與認真的態度才是進行研究的不二法門。

研究

相較於哺乳動物與鳥類，兩生類與爬行類動物的習性與構造目前的資料仍不完整。因此，有時連業餘的研究者都可以在設備不夠完善的情形下有重要且驚人的發現。觀察並記錄當地種類、池塘繁殖的時間與現有的數量，再以照片佐證，就是十分生動的研究日誌。一段時期後的族群數量調查尤其更有價值。加入同好學會或當地的野生動物團體，可以分享彼此研究心得。

花園池塘
即使是小小的花園池塘也可以發現到野生物種。由於魚會吃掉兩生類動物的卵與蝌蚪，因此池塘中若有兩生類動物應該就不會有魚。

素描
顏色與標記完整的草圖有助於物種的鑑別。由於許多種類都具有獨特的花紋，因此還可以繼續做個體追蹤。

● 在筆記上素描用處有時很大

望遠鏡
望遠鏡可以在不干擾到觀察對象的情形下進行實地研究。池塘邊或森林空地可以找到樹棲型種類。

● 可用調整器對焦

● 特殊的龜殼斑紋有助於辨識

照相
拍攝爬行類與兩生類動物最好使用單眼相機。此外，可以再配備特寫或微距鏡頭與閃光燈，以及一個專用以拍攝敏感種類的長距鏡頭和拍攝棲地的廣角鏡。

觸摸與捕捉

除非有必要並確定這些種類無害時,才可以動手撫摸或捕捉。由於蜥蜴會斷尾逃生,因此捕捉時要特別小心;即使是無毒的烏龜與蛇可能也會咬傷人。到手的所有種類都應該要穩穩的拿在手上,身體部分也應該有所支撐。玻璃瓶最適合用來當蟾蜍等兩生類動物的臨時住家,棉袋則可用來攜帶蛇與蜥蜴。

手指要
遠離顎部

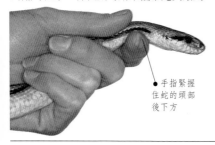

手指緊握
住蛇的頭部
後下方

△ 手持烏龜
有些烏龜即使很小都會咬人。因此徒手捕捉時要握在龜殼的後部,並將手指移離在頭部範圍之外。

◁ 捉寵物蛇
徒手捉寵物蛇時,應該穩穩的握住蛇身的前半部,另一手則托住蛇的其他部分。記住,抓蛇時不可握得太緊,並讓蛇能隨時在手上蜷曲。

布置一個舒適的家
布置一個符合自然環境的生態動物飼養處可以或簡或繁。上圖所示是箭毒蛙的繁殖室,箭毒蛙需要一些活生生的植物用以藏身和產卵。

飼養

在養殖箱中飼養爬行類與兩生類動物是專業知識,而且只有在做好詳細研究後才能付諸行動。此外,飼養的對象應該購自專業的養殖動物,一來這類動物已能適應養殖環境,二來也不會因為濫捕而危害到自然族群。

光線、溫度與照明是飼養爬行類與兩生類動物的三大要點,此外,有些物種需要與自然棲地相似的環境才能保持健康。活動力大的物種需要較大的飼養空間;有些則有多眠週期。在正確的環境下,許多種類會在飼養箱中生長的很好甚至繁殖,提供飼主更進一步的觀察與研究。

注意事項

許多稀有的爬行類與兩生類動物,可能受到當地、產地國或國際上的法令保護;位於國家公園或自然保護區內的植物和動物也在保護之列;進行觀察時,最好能與觀察對象相隔一段距離以免干擾到牠們。在任何情況下,都應避免擾亂觀察對象與其棲息地。假如要前往偏僻地點進行觀察時,要告知他人地點,觀察夜行性種類時也要小心為上。

鑑定用檢索表

本書34頁至43頁的檢索表有助於鑑定爬行類與兩生類動物的主要科別（大部分科別本書中均有提及）。首先，依循下面所列的外形特徵，先判別該動物是爬行類還是兩生類，接著再循線找到相對應的檢索表。兩生類與爬行類科別的分類主要依據生理特徵，不過某一科動物的地理分布如果有助於鑑定，也會在檢索表中提及。由於爬行類與兩生類動物的總數超過11,000 種，因此本檢索表只能概括論之，作爲一般性的參考與鑑定指南。

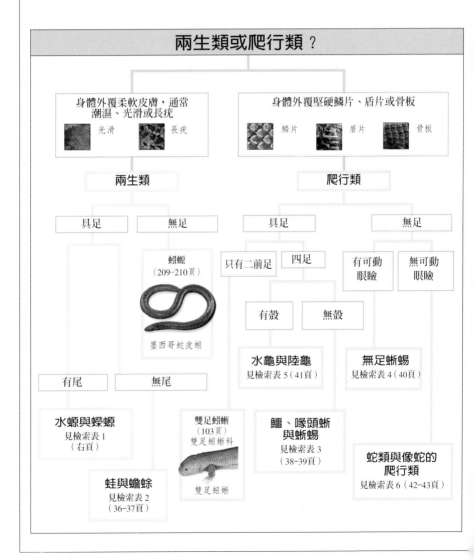

兩生類或爬行類？

身體外覆柔軟皮膚，通常潮濕、光滑或長疣

光滑　　長疣

身體外覆堅硬鱗片、盾片或骨板

鱗片　　盾片　　骨板

兩生類

爬行類

具足　　無足

具足　　無足

蚓螈
（209-210頁）

墨西哥蛇皮蚓

只有二前足　四足

有可動眼瞼　無可動眼瞼

有殼　無殼

水龜與陸龜
見檢索表 5（41頁）

無足蜥蜴
見檢索表 4（40頁）

有尾　　無尾

水螈與蠑螈
見檢索表 1
（右頁）

雙足蚓蜥
（103頁）
雙足蚓蜥蜴科

雙足蚓蜥

鱷、喙頭蜥與蜥蜴
見檢索表 3
（38-39頁）

蛙與蟾蜍
見檢索表 2
（36-37頁）

蛇類與像蛇的爬行類
見檢索表 6（42-43頁）

檢索表1：水螈與蠑螈

| 身體圓胖或細長，有明顯的四肢 | | 身體細瘦像鰻魚，四肢不明顯 | |

| 有外鰓 | 無外鰓 | 二肢短小 | 四肢短小 |

鰻螈
鰻螈科
（196頁）

大鰻螈

兩棲鯢
兩棲鯢科
（199頁）

三趾兩棲鯢

斑泥螈·洞螈
洞螈科
（197-198頁）

斑泥螈

其他科的幼體階段，特別是鈍口螈（鈍口螈科，205-206頁）、蠑螈與水螈（蠑螈科，199-204頁）

有鬆弛的大型膚褶

大鯢與隱鰓鯢
隱鰓鯢科
（197頁）

隱鰓鯢

| 身體圓胖 | | | 身體細瘦 | | |

| 美國西北部、加拿大西南部 | 北美洲 | 歐洲、北非與西亞 | 僅分布於亞洲 | 美洲、歐洲 | 北美洲、歐洲、北非、西亞 |

鈍口螈
鈍口螈科
（205-206頁）

虎紋鈍口螈

真螈
部分蠑螈科
（202頁）

真螈

亞洲蠑螈
山椒魚科

無肺螈
無肺螈科
（206-208頁）

灰紅背無肺螈

溪螈、水螈*
部分蠑螈科
（200-201、203-204頁）

香港疣螈

太平洋蠑螈
隱巨鯢科（198頁）

太平洋蠑螈

*某些雄水螈在繁殖季時有脊突

檢索表2：蛙與蟾蜍

完全水棲，
有蹼狀
大後肢

皮膚濕潤

乾燥的
疣狀皮膚

疣狀皮膚、
腹部顏色
鮮亮

爪蟾，負子蟾
負子蟾科
（214頁）

皮膚光滑

東方鈴蟾
部分盤舌蟾科
（213頁）

多數的真蟾
部分蟾蜍科
（222–226頁）
短頭蟾蜍
短頭蟾科

非洲爪蟾

多彩鈴蟾

綠蟾蜍

體色明亮，
趾上吸盤小
或闕如

趾端吸盤
明顯

身體圓而小巧，
頭部短

身體呈流線型、
頭部長、後肢大而有力

見右頁上

見右頁中

箭毒蛙
叢蛙科
（232–234頁）
澤氏斑蟾
某些蟾蜍科
（222頁）
曼蛙
某些赤蛙科
（236頁）

身體小而半透明

珀爾塞沼蟾
沼蟾科（218頁）
某些樹蟾科樹蛙
部分樹蟾科（227–231頁）
葦蛙、蘆葦蛙、灌叢蛙
非洲樹蛙科（240–241頁）
某些赤蛙
部分赤蛙科（234–239頁）
樹蛙科樹蛙
樹蛙科（242–243頁）

玻璃蛙
跗蛙科
（232頁）

綠色箭毒蛙

玻璃蛙

巨雨濱蛙

圓而小巧的身體，頭部短
續上頁

美洲、亞洲、馬達加斯加島（多數體型小且體色暗沉）

只分布於非洲

北美洲、歐洲、亞洲

只分布於澳大拉西亞

墨西哥東北部、德州東南部

狹口蛙
部分狹口蛙科
（244-245頁）

雨蛙
部分狹口蛙科
（243頁）

鏟足蟾
部分鏟足蟾科
（214-215頁）

龜蟾
龜蟾科
（216-217頁）

異舌穴蟾
異舌穴蟾科
（243頁）

花狹口蛙

散疣短頭蛙

庫其鏟足蟾

弱斑索蟾

異舌穴蟾

身體呈流線型、頭部長、後肢大而有力
續上頁

只分布於美洲

細趾蟾
細趾蟾科
（219-221頁）

某些赤蛙
部分赤蛙科
（234-239頁）

某些樹蟾科樹蛙
部分樹蟾科
（227-231頁）

奇異多指節蟾
多指節蟾科
（226頁）

東加泡蟾

捷蛙

北蟾蛙

奇異多指節蟾

其他種類的蛙與蟾蜍（與前述特徵不符，本檢索表不適用）

尖叫蛙與壯髮蛙
（只分布於非洲）
節蛙科
（242頁）

箭毒蛙
（中南美洲）
部分
叢蛙科

紐西蘭蟾
（只分布於紐西蘭）
滑趾蟾科

達爾文蛙
（只分布於美洲極南部）
衛幼蛙科

斑點鏟足蟾
（只分布於歐洲）
部分鏟足蟾科
（216頁）

加氏塞舌蛙
（只分布於塞舌爾）
塞舌蛙科
（218頁）

尾蟾
尾蟾科
（211頁）

產婆蟾
部分盤舌蟾科
（212-213頁）

檢索表 3：鱷、喙頭蜥與蜥蜴

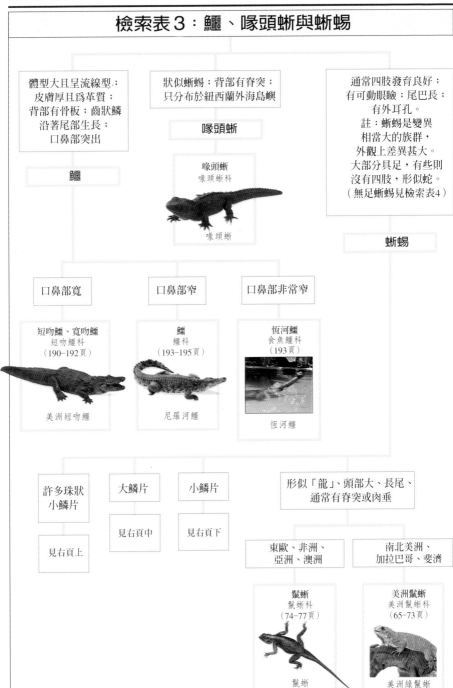

體型大且呈流線型；
皮膚厚且爲革質；
背部有骨板；齒狀鱗
沿著尾部生長；
口鼻部突出

鱷

狀似蜥蜴；背部有脊突；
只分布於紐西蘭外海島嶼

喙頭蜥

喙頭蜥
喙頭蜥科

喙頭蜥

通常四肢發育良好；
有可動眼瞼；尾巴長；
有外耳孔。
註：蜥蜴是變異
相當大的族群，
外觀上差異甚大。
大部分具足，有些則
沒有四肢，形似蛇。
（無足蜥蜴見檢索表4）

蜥蜴

口鼻部寬

口鼻部窄

口鼻部非常窄

短吻鱷、寬吻鱷
短吻鱷科
（190-192頁）

美洲短吻鱷

鱷
鱷科
（193-195頁）

尼羅河鱷

恆河鱷
食魚鱷科
（193頁）

恆河鱷

許多珠狀
小鱗片

見右頁上

大鱗片

見右頁中

小鱗片

見右頁下

形似「龍」、頭部大、長尾、
通常有脊突或肉垂

東歐、非洲、
亞洲、澳洲

南北美洲、
加拉巴哥、斐濟

鬣蜥
鬣蜥科
（74-77頁）

鬣蜥

美洲鬣蜥
美洲鬣蜥科
（65-73頁）

美洲綠鬣蜥

許多珠狀小鱗片
續上頁

長頸、舌分叉、四肢
與尾部強而有力

巨蜥
巨蜥科
（98-100頁）

尼羅河巨蜥

身體窄而粗、尾巴可
抓握，通常有角或脊突

變色龍
避役科（78-80頁）

高冠變色龍

身體圓而短胖、四肢短、
尾巴粗壯

珠狀毒蜥、鈍尾毒蜥
毒蜥科
（96-97頁）

鈍尾毒蜥

大鱗片
續上頁

矩形的鱗片成列排列

只分布於
非洲

犰狳蜥、板蜥
部分板蜥科
（87頁）

巨板蜥

只分布於
美洲

短吻蜥
部分蛇蜥科
（94頁）
異蜥
異蜥科
（95頁）

中國鱷蜥

只分布於
澳大拉西亞

某些石龍子
部分石龍子科
（81-86頁）

細三稜蜥

平滑的鱗片層層重疊

頭小、眼小、
四肢小

多數石龍子
部分石龍子科
（81-86頁）

史氏石龍子

頭大、眼大、
四肢大

伊犁沙虎
部分壁虎科
（63頁）

伊犁沙虎

小鱗片
續上頁

身體與尾部扁平

疣蜥
黃蜥科
（65頁）

黃斑疣蜥

身體與尾部呈圓柱形

南北美洲

美洲蜥蜴
美洲蜥蜴科

歐洲、非洲
與亞洲

沙蜥、壁蜥與
其他相關種類
正蜥科

柔軟的皮膚散布大鱗片，通常趾端有肉墊
且眼睛大

大部分壁虎
部分壁虎科（58-64頁）

蝎虎

檢索表4：無足蜥蜴

無足蜥蜴易與蛇及似蛇的
爬行類動物（見檢索表6）混淆。
蜥蜴通常具有可動眼瞼，
可以作爲區分。

鱗片
滑順光澤

鱗脊筆直排列，
成肋稜狀

只分布於非洲

草蜥
部分板蜥科

北美洲與歐洲

鱗腳蜥與
其他相關種類
部分蛇蜥科（94頁）

鱗腳蜥

只分布於澳洲

蛇蜥
鰭腳蜥科（64頁）

澳洲蛇蜥

只分布於
東南亞

雙足蜥
雙足蜥科（87頁）

尼古巴雙足蜥

加州、下加利福尼亞
（墨西哥）

美洲無足蜥
蠕蜥科（95頁）

下加州蠕蜥

歐洲、
非洲

某些非洲與
歐洲石龍子
部分石龍子科
（81-86頁）
蛇蜥
部分蛇蜥科（94頁）

西方無足石龍子

檢索表 5：水龜與陸龜

| 完全海棲，四肢已特化成扁平狀 | 背甲堅硬 | 背甲柔軟 |

海龜
海龜科（49頁）
棱皮龜科（48頁）

綠蠵龜

| 槳狀前肢，澳洲北部與新幾內亞南部 | 爪狀腳 |

豬鼻龜
兩爪鱉科（47頁）

豬鼻龜

軟殼龜
鱉科（48頁）

中國鱉

| 圓形背甲 | 流線型背甲，蹼狀腳或部分蹼狀腳 | 背甲粗糙 |

頭部厚重，無法縮進殼內

大頭龜
平胸龜科（51頁）

大頭龜

頭部可以向後筆直縮進殼內

澤龜、巴西龜、某些箱龜及其他相近種類
部分澤龜科
（51-52頁）

頭部與長頸可以側縮回殼內

側頸龜
側頸龜科
（44-45頁）

黃紋側頸龜

部分蹼狀趾且腹甲小，只分布於美洲

泥龜、麝香龜
動胸龜科
（46頁）

黃泥龜

腳為棍棒狀

陸龜
龜科（53-56頁）

豹紋斑龜

可動腹甲（受驚嚇時可緊閉）

箱龜
部分澤龜科
（51-52頁）

食蛇龜

頭部扁平且呈三角形，頸部皺褶

蛇頸龜
部分蛇頸龜科
（45頁）

蛇頸龜

頭部大且通常無法縮進殼內

鱷頭龜
鱷龜科（50頁）

鱷龜

檢索表6：蛇類與像蛇的爬行類

蛇容易與無足蜥蜴（見檢索表4）混淆。
蜥蜴通常有可動眼瞼，可以此為區分。

外形似蟲、身體的鱗片
呈環狀排列、目盲

身體細長，鱗片重疊
或呈顆粒狀

蚓蜥

蛇

蚓蜥
蚓蜥科
（101–103頁）

紅蚓蜥

體型小且
呈線狀，通常為
銀色或褐色

完全海生，
尾部扁平
似槳

頭部鱗片大
且呈片狀

頭部鱗片小且
呈顆粒狀

小鱗片

細盲蛇、盲蛇
異盾盲蛇科
細盲蛇科
盲蛇科
（104–105頁）

海蛇、海環蛇
部分眼鏡蛇科
（156、161、
162、171頁）

角鼻盲蛇

黃唇青斑海蛇

珊瑚筒蛇
筒蛇科（107頁）
穴蝰
穴蝰科（155頁）
島蚋
雷蛇科（108頁）
黃頜蛇
黃頜蛇科（125–155頁）
眼鏡蛇、珊瑚蛇、曼巴蛇、某些海蛇
以及其他相近種類
眼鏡蛇科（156–174頁）
墨西哥穴蟒
穴蟒科（106頁）
某些蟒蛇
部分蟒科（117–124頁）
亞洲管蛇、凸尾蛇
針尾蛇科（107頁）
某些蝮蛇
部分蝮蛇科（175–189頁）
閃鱗蛇
閃鱗蛇科（106頁）

眼鏡王蛇

頭部鱗片小且呈顆粒狀
續上頁

身體鱗片
也呈顆粒狀

身體鱗片重疊

疣鱗蛇
疣鱗蛇科
（124-125頁）

阿勒福疣鱗蛇

熱感應頰窩

頰窩

無熱感應頰窩

後肢殘跡

後肢

大部分蝮蛇
部分蝮蛇科
（175-189頁）

埃及鋸鱗蝰

某些蚺蛇
部分蚺科
（109-116頁）
某些蟒蛇
部分蟒科
（117-124頁）
林蚺
林蚺科
（108頁）

古巴林蚺

頰窩位於
嘴緣

只有一對頰窩位於鼻、
眼和嘴之間

某些蟒蛇
部分蟒科
（117-124頁）
某些蚺蛇
部分蚺科
（109-116頁）

尾部具響環

無響環

響尾蛇
部分蝮蛇科
（175-189頁）

某些蝮蛇
部分蝮蛇科
（175-189頁）

綠樹莫瑞蟒

西部菱斑響尾蛇

紅口蝮

爬行類動物

水龜與陸龜

目前全世界的水龜與陸龜種類超過270種，其棲地包括溫帶與熱帶地區的陸地、淡水及海水。其中水龜（turtle）主要是指生活在淡水或海洋的龜類，而陸龜（tortoise）是指棲居在陸地的種類。此外，淡水龜（terrapin）則專指生活在湖泊、河川等淡水水域的種類。

分類上陸龜與水龜都屬於爬行動物中的龜鱉目（Chelonia 或 Testudines），而龜鱉目又分成側頸龜亞目（Pleurodira）與曲頸龜亞目（Cryptodira）。側頸龜亞目是較原始的種類，其長頸無法完全縮回殼內，因此休息時頭部會沿著龜殼側放；本亞目約有70種，全生活在淡水水域。曲頸龜亞目種類較多且較為高等，廣泛分布於陸地、淡水及海洋；此亞目的龜類可將脖子垂直彎曲成S型，頭部可以完全縮回殼內。

水龜與陸龜的體型大小差異很大，有小至只有6-9.5公分的斑點珍龜（*Homopus signatus*），也有大至長達 1.8 公尺的革龜（*Dermochelys coriacea*，見48頁）。

科：側頸龜科	學名：*Pelomedusa subrufa*	狀態：普遍

非洲澤側頸龜（AFRICAN HELMETED TURTLE）

一種沼澤淡水龜（Marsh Terrapin），體色全為橄欖綠或褐色，有時在盾片的接合處會有一些黑色的縫合線；下顎處有兩個小疣，背甲兩側則有麝腺。有別於其近親非洲黑側頸龜（*Pelusios species*），非洲澤側頸龜因缺乏鉸鍊構造，無法關閉其腹甲的前端以保護頭部。這種水龜無所不吃，從植物到蛙類幾乎都不放過，其利爪可以撕裂食物。曾有人目睹非洲澤側頸龜會趁著獵物喝水時拖行至水中淹死，就像鱷魚捕食羚羊一樣。這種水龜通常棲居在臨時性的水域中，乾季時會將自己埋在泥洞裡。

- **分布**：非洲、馬達加斯加島及葉門。棲居在河流、湖泊及池塘中。
- **繁殖**：每次產下10-40枚卵。
- **相似種**：非洲黑側頸龜（*Pelusios species*）。

非洲中西部

低平的背甲為橄欖綠或褐色

寬闊的頭部及強而有力的上下顎

具蹼的四肢可以加快泳速

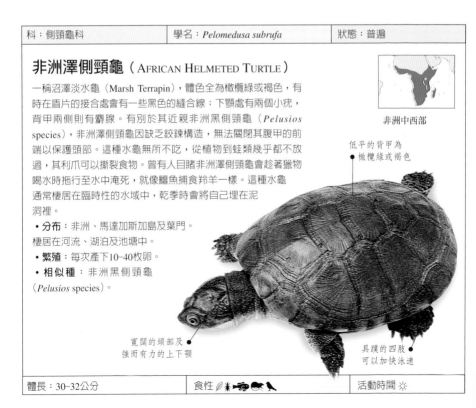

體長：30-32公分	食性	活動時間 ☼

| 科：側頸龜科 | 學名：*Podocnemis unifilis* | 狀態：瀕危 |

黃紋側頸龜（Yellow-spotted River Turtle）

為大型的南美洲河龜之一，背甲是主要的辨識特
徵；顏色為黑色或褐色、呈橢圓形，第二及第三
盾片的脊椎骨突起較低。幼龜的頭部兩側有
明顯可見的黃色斑點（如圖所示），此為其
名稱由來。雌龜體型有時可達雄龜的兩倍。

背甲第二及
第三盾片的
突起較低

南美洲

- **分布**：南美洲的亞馬遜河流域。棲居在支
流及大湖泊中。
- **繁殖**：每次產下 4-35 枚卵。
- **相似種**：側頸龜（*Podocnemis expansa*）。

| 體長：33-65公分 | 食性 | 活動時間 ☼ |

| 科：蛇頸龜科 | 學名：*Chelodina longicollis* | 狀態：普遍 |

澳洲長頸龜（Common Snakeneck Turtle）

特別長的頸子是這種龜的主要特徵。其褐色的背甲扁平寬
闊，盾片鑲有黑邊。澳洲長頸龜會站在河床底，將頭伸出水
面以等待獵物。

扁平的背甲
為深褐色

澳洲

- **分布**：澳洲東部。棲居在流速緩慢的河流、溪流、
濕地及潟湖中。
- **繁殖**：每次產下 2-10 枚卵。
- **相似種**：新幾內亞長頸龜
（*Chelodina novaeguineae*）。

長頸有時會
比背甲還長

| 體長：20-25公分 | 食性 | 活動時間 ☼ |

| 科：蛇頸龜科 | 學名：*Chelus fimbriatus* | 狀態：地區性普遍 |

蛇頭龜（Matamata）

蛇頭龜與其他的側頸龜大不相同。其寬闊的背甲
為暗黃褐色，上面有三個突起；三角形頭部與厚
厚的長頸上都有敏感的皮瓣。蛇頭龜的眼睛小、
外耳鼓膜大，吸管狀的尖細口鼻部（吻部）可以
伸出水面呼吸。蛇頭龜很少上岸曬太陽。這種龜
棲居在混濁的水底下，會突然張開大嘴偷襲經過
的魚。

吸管狀的
長吻部

南美洲

- **分布**：南美洲北部。棲居在流速緩慢的小河
川、U型湖及池塘中。
- **繁殖**：每次產下12-28枚卵。

具有感覺
功能的皮瓣以
及頭部的小疣

| 體長：30-40公分 | 食性 | 活動時間 ☽ |

科：蛇頸龜科	學名：*Emydura subglobosa*	狀態：普遍

錦曲頸龜（Painted Shortneck Turtle）

澳大拉西拉

錦曲頸龜有個寬而圓的背甲、平滑的頭部和尖尖的口鼻部；頸長只比澳洲長頸龜（見45頁）短，通常可在同一地點看到這兩種龜。錦曲頸龜的腹甲為深紅色，且色澤會隨著年齡而變淡；頭部上有黃色或紅色的條紋，四肢則有紅色的斑點。

光滑、扁平的褐色背甲

頭上有黃色或紅色條紋

四肢上可能有紅色斑點

- **分布**：新幾內亞和澳洲東北部。棲居在河流、湖泊與潟湖中。
- **繁殖**：每次產下 5-11 枚卵。
- **相似種**：奎夫特河龜（*Emydura krefftii*）。

體長：20-25公分	食性 🐟🐌🌱	活動時間 ☼

科：動胸龜科	學名：*Kinosternon flavescens*	狀態：普遍

黃泥龜（Yellow Mud Turtle）

北美洲

平圓的橢圓形背甲

這種泥龜因黃色的喉部而得名。其黃褐色的橢圓形背甲相當平坦；每一片盾甲都鑲有深色的邊。黃泥龜的頭部小而尖，下顎處有兩個小疣。

具蹼的後肢用來游泳

頭部短而尖

- **分布**：北美洲南部。棲居在草原中平淺且流動緩慢的水域中。
- **繁殖**：每次產下 1-9 枚卵。
- **相似種**：東泥龜（*Kinosternon subrubrum*）。

體長：12-16公分	食性 🌱🐟🐌🍃	活動時間 ☼

科：動胸龜科	學名：*Kinosternon oderatum*	狀態：普遍

麝香龜（Common Musk Turtle）

北美洲

背甲渾圓，顏色為黃褐色至黑色

頭頂的兩條淺色條紋與下顎的兩條觸鬚是分辨麝香龜與其相近種類東泥龜的主要特徵。麝香龜的背甲顏色從黃褐色至黑色，其發達的腿部讓牠能爬上傾斜的樹幹上取暖。這種小型水棲龜又稱臭龜（Stinkpot Turtle），遇到危險時會分泌刺激性的麝香。

尖尖的頭部

- **分布**：北美洲東部。棲居在湖泊、池塘和河流中。
- **繁殖**：每次產下 1-9 枚卵。
- **相似種**：紅海龜（*Kinosternon minor*）。

體長：11-14公分	食性 🐜🍃	活動時間 ☼

| 科：泥龜科 | 學名：*Dermatemys mawii* | 狀態：瀕危 |

泥龜（CENTRAL AMERICAN RIVER TURTLE）

泥龜體型大，體色為淡褐色或灰色。這種河龜有個寬大且呈流線型的背甲，成體的背甲狀似皮革；頭部相對較小，有個向前突出成管狀的短吻部。雖然泥龜是淡水龜，不過偶爾也會進入鹹水中，倒是甚少爬上岸。

中美洲

成體的背甲為深褐色或黑色，形似皮革

寬而平的背甲

- **分布**：墨西哥東南部、瓜地馬拉與貝里斯。棲居在大河與湖泊中。
- **繁殖**：每次產下10-20枚卵。
- **附註**：泥龜是自白堊紀（六千五百萬年前）以來，泥龜科中唯一的現生種。

稍微向上翹的管狀吻端

有蹼的強壯四肢用來游泳

| 體長：50-65公分 | 食性 | 活動時間 |

| 科：兩爪鱉科（麻貝龜科） | 學名：*Carettochelys insculpta* | 狀態：稀有 |

豬鼻龜（PIG-SNOUTED RIVER TURTLE）

豬鼻龜有個灰綠色、有凹窩且類似皮革的背甲，腹甲小且為白色。這種河龜就像海龜一樣，四肢都呈槳狀且具爪。幼豬鼻龜的背甲有鋸齒狀的邊緣和中央突起。豬鼻龜的頭部短小、眼睛大，管狀的吻部像豬鼻子一樣寬大多肉。由於天性喜隱蔽，因此偏愛平淺、流動緩慢且河底多泥沙或淤泥的河流，以使用前肢挖泥沙來覆蓋背甲躲藏。有時會在出海口的棲地出沒。

澳大拉西拉

革質的灰綠色背甲和白色腹甲

- **分布**：新幾內亞南部、澳洲北部。棲居在大河流與潟湖中。
- **繁殖**：每次產下15-22枚卵。
- **附註**：早在1800年代就已在新幾內亞發現豬鼻龜，但澳洲卻直至1969年才有豬鼻龜的發現紀錄。

具爪的鰭狀四肢用於游泳

| 體長：70-75公分 | 食性 | 活動時間 |

| 科：鱉科 | 學名：*Pelodiscus sinensis* | 狀態：地區性普遍 |

中國鱉（CHINESE SOFTSHELL TURTLE）

亞洲

如同所有軟殼龜，中國鱉的背甲與腹甲都覆蓋著革質皮膚，而不是堅硬的盾片；不過皮膚下的骨骼仍可以提供某種程度的保護。中國鱉的背甲後端像個軟而圓的襯裙，使得腹甲比背甲要小很多。由於頭部、頸部都長，加上細長的吻部，使中國鱉即使身處在淺淺的湖泊與河流底部仍能伸出水面呼吸。

• 分布：東亞（引進夏威夷）。棲居在湖泊與河流中。
• 繁殖：每次產下12–30枚卵。
• 相似種：垂頸鱉（*Palea steindachneri*）。

似象鼻的
長吻部

灰綠色的
背甲上有突
起的脊突

有蹼的
強壯四肢

| 體長：15–30公分 | 食性 🐟🌿 | 活動時間 ☼ |

| 科：稜皮龜科 | 學名：*Dermochelys coriacea* | 狀態：瀕危 |

革龜（LEATHERBACK SEA TURTLE）

全世界

這是唯一一種擁有革質背甲的海龜，其背甲的長度比寬度要長很多，還有個非常突出的背脊。背甲前端的皮膚一直向前延伸到頸部和頭部；頭部大而圓，無法往後縮回。一如其他海龜，革龜也有用於泅水、無爪的長鰭狀肢。這種優秀的遠航者為了覓食主要食物——水母，可以自棲居地出發橫渡洋面4,800公里以上；甚至還可向下深潛1,000公尺以上。

• 分布：全世界的溫帶與熱帶海域。
• 繁殖：每次產下50–160枚卵。
• 附註：革龜是世界上最大的水龜。

梨形的背甲上有著
厚厚的革質皮膚，
顏色由褐色至灰色

頭部無法
縮回殼內

無爪的
鰭狀前肢

| 體長：1.5–1.8公尺 | 食性：以水母為主 🐚 | 活動時間 ○ |

科：海龜科	學名：*Chelonia mydas*	狀態：瀕危

綠蠵龜（GREEN SEA TURTLE）

這是最為人熟知的一種海龜，其辨識特徵是斑駁的綠色或褐色的盾狀背甲，以及頭部與四肢的大型盾片——顏色深且鑲有淺色邊。在跨海的遷移行動中，綠蠵龜可以從繁殖地遠涉重洋超過1,000公里覓食。綠蠵龜是所有海龜中唯一會離水上岸曬太陽以提高體溫的海龜。這種海龜只要前肢輕輕的滑動就可以毫不費力的泅水，而且游速可達一般淡水龜的六倍。綠蠵龜成體為素食，而幼體則以海洋的無脊椎動物為食。

- **分布：**全世界的溫帶與熱帶海洋。
- **繁殖：**每次產下100-200枚卵。
- **相似種：**赤蠵龜（*Caretta caretta*）。

形似盾片的平滑背甲

全世界

流線型的頭部

可以快速泅水的有力鰭狀肢

體長：0.8-1公尺	食性 🌿	活動時間 ○

科：海龜科	學名：*Eretmochelys imbricata*	狀態：瀕危

玳瑁（HAWKSBILL SEA TURTLE）

玳瑁是一種較小型的海龜，最易辨識的特徵是既長又窄的口鼻部，很像猛禽的喙部；褐色的盾狀背甲後緣呈鋸齒狀。玳瑁是所有海龜中遷移距離最短的，在海中的遷移距離只有數百公里。玳瑁在陸地上的移動方式是左前肢與右後肢一起先行移動，然後是右前肢與左後肢；其他海龜則是同時使用兩隻鰭狀前肢來拖著身體移動，這種方式要費力得多。暗礁的破壞與近海的污染對玳瑁的傷害非常大，因為上述兩種情形都會造成其主食——海綿的大量滅絕。

- **分布：**熱帶海域，偶爾會出現在全世界的溫帶水域中。
- **繁殖：**每次產下32-200枚卵。
- **相似種：**赤蠵龜（*Caretta caretta*）。

鰭狀肢邊緣有細小的爪

全世界

吻部向下彎，有如鳥喙

背甲邊緣呈鋸齒狀

體長：0.8-1公尺	食性：以海綿為主 🦐🌿	活動時間 ☼

科：鱷龜科	學名：*Chelydra serpentina*	狀態：普遍

磕頭龜（COMMON SNAPPING TURTLE）

磕頭龜有個圓拱形且邊緣略帶鋸齒形的背甲，顏色則自暗橄欖綠到褐色都有。這種體型粗壯的水龜有強而有力的頭部與四肢、長長的尾巴以及相對較小的腹甲。磕頭龜的成體為相當高層的水棲肉食動物，幾乎所有能吞下肚的小生物都是牠的捕食對象。雖然磕頭龜的巢極易受到浣熊及其他動物破壞，不過短吻鱷才是牠唯一的天敵。

北美洲、中美洲及南美洲

• **分布**：北美洲的東部與中部、中美洲及南美洲西北部。幾乎所有淡水棲地都可見其出沒，也棲居在某些鹹水環境。

• **繁殖**：每次產下20-40枚卵。

• **相似種**：鱷龜（*Macroclemys temminckii*，見下欄）。

• **附註**：遭磕頭龜咬到手指或腳趾後果堪虞。

背甲的突起很高，並有鋸齒狀邊緣

巨大的頭部上有尖銳的顎部

肌肉發達的粗短尾巴

體長：20-40公分	食性	活動時間 ☾◐

科：鱷龜科	學名：*Macroclemys temminckii*	狀態：瀕危

鱷龜（ALLIGATOR SNAPPING TURTLE）

美洲最大的淡水龜，背甲有鋸齒狀突起；小小的腹甲可以讓有爪的巨大四肢方便移動。鱷龜的大頭部上有末端呈鉤狀下彎的有力顎部；舌頭上還有一個粉紅色的蟲狀構造可用來誘魚上鉤，一旦獵物上門馬上就閉嘴猛咬。鱷龜是完全水棲的種類，每次浮出水面吸氣後，可以潛在水面下40-50分鐘之久。雄鱷龜的體型比雌鱷龜大很多。

北美洲

• **分布**：美國東南部。棲居在河流，U形湖和河口處。

• **繁殖**：每次產下10-60枚卵。

• **相似種**：磕頭龜（*Chelydra serpentina*，見上欄）。

• **附註**：中型的鱷龜就可以咬斷人的手指。

巨大的頭部末端有鉤狀下彎的吻部

橄欖綠–褐色的背甲有時會覆滿水藻

舌頭上有粉紅色的蟲狀構造

體長：40-80公分	食性	活動時間 ☾

科：平胸龜科	學名：*Platysternon megacephalum*	狀態：瀕危

大頭龜（BIG-HEADED TURTLE）

這種亞洲龜最明顯易辨的特徵就是扁平的身體、巨大的頭部以及長長的尾巴。由於頭部太大無法縮進殼中，因此大頭龜的自衛方式就是咬囓；其大型的鉤狀顎部足以導致嚴重的傷害。大頭龜不善泅水，不過卻精於挖洞和攀爬，為了覓食或找尋曬太陽的地點會爬上傾倒的樹上或石頭上。

- **分布**：東南亞北部、南亞。棲居在山中平淺的小溪流中。
- **繁殖**：每次產下 2 枚卵。

亞洲

保護頭部的大型盾片

修長扁平的背甲呈暗橄欖綠色至褐色

體長：14-20公分	食性 🐛🐛🦎	活動時間 ☾◐

科：澤龜科	學名：*Clemmys insculpta*	狀態：地區性普遍

森石龜（WOOD TURTLE）

森石龜的背甲為灰色至褐色，上面有脊突；黃色的腹甲上綴有深色斑點，頭部則為黑色。森石龜為半陸棲性，會冒險離水上岸一小段距離以覓取真菌、無脊椎動物和植物。曾有人目睹森石龜以前肢在地面上用力跺步出聲，藉此吸引蠕蟲鑽到地表上來。

- **分布**：北美洲東北部。棲居在林地中的河流、小溪與沼澤中。
- **繁殖**：每次產下 4-18 枚卵。
- **相似種**：澤龜（*Clemmys muhlenbergii*）、點龜（*C. guttata*）。

幽暗的顏色是林地中的保護色

北美洲

小而尖的頭部

體長：12-23公分	食性 🐛🌱🐌	活動時間 ☼

科：澤龜科	學名：*Cuora flavomarginata*	狀態：普遍

食蛇龜（YELLOW-MARGINED BOX TURTLE）

一如美洲箱龜（例如海灣箱龜，見52頁），這種亞洲種類也有可動的腹甲，可以緊閉起來保護頭部與四肢。食蛇龜的背甲與腹甲均圓而平滑；從眼睛到頸背則有一條黃色的細紋貫穿。雖然食蛇龜的四肢無蹼，適合生活在陸地上，不過泳技也是一流。

- **分布**：亞洲東部的淡水棲地。
- **繁殖**：每次產下 1-4 枚卵。
- **相似種**：東南亞箱龜（*Cuora amboinensis*）。

圓而平滑的背甲

亞洲

無蹼的四肢趾上有爪

可動的腹甲

體長：10-12公分	食性 🌿🐛	活動時間 ☼

科：澤龜科	學名：*Cyclemys dentata*	狀態：稀有

亞洲葉龜（ASIAN LEAF TURTLE）

這種龜有低平且顏色為褐-黑色的背甲，背部並呈鋸齒狀；褐色的腹甲則為橢圓形，上面綴有黑色細線。亞洲葉龜的幼體為水棲，成體則較偏陸棲，可與森林底層的落葉堆巧妙融合。

- **分布**：亞洲東南部。棲居在森林中的淡水棲地中。
- **繁殖**：每次產下 2-4 枚卵。
- **相似種**：斑頸葉龜（*Cyclemys tcheponensis*）。

亞洲

● 黑白相雜的斑駁皮膚

小而尖 ● 的頭部

體長：24-26公分	食性 🍃🦗	活動時間 ☼

科：澤龜科	學名：*Emys orbicularis*	狀態：地區性普遍

歐洲龜（EUROPEAN POND TURTLE）

這種龜有平滑的橢圓形背甲，背甲的顏色為黑色或深褐色，且有黃色條紋。其深色的頭部上有黃色斑點與條紋。歐洲龜有時會爬上木頭或石塊上曬太陽，但只要一受驚嚇，就會馬上潛入水中。

- **分布**：歐洲、西北非和西北亞。棲居在靜止或流動緩慢的淡水中。
- **繁殖**：每次產下10-16枚卵。
- **相似種**：地中海鱉（*Mauremys leprosa*）。

圓拱形的平滑背甲上綴有斑紋 ●

歐洲、非洲及亞洲

可動的腹甲可以將前面 ● 稍微關閉

體長：20-30公分	食性 🐟🦐🦗	活動時間 ☼

科：澤龜科	學名：*Terrapene carolina*	狀態：普遍

箱龜（COMMON BOX TURTLE）

可動的腹甲使這種陸棲種類的龜殼可以像箱子般完全包覆住柔軟的身體。海灣箱龜（*Terrapene carolina major*，如圖所示）是六個亞種之一，其純褐色的背甲由背部逐漸向外開展。

- **分布**：北美洲東部與墨西哥東部。棲居在林地、牧場與沼澤地。
- **繁殖**：每次產下 1-11 枚卵。
- **相似種**：華麗箱龜（*Terrapene ornata*）。

平滑的背甲 ● 中間有脊突

北美洲

頭部可以 ● 完全縮入殼中

體長：16-21公分	食性 🍃🦗	活動時間 ☼

科：澤龜科	學名：*Trachemys scripta*	狀態：普遍

巴西龜（COMMON SLIDER）

巴西龜的綠色皮膚上綴有黃色斑紋，其斑紋形式在16個
亞種身上變化相當大。紅耳巴西龜（*Trachemys
scripta elegans*，如圖所示）的頭部
也有一條明顯的紅色條紋。

• **分布**：北美洲、中美洲與南
美洲（引進到全世界）。棲居
在淡水中。

• **繁殖**：每次產下 6-11 枚卵。

• **相似種**：傻河龜（*Pseudemys* species）。

橢圓形的背甲
通常為綠色，並
綴有淺色斑紋

北美洲、中美洲
及南美洲

紅色條紋

後肢有蹼

體長：20-28公分	食性 🌿🐟🦐	活動時間 ☼

科：龜科	學名：*Geochelone carbonaria*	狀態：普遍

紅足龜（RED-FOOT TORTOISE）

前肢前端的大型紅色鱗片可資辨識。紅足龜有長形
的黑褐色背甲，每個盾片中央都有一個小黃斑。
雖然這種龜目前仍算普遍，但已遭過度捕殺作為食
物。此外，焚燒灌木叢以整地耕作也常使這種龜深
受其害。

• **分布**：南美洲北部。棲居在大草原和
林地中。

• **繁殖**：每次產下 4-15 枚卵。

• **相似種**：黃足龜
（*Geochelone denticulata*）。

黑褐色的背甲上
有黃色斑點

南美洲

前肢有
紅色鱗片

體長：40-50公分	食性 🌿	活動時間 ☼

科：龜科	學名：*Geochelone elegans*	狀態：瀕危

印度星龜（INDIAN STAR TORTOISE）

背甲上每個盾片的星形圖案就是其名稱由來。成
年印度星龜的每個盾片各自形成一個高聳的
圓拱形；棒狀的四肢為陸龜的典型特徵，因
此有相當多的時間用於爬行與挖掘。

• **分布**：亞洲南部。棲居在沙漠與乾燥
的棲地中。

• **繁殖**：每次產下 2-20 枚卵。

• **相似種**：緬甸星龜
（*Geochelone platynota*）。

盾片形成高聳
的圓拱形

亞洲

黃色的底色
上有褐色或
黑色的斑紋

體長：30-38公分	食性 🌿	活動時間 ◑

| 科：龜科 | 學名：*Geochelone nigra* | 狀態：瀕危 |

加拉巴哥象龜（Galapagos Tortoise）

舊學名為 *Geochelone elephantopus*。這種體型龐大的灰色陸龜有個巨大的背甲、粗壯的四肢、小頭部和極長的頸子。加拉巴哥象龜已適應加拉巴哥群島的生活環境。在雨量充沛的島上，由於植物生長快速，為了能取食較高的植物，因此牠們的背甲前端稍微向上翻起。而在雨量較少的島上，由於植物較為低矮，背甲就是一個典型的圓拱形。

背甲前部中央沒有小盾片是象龜與阿爾達布拉巨陸龜的不同之處

加拉巴哥群島

成體的背甲圖案各不相同

- **分布**：太平洋的加拉巴哥群島。棲居在岩石遍布的火山地帶。
- **繁殖**：每次產下 10 枚卵。
- **相似種**：阿爾達布拉巨陸龜（*Geochelone gigantea*）
- **附註**：現存體型最大的加拉巴哥象龜是佛羅里達保護區的一隻雄龜，體重超過400公斤。

| 體長：0.8-1.1公尺 | 食性 🍃 | 活動時間 ☼ |

| 科：龜科 | 學名：*Geochelone pardalis* | 狀態：地區性普遍 |

豹紋斑龜（Leopard Tortoise）

幼龜同樣凶猛異常，黃色背甲上的每個盾片都鑲有黑色邊。背部十三個大盾片都有一個黑色中心點。隨著背甲的生長，這些深色的中心點會遭到破壞並向上突起。豹紋斑龜雖然主要為草食性，但曾有報告指出牠們也會啃食骨頭或吃土狼的排泄物來攝取鈣質，以促進子代的蛋殼發育。有些豹紋斑龜可以重達20-40公斤。

高聳的圓拱形背甲

非洲

盾片上的生長環

- **分布**：非洲東部與南部。棲居在稀樹大草原與林地中。
- **繁殖**：每次產下 5-30 枚卵。
- **相似種**：脊稜陸龜（*Psammobates tentorius*）。

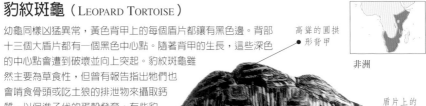

棍棒狀的後肢

隨著豹紋斑龜的生長，盾片中央的深色部位會散裂

前肢有爪以利挖掘

| 體長：45-72公分 | 食性 🍃 | 活動時間 ☼ |

科：龜科	學名：*Kinixys erosa*	狀態：不詳

非洲陸龜（SERRATED HINGE-BACK TORTOISE）

這是絞龜屬中體型最大且最奇特的一種。絞龜屬成員的背甲後緣都會向下彎，但非洲陸龜的背甲後緣在向下彎後又有一小段向上翹，形成一個鋸齒狀的「裙襬」。

- **分布**：非洲西部。棲居在雨林中。
- **繁殖**：每次產下 2-10 枚卵。
- **相似種**：荷氏絞龜（*Kinixys homeana*）。

背甲呈現出受侵蝕或變形之貌

非洲

背甲的前後兩端向上翹成鋸齒狀突起

體長：20-30公分	食性 ⊘🐛✹	活動時間 ☾

科：龜科	學名：*Malacochersus tornieri*	狀態：瀕危

扁平龜（PANCAKE TORTOISE）

體色呈褐色與黑色的扁平龜可能是最奇特的一種非洲陸龜。雖然幼龜的背甲為圓拱形，但隨著年齡的增長會逐漸變扁，使得這種棲居在山區的陸龜可以躲進狹窄的水平裂縫中。扁平龜以肥厚多汁的植物為食，並以蟄伏的方式度過乾旱。

- **分布**：非洲東部。棲居在多岩石的環境中。
- **繁殖**：每次產下 1-4 枚卵。

扁平的背甲是異於其他烏龜之處

非洲

腿強而有力

體長：10-15公分	食性 ⊘	活動時間 ☼

科：龜科	學名：*Testudo graeca*	狀態：地區性普遍

地中海陸龜（SPUR-THIGHED TORTOISE）

大腿骨上的大棘和尾巴上的單一盾片是地中海陸龜有別於赫氏陸龜（見56頁）的特徵。幼龜為黃褐色且有顏色較深的斑紋；年紀較長的地中海陸龜有深褐色的盾片，盾片中心處為黃色。

- **分布**：南歐、北非及西亞。棲居在灌木叢、草地和沙丘中。
- **繁殖**：每次產下 2-12 枚卵。
- **相似種**：赫氏陸龜（*Testudo hermanni*，見56頁）、綠翹龜（*T. marginata*）。

歐洲、非洲及亞洲

前肢有長爪以利挖掘

尾巴正上方只有一個盾片

體長：20-25公分	食性 ⊘	活動時間 ☼

科：龜科	學名：*Testudo hermanni*	狀態：稀有

赫氏陸龜（HERMANN'S TORTOISE）

赫氏陸龜的背甲為黃褐色至深褐色，背甲上的淺色斑紋會隨著
年齡的增長而逐漸被深色色素所覆蓋。由於赫氏陸龜形似地中
海陸龜（見55頁），兩者相當容易混淆，不過赫氏陸龜的背甲
較堅硬且較圓。此外，這種龜的大腿骨上沒有
棘刺，倒是尾端有一根棘且尾巴正上方還有兩
個盾片（地中海陸龜只有一個盾片）。一如所
有的歐洲陸龜，這種陸龜也因濫捕供食或寵物
買賣而受害嚴重，目前已被列為保育動物。現
今的威脅主要來自灌叢野火、棲地的破壞與繁
忙的道路交通。

歐洲

• 分布：歐洲南部。棲居在灌木叢、草地與沙
丘中。
• 繁殖：每次產下 2-10 枚卵。
• 相似種：綠翹龜（*Testudo marginata*）、地中
海陸龜（*T. graeca*，見56頁）。

尾巴上方的兩個
盾片為鑑別特徵

堅硬的圓拱
形背甲與
圓形盾片

尾端有棘

深色色素會
隨著年齡增加

背甲為黃褐色
至深褐色

棍棒狀後肢有
短爪用於爬行

前肢有長爪
以利挖掘

體長：15-20公分	食性 ✐	活動時間 ☼

喙頭蜥

形

似蜥蜴的喙頭蜥（又稱鱷蜥）是古代爬行類喙頭目（Rhynchocephalia）中唯一的倖存者。而喙頭目中的其他成員，早在六千五百萬年前的中生代就已全部滅絕。

雖然喙頭蜥形似蜥蜴，但因兩者的骨骼構造不同而在分類系統中卻不相近。喙頭蜥也有膜狀的第三個眼瞼覆蓋在張著的眼睛上。一如許多蜥蜴，喙頭蜥的額前同樣有第三隻眼（或稱爲松果眼）；幼喙頭蜥的第三隻眼相當明顯，但成年喙頭蜥的第三隻眼已覆蓋在皮膚下了。松果眼只能感受光的強度和顏

色，對於調節體溫可能也有些助益。某些動物學家認爲喙頭蜥是蜥蜴、蛇和兩生類的相似群中唯一的生存者；而其他的動物學家卻認爲上述族群的關係並沒有這麼近，可能在區分龜鱉目之前，喙頭蜥就與大多數的古代爬行類漸行漸遠了。

化石證據指出，現存的喙頭蜥在三疊紀後期（一億七千萬年前）就已出現，而且據推測應是現生陸棲脊椎動物中演化速度最慢的。現生的兩種喙頭蜥是目前爲止世界上最原始的爬蟲類。

科：喙頭蜥科	學名：*Sphenodon punctatus*	狀態：瀕危

喙頭蜥（TUATARA）

一般來說，喙頭蜥的外形就像是綴著一身黃斑的黃褐色鬣蜥。喙頭蜥的頭部寬而圓、眼睛大、有爪的四肢強而有力；其背側有一排棘狀突起，自背部一直延伸到粗壯的尾巴；與其他蜥蜴一樣，遇到攻擊時尾巴會自行脫落。喙頭蜥已非常能適應多岩石島嶼的涼爽氣候，他們新陳代謝的速度相當慢，主要以無脊椎動物爲食，甚至還和海鳥共用巢穴。喙頭蜥的生長速度相當遲緩，至少要等到二十歲時才能達到性成熟。卵在母體內要十二個月才成熟，產卵後還要十五個月才能孵化。

• **分布**：紐西蘭的離島。棲居在岩石遍布的地帶。
• **繁殖**：一次產下12-17枚卵。
• **相似種**：兄弟島的喙頭蜥（*Sphenodon guentheri*）。
• **附註**：雄喙頭蜥可以活100年以上。

紐西蘭

棘狀突起自頭部延伸至尾端

尾巴脫落後會再長出來

黃褐色皮膚上有黃色斑點

年齡漸長後，松果眼會被皮膚覆蓋

體長：50-65公分	食性 ✹●	活動時間 ◗☾

蜥蜴

蜥蜴在分類上不是自然的生物群，牠們歸屬於有鱗類（Squamata）下的蜥蜴亞目（Sauria）。有鱗目也包括蛇類及蚓蜥類（amphisbaenians）。

全世界的蜥蜴種類超過3,400種，外形及行為都差異相當大。多數種類有發達的四肢、極長的尾巴、可眨動的眼瞼以及外耳孔；有些種類的四肢已退化，甚至完全沒有四肢，形似蚓蜥類與蛇類。有些蜥蜴與蛇類同樣都有固定且透明的「眼膜」保護眼睛，而不是可以眨動的眼瞼，有些蜥蜴則沒有外耳孔。舌頭的形狀也多樣化，有巨蜥類似蛇的叉狀舌，也有變色龍球狀的黏性舌頭。並非每一種蜥蜴在遭受攻擊時都會斷尾求生，

這種尾部自割（caudal autotomy）的行為端視種類而定。

除了珠狀毒蜥（*Heloderma horridum*，見96頁）及鈍尾毒蜥（*H. suspectum*，見97頁）這兩種有毒蜥蜴外，大多數的蜥蜴是無毒的。科摩多巨蜥（*Varanus komodoensis*，見98-99頁）的唾液含有細菌，會引發致命的感染。至於鬣蜥及巨蜥等其他大型蜥蜴咬起人來則相當痛。

本書依傳統分類法將蜥蜴分為十七個科。雖然現代的分類學家所辨認出的科別已高達三十個科，但大多是將原來較大的科再細分成數科，例如將超過800種的美洲鬣蜥科（Iguanidae）分成八個較小的科。

科：壁虎科（守宮科）	學名：*Coleodactylus septentrionalis*	狀態：地區性普遍

馬拉卡島鞘趾虎
(ILHA DE MARACA LEAF-LITTER GECKO)

這種小守宮（一稱壁虎）的體型呈圓筒狀，四肢與尾巴相對較短；體色為褐色及灰色，背部綴有白色及淡褐色的交錯橫紋，身體的上部表面還夾雜著深淺不一的斑點。在馬拉卡島（Ilha de Maraca）、洛來馬（Roraima）及巴西北部，這種鞘趾虎是當地最普遍的陸生蜥蜴，而且還是其他多數爬蟲類的食物，尤其是蛇類。馬拉卡島鞘趾虎棲居在雨林較乾燥的落葉堆中，覓食跳蟲等土中的無脊椎動物維生。

南美洲

- **分布**：南美洲北部。棲居在熱帶雨林底部。
- **繁殖**：每次產 1 枚卵。
- **相似種**：南歐鞘趾虎（*Coleodactylus meridionalis*）。

淡色橫紋有時
會在背部交錯

頸背處通常
有白色的斑紋

趾端不像樹棲
的守宮一樣膨大

體長：4-5公分	食性 🕷	活動時間 ☼

科：壁虎科（守宮科）	學名：*Coleonyx variegatus*	狀態：普遍

橫紋鞘爪虎（WESTERN BANDED GECKO）

這種守宮不同於其他分布於美國沙漠的守宮之處在於有柔軟的皮膚及可以眨動的眼瞼。橫紋鞘爪虎的四肢細長，趾端沒有膨大；粗短的尾巴基部緊縮，雄守宮的尾巴有大棘。其體色為土黃色，綴有暗色的橫帶紋。這種守宮是夜行性及穴居型動物，可以在非常乾燥及高溫的環境中生存。

北美洲

體色為土黃色，綴有深色的橫帶紋

- **分布**：美國西南部及墨西哥西北部的沙漠。
- **繁殖**：每次產 1–3 枚卵。
- **相似種**：赤足鞘爪虎（*Coleonyx switaki*）、德州鞘爪虎（*C. brevis*）。

體長：8-12公分	食性 ✳	活動時間 ☽

科：壁虎科（守宮科）	學名：*Cyrtodactylus louisiadensis*	狀態：稀有

環尾弓趾虎（LOUISIADES BOW-FINGERED GECKO）

這種體型細長的大型守宮有修長的四肢，類似鳥趾且趾端沒有膨大的腳趾上有長爪子；其身體與尾巴均為淺褐色，綴有寬而明顯的褐色帶紋。這種樹棲種類生活在樹幹上，會趁著夜晚或在白天時躲伏在鬆開的樹皮下捕食昆蟲、蜘蛛與小壁虎。

大頭部及大眼睛

大洋洲

- **分布**：澳洲東北部、新幾內亞及所羅門群島。棲居在雨林中。
- **繁殖**：每次產 1–2 枚卵。
- **相似種**：瓜達卡納弓趾虎（*Cyrtodactylus biordinis*）。

腳趾的趾端沒有膨大且有長爪子

體長：30-34公分	食性 ✳ 🦎	活動時間 ☽

科：壁虎科（守宮科）	學名：*Eublepharis macularius*	狀態：地區性普遍

豹斑瞼虎（LEOPARD GECKO）

豹斑瞼虎的體色為黃褐色，上面綴有暗褐色或黑色的斑點，又稱斑點肥尾守宮。由於幼體的鞍形花紋與成體截然不同，有時會被誤認是另一種守宮。這是一種非常強壯的守宮，即使是十分惡劣的環境中似乎都可以存活下來。一如其他守宮，豹斑瞼虎每次也產 2 枚卵，雌性一年可以產卵 5 至 6 次。

肥厚的尾巴可能用來貯藏食物

- **分布**：中亞南部；可以棲居在高達2,500公尺的礫漠及灌木叢中。

亞洲

  - **繁殖**：每次產 2 枚卵。
  - **相似種**：伊朗瞼虎（*Eublepharis angramainyu*）、土庫曼瞼虎（*E. turcmenicus*）。

特殊的豹皮花紋

體長：20-25公分	食性 ✳	活動時間 ☽

科：壁虎科（守宮科）	學名：*Gekko gecko*	狀態：普遍

大壁虎（TOKAY GECKO）

這是亞洲體型最大的守宮，其獨特且重複的叫聲是最容易辨
識的特徵。大壁虎的體型粗大壯碩，藍灰色的身體上綴著亮
橙色與淡藍色的斑點，大眼睛則為橙色。其腳趾趾端膨大有
利爬行，多數的腳趾上都長有小爪子。

大眼睛在夜裡
有很好的視力

亞洲

皮膚上覆蓋著
疣狀突起

- **分布**：東南亞。棲居在森
林及人類居住地。
- **繁殖**：每次產 2-3 枚卵。
- **相似種**：斯氏守宮
（*Gekko smithi*）。

體長：18-35公分	食性	活動時間 ☾

科：壁虎科（守宮科）	學名：*Gekko vittatus*	狀態：普遍

白脊守宮（PALM GECKO）

這種守宮的背脊上有一條鑲黑邊的白線，延伸至頸背時岔
分開來，尾部則有白色環紋。白脊守宮有粗壯的體型、寬
闊的頭部以及有利爬行的膨大腳趾；棲居在棕櫚樹與其他
樹木的樹幹上，其皮膚圖案
在白天可以提供偽裝。

大白線由頭部延伸
至尾巴，並在頸背
處岔分成V字型

亞洲、大洋洲

再生的尾巴沒有
獨特的白色環紋

- **分布**：印尼、新幾內亞
以及所羅門群島。棲居在
雨林及開墾區中。
- **繁殖**：每次產 2 枚卵。
- **附註**：雌守宮會群聚在棕櫚冠層產卵。

每隻腳的前
四趾長有細爪

體長：27-29公分	食性	活動時間 ☾

科：壁虎科（守宮科）	學名：*Hemidactylus frenatus*	狀態：普遍

蝎虎（COMMON HOUSE GECKO）

蝎虎體色為粉紅色，有時幾乎呈半透明狀；背上有
小小的疣狀突起。蝎虎棲居在人類附近並進行生
殖，夜晚會發出「契卡」的叫聲。

有垂直瞳孔
的大眼睛

全世界

- **分布**：全世界。棲居在有人居
住的建築物內。
- **繁殖**：每次產 2 枚卵。
- **相似種**：鋸尾蝎虎（*Hemidactylus
garnotti*）、南半球蝎虎（*H. mabouia*）。
- **附註**：這種壁虎原產於亞洲，因運輸偷渡而逐漸
分布於大部分的熱帶地區。

背上有圓錐
形的疣狀突起

腳趾膨大
且有細爪

體長：12-15公分	食性	活動時間 ☾

科：壁虎科（守宮科）	學名：*Hemitheconyx caudicinctus*	狀態：地區性普遍

西非半爪虎（West African Fat-tailed Gecko）

這種暗粉紅色的守宮有深褐色的鞍形斑紋，身體並鑲有
白色的細邊；頭部也有類似的花紋，好像戴著一頂帽
子。其細長的腳趾沒有膨大，適合生活在地面上；有可
以眨動的眼瞼，這點與其他守宮不同。其肥厚的尾巴可
能有儲藏食物的作用，或者在遭受攻擊時脫落。

遭受攻擊時，
尾巴會迅速脫落

非洲

• **分布**：西非。棲居在乾燥及多岩石的灌叢。
• **繁殖**：每次產 2 枚卵。
• **相似種**：索馬里半爪虎
（*Hemitheconyx taylori*）。

暗粉紅色的體色
上有褐色的鞍形斑
紋，有助於偽裝

體長：18-20公分	食性 ✺	活動時間 ☾

科：壁虎科（守宮科）	學名：*Nactus pelagicus*	狀態：普遍

大洋守宮（Pelagic Gecko）

大洋守宮的體型小且體色深，身上的圖案不明顯。其皮膚呈顆粒
狀，背上有數列疣狀突起。這種守宮的尾巴很長，四肢結構良好且
腳趾沒有膨大。大洋守宮夜晚時會在森林底層或低矮的樹上覓食昆
蟲，白天則躲在落葉堆內；有時會以一連串的小跳躍
來移動。

大洋洲

• **分布**：澳洲東北部及太平洋西南部。棲居在
森林及開墾地中。
• **繁殖**：每次產 2 枚卵。
• **相似種**：孟凱朋氏守宮（*Nactus vankampeni*）。
• **附註**：大洋守宮的英文俗名是因為分布於太平洋西南部而得名。

腳趾有爪，
但無膨大

體長：10-16公分	食性 ✺	活動時間 ☾

科：壁虎科（守宮科）	學名：*Palmatogekko rangei*	狀態：稀有

闊趾虎（Namib Web-footed Gecko）

這種體型中等、身體細長的守宮有大頭
部，垂直瞳孔的大眼睛一遇強光會瞇成針
孔狀。其細長的腳趾有大爪子但無膨大，
腳趾間以蹼連接。這種守宮白天時都躲在洞
穴內，天黑後才外出覓食。小露珠與濃霧中所含
的水足以供闊趾虎所需。受到威脅時，會直直站立
並回咬攻擊者。

幾乎透明
的身體

非洲

• **分布**：非洲西南部。棲居在沙土中。
• **繁殖**：每次產 2 枚卵。
• **相似種**：科可闊趾虎（*Kaokogecko vanzyli*）。

纖細的腳趾
以蹼連接

體長：12-14公分	食性 ✺	活動時間 ☾

| 科：壁虎科（守宮科） | 學名：*Phelsuma standingi* | 狀態：地區性普遍 |

斯氏殘趾虎（STANDING'S DAY GECKO）

黃綠色的頭部有大眼睛

這是體型第二大的殘趾虎，僅次於馬達加斯加殘趾虎。成體的身體為藍灰色、頭部為黃綠色，並綴有網狀的花紋及橫條斑紋。當斯氏殘趾虎曝曬在太陽下時，藍色及黃綠色會更加顯眼。幼體的體色更鮮豔，成熟後體色會改變。

馬達加斯加島

綠色身體上有褐色的網狀花紋

• **分布**：馬達加斯加島西南部。棲居在乾燥森林中。
• **繁殖**：每次產 2 枚卵。
• **附註**：斯氏殘趾虎已列入保育以禁止商業買賣。

腳趾膨大有利爬行

| 體長：25-28公分 | 食性 ✸ | 活動時間 ☼ |

| 科：壁虎科（守宮科） | 學名：*Ptychozoon kuhli* | 狀態：普遍 |

褶虎（KUHL'S FLYING GECKO）

體側有膚褶可以幫助滑行

寬且扁平的尾巴尖端可資辨識

當這種守宮棲息在覆滿地衣的樹幹上時，其不規則的輪廓與隱蔽的花色都有隱形的效果。其蹼狀腳趾，以及頭部、四肢、體側和尾巴上的膚褶，大大增加了表面積，無論是在樹上跳躍或向下滑行都有助益。

亞洲

• **分布**：東南亞。棲居在雨林中。
• **繁殖**：每次產 2 枚卵。
• **相似種**：緬甸滑褶虎（*Ptychozoon lionotum*）。

| 體長：18-20公分 | 食性 ✸ | 活動時間 ☾ |

| 科：壁虎科（守宮科） | 學名：*Rhacodactylus leachianus* | 狀態：稀有 |

新喀里多尼亞多趾虎（NEW CALEDONIAN GIANT FOREST GECKO）

這種顏色斑駁具有隱藏效果的守宮，體色有灰色、綠色或褐色，主要棲居在樹冠層或樹洞內，偶爾會出現在樹幹上。除了體側鬆散的皮膚皺褶及趾間的蹼之外，其身體一無裝飾。這種守宮以香蕉、木瓜等水果及昆蟲為主食，但某些體型較大的個體也會獵食小型的鳥類及哺乳動物。在偏僻的小島棲地內，新喀里多尼亞多趾虎幾乎所向無敵。

斑駁的體色可供偽裝

• **分布**：新喀里多尼亞（New Caledonia）。棲居在雨林中。
• **繁殖**：每次產 2 枚卵。
• **相似種**：坎納那多趾虎（*Rhacodactylus chahoua*）。
• **附註**：新喀里多尼亞多趾虎為現存最大型的守宮。

新喀里多尼亞

腳趾膨大有助於爬行

| 體長：34-38公分 | 食性 ⊘✸ | 活動時間 ☾ |

壁虎科（守宮科）	學名：*Tarentola mauritanica*	狀態：普遍

摩爾氏守宮（MOORISH GECKO）

這種歐洲最大型的守宮有健壯且寬扁的
身體、灰褐色的體色及寬闊的頭部。身
體、四肢及尾巴上有數列疣狀突起，看起來
就像混身是刺。其腳趾膨大並形成黏性肉墊，第3、4趾的
趾端有小爪。通常會受晚間的住宅燈光所吸引以覓食飛蟲。
- **分布**：南歐、北非及加那利群島。棲居在溫暖、乾燥的
沿海地區，也出現在伊比利半島的內陸。
- **繁殖**：每次產 2 枚卵。
- **相似種**：摩爾氏沙漠守宮（*Tarentola deserti*）。

身體、四肢及
尾巴上有數列
疣狀突起

歐洲、非洲

眼睛內為
垂直瞳孔

體長：10-15公分	食性 🐜	活動時間 ☽

科：壁虎科（守宮科）	學名：*Teratoscincus scincus*	狀態：地區性普遍

伊犁沙虎（WONDER GECKO）

這種形似石龍子的大型守宮有長長的腿部、圓筒形的身體、
大而有力的頭部以及突出的雙眼。由於此為穴居性動物，因
此沒有用於攀爬的膨大腳趾。伊犁沙虎淡淡的黃褐色體色上
綴有深色的帶紋或條紋。一旦受到干擾，會將身體舉高並發
出嘶嘶的叫聲，隨時準備反咬回擊，還會在如同蛇行的動作
中慢慢擺動尾巴，使尾巴的大鱗片互相摩擦發出聲音。
- **分布**：中東及亞洲西南部。棲居在沙質或
黏土的沙漠中，以及半沙漠地區。
- **繁殖**：每次產 2 枚卵。

中東、亞洲

尾巴的大鱗片
可互相摩擦

發達的腿部

體長：15-20公分	食性 🐜	活動時間 ☽

科：壁虎科（守宮科）	學名：*Thecadactylus rapicauda*	狀態：地區性普遍

蕪菁套趾虎（TURNIP-TAILED GECKO）

蕪菁套趾虎以其球莖狀的尾巴命名。由於受到攻擊時會斷尾逃
生，因此很難發現有完整球莖狀尾巴的個體。蕪菁套趾虎有寬廣
的頭部、大眼睛以及垂直瞳孔；全身覆滿顆粒狀的鱗片，
體色為褐色及灰色的保護色。其趾端膨大形
成肉墊以利爬行。蕪菁套趾虎可以發出聲
音，不過頻率比起較小型的種類要少很多。
- **分布**：墨西哥到南美洲北部，以及小
安地列斯群島。棲居在雨林及人類聚
落中。
- **繁殖**：每次產 1 枚卵。

北美洲、中美洲及
南美洲

寬大的頭部上
有大眼睛

再生的
尾巴

腳趾膨大
以利攀爬

體長：14-18公分	食性 🐜	活動時間 ◑

科：壁虎科（守宮科）	學名：*Uroplatus fimbriatus*	狀態：普遍

平尾虎（COMMON LEAF-TAILED GECKO）

葉狀的扁平尾巴、細長的身體、扁平的大頭部以及球根狀的眼睛，都是辨識這種守宮的特徵。斑駁的褐色及灰色體色，可視情況加深或變淡，形成很好的保護色；棲息於樹枝上時，頭部及身體上由皮膚形成的鑲邊可以打散其身體輪廓，讓天敵無法輕易找到。

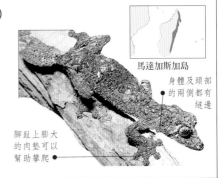

馬達加斯加島

身體及頭部
的兩側都有
鑲邊

- **分布**：馬達加斯加島東部。棲居在雨林中。
- **繁殖**：每次產 2 枚卵。
- **相似種**：馬加平尾虎（*Uroplatus phantasticus*）。

腳趾上膨大
的肉墊可以
幫助攀爬

體長：22–30公分	食性 ✱	活動時間 ☾

科：鱗腳蜥科	學名：*Delma fraseri*	狀態：普遍

鱗蜥（FRASER'S SCALYFOOT）

這種綴有黑色條紋的綠褐色或灰色蜥蜴是穴居性動物。鱗蜥形似蛇，但有外耳孔，與蛇眼類似的眼睛沒有眼瞼。這種蜥蜴看起來好像沒有腳，事實上在泄殖腔兩側還留有退化成鱗片狀皮瓣的後肢。

外耳孔 ●

後肢退化成
● 鱗片狀的小皮瓣

- **分布**：澳洲西部及南部。從沿海森林到沙質或礫質地面都可見其出沒。
  - **繁殖**：每次產 2 枚卵。
  - **相似種**：黑帶鱗蜥（*Delma borea*）。

澳洲

體長：30–45公分	食性 ✱	活動時間 ☼

科：鱗腳蜥科	學名：*Lialis burtonis*	狀態：普遍

澳洲蛇蜥（BURTON'S SNAKE-LIZARD）

這是澳洲體型最大且最普遍的蛇蜥；體色為褐色或灰色，長長的口鼻部是這種蛇蜥異於其他種蛇蜥的特點；而退化成鱗片狀的後肢則是牠與蛇類最大的不同之處。澳洲蛇蜥主要以小型蜥蜴為食，利用鉗子狀的長顎部來吞食。

長口鼻部與鉗
子狀的上下顎 ●

澳大拉西亞

- **分布**：澳洲及新幾內亞的南部。從潮濕的森林到乾燥的沙漠都有分布。
- **繁殖**：每次產 2 枚卵。
- **相似種**：伊里安澳洲蛇蜥（*Lialis jicari*）。

體長：50–60公分	食性 🦎	活動時間 ☼☾

| 科：黃蜥科 | 學名：*Lepidophyma flavimaculatum* | 狀態：稀有 |

黃斑疣蜥（Yellow-spotted Night Lizard）

這種蜥蜴體型中等、身體修長；背上有數列隆起的疣鱗，雙眼上則覆蓋著類似蛇類的「眼膜」。黃斑疣蜥的體色為褐色或灰色，體側有黃色的斑點，唇鱗上則有黑色的短斑紋。

中美洲

- **分布**：中美洲。棲居在雨林中。
- **繁殖**：胎生，每次產5-6隻幼體。
- **相似種**：馬雅疣蜥（*Lepidophyma mayae*）。

體色為褐色或灰色，體側有黃色斑點

強壯的頭部及長頸

背上有隆起的疣鱗

| 體長：20-30公分 | 食性 🐜 | 活動時間 ☾ |

| 科：美洲鬣蜥科 | 學名：*Amblyrhynchus cristatus* | 狀態：地區性普遍 |

加拉巴哥海鬣蜥（Galapagos Marine Iguana）

加拉巴哥海鬣蜥體色為灰綠色，繁殖季時體色會帶點紅色。此外，溫度也會影響體色：當這種鬣蜥剛離開寒冷的海水時，體色幾近全黑；伏臥在石頭上曬太陽取暖後，體色會變回正常的灰綠色。加拉巴哥海鬣蜥身體的構造與隆起的背脊都與其他大型鬣蜥相似，不過其尾巴更為強壯且扁平，就像船舵一樣可以在泅水時對抗強烈的海流。由於必須在海面下取食海草維生，因此這種鬣蜥的鼻子處有可以排除鹽分的腺體；當曝曬在陽光下時，會不停地從這些腺體噴出白色水沫以排出鹽分。

加拉巴哥群島

- **分布**：加拉巴哥群島。棲居在岩石遍布的海岸線上。
- **繁殖**：每次產 2-3 枚卵。
- **相似種**：加拉巴哥陸鬣蜥（*Conolophus* species）。
- **附註**：這是世界上唯一一種真正的海生蜥蜴。

強而有力的上下顎用以取食海草

深色的體色在陽光下可以加速提高體溫

像船舵的強壯尾巴

| 體長：1-1.7公尺 | 食性 🌿 | 活動時間 ☀ |

科：美洲鬣蜥科	學名：*Anolis allisoni*	狀態：普遍

阿力森氏變色蜥蜴（Allison's Anole）

這是一種相當粗壯的變色蜥蜴，體色可從暗褐色變化至青綠色。雄性蜥蜴的頭部及喉部為鋼青色，而雌性蜥蜴的背上則有一條淺色的條紋；至於雌雄兩性的下巴處都有暗紅色的喉部肉垂。

扁平、細長的頭部

• **分布**：古巴、百里斯與宏都拉斯的加勒比海群島。棲居在花園及農場的乾燥空曠處。
• **繁殖**：每次產 1 枚卵。
• **相似種**：古巴綠變色蜥蜴（*Anolis porcatus*）。

加勒比海

體長：10-15公分	食性 ✳	活動時間 ☼

科：美洲鬣蜥科	學名：*Anolis carolinensis*	狀態：瀕危

美國綠變色蜥蜴（American Green Anole）

一種美國變色龍，這是美國東南部唯一一種本土的變色蜥蜴。雌雄兩性均有鮮綠的體色且均可變色，雄性的紅色喉部肉垂是辨識這種蜥蜴的重要特徵，不過有些雄蜥蜴的喉部肉垂為粉紅色、白色或綠色。美國綠變色蜥蜴曾是花園及其他棲地的普遍種類，但現在族群數量正在減少中。

北美洲

青綠色的體色可在瞬間變成褐色

• **分布**：美國東南部。棲居在花園及開闊林地中。
• **繁殖**：每次產 1 枚卵。
• **相似種**：棕變色蜥蜴（*Anolis sagrei*）。

雄性有紅色的喉部肉垂

體長：12-20公分	食性 ✳	活動時間 ☼

科：美洲鬣蜥科	學名：*Anolis equestris*	狀態：地區性普遍

古巴變色蜥蜴（Knight Anole）

這是變色蜥蜴屬中最大型的種類，體色為青綠色，偶爾會出現褐色或參雜暗綠色斑點的個體；眼睛下方及肩上有兩條鮮黃色的條紋。雄性的喉部肉垂為粉紅色。這種蜥蜴有大頭部及尖吻部，通常棲居在棕櫚樹上的樹冠層，有時也會出現在其他大樹上。古巴變色蜥蜴是佛羅里達當地的入侵外來種及獵食者，除了獵食昆蟲與樹蛙之外，也會吃較小型的綠變色蜥蜴與棕變色蜥蜴。

古巴、北美洲

眼睛及肩膀處都有鮮黃色的條紋

• **分布**：古巴（已引進佛羅里達）。棲居在森林中的大樹上，偶爾會出現在空曠地區。
• **繁殖**：每次產 2 枚卵。

體長：33-49公分	食性 ✳🦎🐛📄	活動時間 ☼

科：美洲鬣蜥科	學名：*Basilicus plumifrons*	狀態：普遍

雙脊冠蜥（PLUMED BASILISK）

這種鮮綠色的蜥蜴身上通常有淺藍色或黃色的斑點。頭上、背上及尾巴有3個由骨質棘支撐的脊突，雄性尤其明顯。雙脊冠蜥在入夜後會棲息在小樹枝的尾端，因此只要捕食者——蛇一靠近就可馬上警覺。他們會跳入水中，並躲藏在溪流深處以逃開危險。

• **分布**：中美洲東南部。棲居在熱帶雨林內有河流經過的區域。

• **繁殖**：每次產15-20枚卵。

• **相似種**：頭盔冠蜥（*Basilicus basiliscus*）。

• **附註**：由於會用後腳跑過水面，因此有時又稱為「耶穌基督蜥蜴」（Jesus Christ lizard）。

中美洲

眼睛內有亮橙色的虹膜

雌蜥

雄蜥

雄性的背部脊突較雌性高聳

長尾巴可在攀爬或奔跑時幫助平衡

長腳趾上有蹼狀邊緣

體長：60-70公分	食性 ▆ ▆	活動時間 ☼

科：美洲鬣蜥科	學名：*Brachylophus fasciatus*	狀態：瀕危

斐濟條紋低冠蜥（FIJIAN BANDED IGUANA）

乍看斐濟條紋低冠蜥就像隻小型的美洲綠鬣蜥（見70頁），不過前者背部的脊突較低，而且耳下沒有白色大鱗片。雄蜥有綠色與淡綠色的橫帶紋，雌雄兩性則都有白色的喉部與喉部肉垂，以及極長的尾巴。

• **分布**：斐濟與東加群島，已被引進萬那杜（Vanuatu）。棲居在雨林中。

• **繁殖**：每次產 3-6 枚卵。

• **相似種**：斐濟低冠蜥（*Brachylophus vitiensis*）。

喉部肉垂與喉部均為白色

雄蜥有淡藍色的橫帶紋

大洋洲

體長：50-60公分	食性 ▆ ▆	活動時間 ☼

科：美洲鬣蜥科	學名：*Corytophanes cristatus*	狀態：地區性普遍

盔帽蜥（ELEGANT HELMETED LIZARD）

這種蜥蜴有側扁的身體，體色可從綠色變化至黃褐色、深褐色或黑色等任何顏色，操控體色的能力一如變色龍。相對較小的頭部上有頭盔狀的脊突，這是盔帽蜥有別於其他美洲熱帶地區的蜥蜴之處。這種蜥蜴有長長的四肢，但逃命時多以後腳跳躍取代奔跑。

罕見的頭盔狀脊突延伸至背部

中美洲

- **分布**：中美洲。棲居在低地雨林。
- **繁殖**：每次產 6-8 枚卵。
- **相似種**：郝納茲氏盔帽蜥（*Corytophanes hernandezii*）。

體長：30-40公分	食性 🦎🐛	活動時間 ☼

科：美洲鬣蜥科	學名：*Crotaphytus collaris*	狀態：普遍

項圈蜥（COLLARED LIZARD）

頸背上有黑色與白色的明顯項圈

頭子上的黑色與白色斑紋是項圈蜥不變的一項特徵，不過除此之外，項圈蜥在顏色與花紋上卻是十分多樣化。其體色從綠色至黃色或褐色都有，還綴有許多淺色的斑點。項圈蜥是敏捷且靈活的捕食者，以大型的無脊椎動物及小型蜥蜴為食，有時也會取食花及漿果。

大頭部上有強而有力的上下頜

用於奔跑與攀爬的長腳

- **分布**：北美洲西部。棲居在半乾燥的棲地上。
- **繁殖**：每次產 2-11 枚卵。
- **相似種**：網紋項圈蜥（*Crotaphytus reticulatus*）。

細長的尾巴可幫助平衡

北美洲

體長：20-35公分	食性 🦎🐛🌿	活動時間 ☼

科：美洲鬣蜥科	學名：*Ctenosaura similis*	狀態：普遍

黑櫛尾蜥（BLACK SPINYTAIL IGUANA）

這種大型蜥蜴是以其尾巴上尖銳多刺的突起而命名。初孵化的幼蜥為灰褐色，不久之後會變成青綠色；成熟時體色則變成淡灰色，並綴有斷斷續續的深灰色條紋。成體幾乎只吃植物，但未成熟的個體則取食昆蟲，甚至是小蜥蜴。

鋸齒狀的低脊突

中美洲

長尾巴可作為防禦性的還擊武器

- **分布**：中美洲。棲居在半乾燥的棲地，例如岩岸與砍伐後的森林中。
- **繁殖**：每次產15-25枚卵。
- **相似種**：岬櫛尾蜥（*Ctenosaura hemilopha*）。

體長：0.7-1公尺	食性 🌿🦎🐛	活動時間 ☼

科：美洲鬣蜥科	學名：*Cyclura cornuta*	狀態：瀕危

犀鬣蜥（Rhinoceros Iguana）

體型笨重的犀鬣蜥是十分顯眼的爬行動物，有健壯的身體與四肢、大頭部以及厚實強壯的尾巴。成體體色近乎全灰，而幼體身上則有一些不明顯的淡色橫帶紋。這種蜥蜴的眼睛前方有類似犀牛角的3-5個隆起鱗片，因此而得名。這些「角狀」構造比較容易在體積龐大的雄蜥蜴身上發現，此外雄蜥蜴的頭顱後方有兩處增大的部位，下顎處也有隆起的區域。雄性的犀鬣蜥有領域性，會側對著對手展示一連串晃頭及搖擺的動作以為恫嚇。這些鬣蜥的食物包括燭台草科植物（*Hippomane mancinella*）與毒木（*Metapium toxiferum*）的果實與葉子。雖然這兩種樹都含有生物鹼毒素，但這種鬣蜥已能安然食用。

希斯潘諾拉島

- **分布**：海地與多明尼加共和國的希斯潘諾拉島
（Hispaniola）。棲居在多岩石的乾燥棲地。
- **繁殖**：每次產 5-19 枚卵。
- **相似種**：古巴草原鬣蜥
（*Cyclura nubila*）。

類似犀牛角的構造在雄性較為明顯

雄蜥蝪的頭部後方有隆起

背上和尾巴上都有低矮的脊突

粗壯的身體

雄性的下顎處有部分腫脹

體長：1-1.2公尺	食性 🌿🕷	活動時間 ☼

科：美洲鬣蜥科	學名：*Dipsosaurus dorsalis*	狀態：普遍

沙鬣蜥（Desert Iguana）

這種肥壯的蜥蜴有小頭部與長尾巴；背上有顆粒狀的小鱗片以及一列較大的脊鱗；皮膚上則滿布斑點，顏色有灰色、褐色及粉紅色。沙鬣蜥的耐熱能力優於其他蜥蜴，在白天最熱的時間仍可持續活動。這種鬣蜥主要以草食為主，不過有時也會吃無脊椎動物、腐肉或自己的排泄物。

- **分布**：北美洲西部。棲居在半乾燥的矮灌叢及沙漠中。
- **繁殖**：每次產 3-8 枚卵。
- **相似種**：鈍鼻豹蜥（*Gambelia silus*）。

頭部小

小而肥壯的身體

北美洲

體長：15-30公分	食性 🌿🕷	活動時間 ☼

科：美洲鬣蜥科	學名：*Hoplocercus spinosus*	狀態：稀有

荆尾蜥（Prickle-tail Lizard）

土褐色的體色、紅褐色或暗褐色的帶紋與淡褐色的帶紋交錯出現，使得荆尾蜥容易讓人視而不見。其頸背有一條米色的條紋，不過其外形上最主要的特徵是扁平且多刺的短尾巴，可用來堵住洞穴入口。不同於許多蜥蜴只會使用其他動物的棄穴，這種罕見且鮮為人知的蜥蜴會在灌木叢下挖掘管狀避難所。荆尾蜥在黃昏時會現身獵食螞蟻和白蟻，以及蠍子等大型無脊椎動物。

南美洲

頭背上有
淡色條紋

扁平且多刺的
尾巴可用來堵
住洞穴入口

• **分布**：南美洲中部。棲居在乾燥的大草原林地。
• **繁殖**：產卵（每次的產卵數量不詳）。
• **相似種**：刺尾蜥（*Uracentron azureum*）。

體長：12–15公分	食性 🐜	活動時間 ◑

科：美洲鬣蜥科	學名：*Iguana iguana*	狀態：普遍

美洲綠鬣蜥（Green Iguana）

美洲綠鬣蜥可能是世界上名聲最響亮的蜥蜴。幼體的體色為亮綠色且綴有藍色斑紋，長至成熟後的體色會較為暗淡。優勢的雄蜥通常具有亮橙色的前肢和淡色的頭部。美洲綠鬣蜥有兩個亞種：一種是中美洲綠鬣蜥（*Iguana iguana rhinolopha*），其吻端有角狀的小突出物；另一種是南美洲綠鬣蜥（*I. iguana iguana*，如圖所示），此種的吻端沒有突出物。雄性美洲綠鬣蜥的領域性極強，遇到對手時會盡量站高，好讓自己看起來較為強壯高大；此外還會側對著對手做出一些展示動作，例如擺動頭部及搖晃喉部肉垂。其長尾巴則可充當禦敵武器，並在泅水時推動身體前進，遭到攻擊時還能斷尾逃生。成體以草食為主，幼體及亞成體則取食昆蟲。

北美洲、中美洲及
南美洲

背部的脊突
延伸至全身

雄蜥的喉部肉垂
可用來展示

長腿及長腳
趾方便攀爬
及奔跑

• **分布**：墨西哥到南美洲。棲居在河岸的森林中。
• **繁殖**：每次產20–40枚卵。
• **相似種**：小安地列斯群島鬣蜥（*I. delicatissima*）。

體長：1.5–2公尺	食性 🍃🐜	活動時間 ☼

科：美洲鬣蜥科	學名：*Laemanctus longipes*	狀態：稀有

長肢山冠蜥
（CONEHEAD LIZARD）

長肢山冠蜥是熱帶森林中非常罕見的爬行動物。其身體為亮綠色，綴有暗綠色及黑色的斑紋；頭部為黃綠色，從唇到肩膀有一條米綠色的條紋，此外在頭部後方還有十分特殊的圓錐形頭盔。

• **分布**：墨西哥到宏都拉斯。棲居在低地雨林。
• **繁殖**：每次產 3-4 枚卵。
• **相似種**：橫斑山冠蜥（*Laemanctus serratus*）。

頭部後方有堅硬的圓錐形頭盔

有隱藏作用的青綠色體色，綴有顏色較深的斑紋

北美洲及中美洲

長尾

修長的腿及腳均為綠色

體長：40-70公分	食性 🐜	活動時間 ☼

科：美洲鬣蜥科	學名：*Oplurus cuvieri*	狀態：普遍

庫佛氏馬達加斯加盾尾蜥
（CUVIER'S MADAGASCAN TREE SWIFT）

這種行動敏捷的蜥蜴體色為紅褐色，背上有連續的淺邊深色帶紋。不同於其他棲居在岩石上的馬達加斯加蜥蜴，這種樹棲蜥蜴的尾巴有棘狀突起，而且這些棘狀突起均按大小輪流排列。

• **分布**：馬達加斯加島。棲居在乾燥林地中。
• **繁殖**：每次產 4-6 枚卵。
• **相似種**：馬達加斯加盾尾蜥（*Oplurus cyclurus*）。

馬達加斯加島

尾巴上有棘狀突起

小頭部上有尖形的吻部

體長：30-37公分	食性 🐜	活動時間 ☼

科：美洲鬣蜥科	學名：*Phrynosoma platyrhinos*	狀態：普遍

扁吻角蜥（DESERT HORNED LIZARD）

這種體型圓胖的蜥蜴有由脊突形成的角，體側處還有一列貫穿喉部的鱗片，經常被誤認成角蛙。由於體色通常為黃褐色、灰褐色或灰色，且綴有斑紋，在顏色及形狀上都讓扁吻角蜥看起來像鵝卵石。這種蜥蜴只吃螞蟻。

• **分布**：北美洲西南部。棲居在沙質沙漠中。
• **繁殖**：每次產 2-16 枚卵。
• **相似種**：冠狀角蜥（*Phrynosoma coronatum*）。

頭部的背面有角狀突起

北美洲

黃褐色、灰褐色或灰色都有隱藏效果

體長：8-11公分	食性 🐜	活動時間 ☼

科：美洲鬣蜥科	學名：*Sauromalus varius*	狀態：瀕危

斑紋變色蜥（PIEBALD CHUCKWALLA）

這是體型最大的變色蜥蜴，有壯碩的體型、黃色或米色的體色上綴有不規則的暗灰色斑塊。雖然沒有雨林鬣蜥特有的脊突，而且體型圓胖，斑紋變色蜥仍是鬣蜥的一種。這種蜥蜴喜歡在早上曬太陽，不過太熱時會撤回陰涼處。

- **分布**：墨西哥西北部的聖伊斯特班島（San Esteban Island）。棲居在仙人掌叢內。
- **繁殖**：每次產15-22枚卵。
- **相似種**：變色蜥（*Sauromalus obesus*）。

不規則的斑紋

北美洲

強而有力的上下顎

體長：50-60公分	食性 🌿	活動時間 ☼

科：美洲鬣蜥科	學名：*Sceloporus occidentalis*	狀態：普遍

西方強棱蜥（WESTERN FENCE LIZARD）

這種鱗片粗糙、好像混身是刺的蜥蜴通常會綴有灰色或褐色的斑點；此外四肢腹面還有橙色的斑紋，體側較靠近腹面處則有藍色斑塊。雄蜥蜴的喉部處也有藍色斑塊。西方強棱蜥通常會在人類居所附近的籬笆、木頭或木料堆上出沒。其行動十分敏捷且活動力強，因此又稱為「千里蜥」（swift）。

- **分布**：北美洲西部。除了沙漠外的大部分棲地都可發現其蹤跡。
- **繁殖**：每次產 3-17 枚卵。
- **相似種**：細強棱蜥（*Sceloporus graciosus*）。

長腳方便奔跑

北美洲

背上有脊狀突起的粗糙鱗片

長腳趾有助於攀爬

體長：6-9公分	食性 🐛	活動時間 ☼

科：美洲鬣蜥科	學名：*Tropidurus hispidus*	狀態：普遍

圭亞那多刺鞭尾蜥（GUIANAN LAVA LIZARD）

這種蜥蜴的體色為暗褐色，有時甚至會近乎黑色，棲息在深色石頭上時，這樣的體色是非常好的偽裝。體色較淡的個體可以看到頸子上的一條黑領圈。這種蜥蜴有領域性，其展示動作包括搖頭與向前逼近。雌蜥蜴每年可產三次卵。

- **分布**：南美洲東北部。棲居在稀樹大草原及多岩石的河邊。
- **繁殖**：每次產 4-6 枚卵。
- **相似種**：巴西鞭尾蜥（*Tropidurus oreadicus*）。

頸子上有黑領圈

棲息在岩石上時，灰暗的體色具有偽裝效果

南美洲

體長：13-18公分	食性 🐛	活動時間 ☼

科：美洲鬣蜥科	學名：*Tropidurus plica*	狀態：普遍

樹鞭尾蜥（TREE RACERUNNER）

樹幹的陰涼處經常會發現成對的樹鞭尾蜥，這種蜥蜴體型非常扁平，其細長的四肢可以快速地追趕主要的食物——樹蟻。樹鞭尾蜥有短頭部、大眼睛以及細長的尾巴；體色則為灰綠色，背上有一條不規則的V字型黑色橫帶紋，具有偽裝作用。

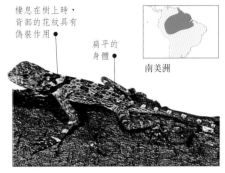

棲息在樹上時，背部的花紋具有偽裝作用

扁平的身體

南美洲

• 分布：南美洲北部。棲居在雨林中。
• 繁殖：每次產 2-4 枚卵。
• 相似種：鞭尾蜥（*Tropidurus umbra*）。

體長：30–40公分	食性 🐜	活動時間 ☼

科：美洲鬣蜥科	學名：*Uranoscodon superciliosus*	狀態：普遍

鬼頭蜥蜴（MOP-HEADED LIZARD）

這是一種棲居在小河流、行動隱密的蜥蜴，體色是斑駁的黃綠色到褐色。鬼頭蜥蜴有長腿、長尾、細長的身體以及強壯的短頭部，從頭背到尾巴有一條低矮的長脊突。鬼頭蜥蜴受到干擾或威脅時，會在水面上奮力疾跑，或潛入水中躲藏在水面下的碎屑堆旁。

大眼睛在微弱的光線下可以提供好視力

長長的腿部及腳趾有助於全速奔跑及攀爬

南美洲

• 分布：南美洲北部。棲居在雨林小河流旁的陰暗處，以及低矮植物、藤蔓或樹上。
• 繁殖：每次產 3-12 枚卵。

體長：30–45公分	食性 🐛🐜	活動時間 ☼

科：美洲鬣蜥科	學名：*Uta tumidarostra*	狀態：地區性普遍

腫鼻側斑猶他蜥（SWOLLEN-NOSED SIDE-BLOTCHED LIZARD）

這是世界上最耐鹽分的蜥蜴，已經演化至只吃一種海生等腳類動物，這種動物只出現在科羅拉地多島（Isla Coloradito）。其鼻腔內有一球莖狀的腺體，會以細小的結晶煙霧排出多餘鹽分。這種蜥蜴的體色為暗灰色，綴有較淡的斑點，體側的顏色也較淡，腹面則為藍灰色。

吻部可以排出鹽分的膨大腺體

灰暗的體色可以快速升高體溫

北美洲

• 分布：墨西哥西北部科提茲海（Sea of Cortez）的科羅拉地多島。棲居在泥濘地區。
• 繁殖：產卵（每次的產卵數不詳）。
• 相似種：側斑猶他蜥（*Uta stansburiana*）。

體長：13–15公分	食性 🐜	活動時間 ☼

| 科：鬣蜥科 | 學名：*Agama agama* | 狀態：普遍 |

鬣蜥（COMMON AGAMA）

這種鬣蜥的體色在夜晚時是不顯眼的褐灰色；不過等到一照到太陽體溫升高後，就會展現出全然不同、更為亮眼的體色，且因此有「彩虹鬣蜥」（Rainbow Agama）的美名。尤其雄鬣蜥（如圖所示）的混合體色更是美麗：橙色或紅色的頭部、紫紅或藍色的四肢、體側有黃色斑點；雌鬣蜥的體色則為黃綠色。鬣蜥有三角形的頭部、肥壯的身體以及長長的尾巴與四肢；頸背上有小脊突，耳孔周圍則有刺狀皮瓣。除此之外，這種鬣蜥的身上少有其他裝飾。

• 分布：非洲中部及西部。棲居在開闊的環境中，通常是多岩石的地帶及人類居住地。

非洲

• 繁殖：每次產 3-8 枚卵。
• 相似種：黑頸鬣蜥（*Agama atricollis*）。

曝曬在陽光下時，雄鬣蜥的頭部會變成紅或亮橙色

曝曬在陽光下時，雄鬣蜥的身體、尾巴及四肢會變成藍色或藍綠色

細長的四肢與腳趾有利於奔跑與攀爬

| 體長：30-40公分 | 食性 🐜 | 活動時間 ☼ |

| 科：鬣蜥科 | 學名：*Calotes versicolor* | 狀態：普遍 |

變色樹蜥（COMMON GARDEN LIZARD）

東南亞最普遍的蜥蜴之一，這種蜥蜴體型細長，有纖細的四肢以及長尾。其體色花紋變化很大，所以學名取為 *versicolor*（意思是多變的體色），此外還俗稱為百變蜥蜴（Varied Lizard）。變色樹蜥的體色通常為灰色、褐色或黃色，但可轉變為綠色、黑色或紅色。雄蜥蜴興奮時，嘴巴周圍會出現一圈紅暈。

• 分布：東南亞。棲居在開闊平原、山腰及庭園內。
• 繁殖：每次產10-25枚卵。
• 相似種：山樹蜥（*Calotes calotes*）。
• 附註：這種蜥蜴或稱為「吸血者」（Bloodsucker），不過卻不是以吸血維生，而是獵食小昆蟲（以螞蟻為主）。此俗稱可能導因於雄蜥蜴嘴巴那一圈紅暈。

亞洲

頸子上有棘鱗的脊突

四肢長

明顯鱗脊化的體鱗

尾巴長

| 體長：30-40公分 | 食性 🐜 | 活動時間 ☼ |

科：鬣蜥科	學名：*Chlamydosaurus kingii*	狀態：地區性普遍

澳洲斗篷蜥（Australian Frilled Lizard）

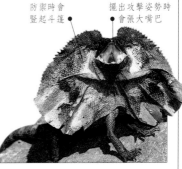

防禦時會豎起斗篷

擺出攻擊姿勢時會張大嘴巴

這種蜥蜴最獨特的特徵就是，受到威脅時會在瞬間豎起巨大的斗篷（並伴隨著身體姿勢及張開嘴巴）。其體色可以是橙色至褐色到全黑等顏色，而斗篷的色澤則帶有令人目眩的亮彩。這是種樹棲型的蜥蜴，遭受攻擊時會逃回到樹上；在平地奔跑時，會將身體前半部懸空，只以後肢快速奔跑。

澳大拉西亞

• **分布**：澳洲北部及新幾內亞南部。棲居在大草原林地。
• **繁殖**：每次產10-13枚卵。

體長：60-90公分	食性 🦎🐛	活動時間 ☼

科：鬣蜥科	學名：*Draco volans*	狀態：普遍

飛蜥（Common Flying Dragon）

由於背側有一對「翅膀」，使這種體小而細長的蜥蜴可在樹間滑翔。體色由不同色調的灰褐色所組成，翅膀上有橙色與黑色的斑紋；下顎處小小的喉部肉垂在雄蜥為黃色（如圖所示），雌蜥則為藍色。

由偽肋骨支撐的「翅膀」可用於滑翔

喉部肉垂的顏色很鮮豔

• **分布**：東南亞。棲居在雨林中。
• **繁殖**：每次產 2-5 枚卵。
• **相似種**：泰國五帶飛蜥（*Draco taeniopterus*）。

尾巴細長

亞洲

體長：15-20公分	食性 🐛	活動時間 ☼

科：鬣蜥科	學名：*Hydrosaurus pustulatus*	狀態：普遍

菲律賓海蜥
（Philippine Sailfin Lizard）

這種全身都是灰色的蜥蜴，以其隆起且似帆狀物的大尾巴而著稱（成體的帆狀尾比幼體更大更高，如圖所示）。其背部中間有一列膨大的棘狀突起。

大眼睛

尾巴由隆起的脊椎骨突起所支撐

菲律賓

• **分布**：菲律賓。棲居在河流與小溪沿岸的森林中。
• **繁殖**：產卵（每次產卵數不詳）。
• **相似種**：海蜥（*Hydrosaurus amboinensis*）。

體長：0.8-1公尺	食性 🐛🌿	活動時間 ☼

科：鬣蜥科	學名：*Hypsilurus spinipes*	狀態：稀有

南方角頭鬣蜥（SOUTHERN ANGLEHEAD DRAGON）

這種蜥蜴的體色為褐色，綴有綠色斑點，背部及尾巴的中間有不規則的黑色條紋。頭部後方有一個膨大的圓形棘狀脊突，背部的中間下方處則有一低脊突，四肢也有短短的棘狀突起。南方角頭鬣蜥身上的所有鱗片都已鱗脊化。頭部大且呈楔形。

長而敏捷的四肢有助於攀爬

- **分布**：澳洲東南部。棲居在雨林中。
- **繁殖**：每次產 3-6 枚卵。
- **相似種**：伯伊迪氏角頭鬣蜥（*Hypsilurus boydii*）。

澳洲

棘狀脊突

用於展示的喉部大肉垂

體長：20-30公分	食性	活動時間 ☼

科：鬣蜥科	學名：*Moloch horridus*	狀態：稀有

多刺魔蜥（THORNY DEVIL）

這是澳洲最獨特的蜥蜴之一，有矮胖且扁平的身體，全身覆蓋著大型的棘狀突起，看起來就像一棵多刺的仙人掌。多刺魔蜥的眼睛正上方有一對最大的棘狀突起，頸子後方則有一個奇特的多針肉峰。其體色為暗紅褐色，背上有一條從頭部延伸到身體的淡黃褐色不規則縱紋。

澳洲

- **分布**：澳洲西部與中部。棲居在沙漠中。
- **繁殖**：每次產 3-10 枚卵。
- **相似種**：美國角蜥（角蜥屬，見71頁）。

頸背上有多針肉峰

眼睛上方有一對大且彎曲的棘狀突起

體長：15-18公分	食性	活動時間 ☼

科：鬣蜥科	學名：*Physignathus cocincinus*	狀態：地區性普遍

綠長鬣蜥（GREEN WATER DRAGON）

綠長鬣蜥的體色是由不同色調的綠色及黃綠色所組成，側扁的尾巴則是黑白環紋交錯，而下巴處的大鱗片則為白色。其頸子上有圓形的針狀脊突，背上有一列膨大的脊椎突由身體延伸到尾巴前半部。這種蜥蜴無論是攀爬、泅水或潛水都可應付裕如；主要以無脊椎動物為食，也取食青蛙、小蜥蜴、鳥類及果實。

頸子上有刺般的圓形脊突

亞洲

側扁的尾巴

- **分布**：東南亞。棲居在河流沿岸的森林中。
- **繁殖**：每次產 8-12 枚卵。
- **相似種**：棕長鬣蜥（*Physignathus lesueuri*）。

體長：0.8-1公尺	食性	活動時間 ☼

| 科：鬣蜥科 | 學名：*Pogona vitticeps* | 狀態：普遍 |

中部鬍鬚鬣蜥（Central Bearded Dragon）

中部鬍鬚鬣蜥是一種相當扁平的蜥蜴，體色可能是黃色、黃褐色到紅褐色等任何顏色，並綴有模糊的暗色斑紋。其背部及頸背上覆滿了棘狀鱗片。這種蜥蜴受到威脅時會做出張嘴及脹大多刺的咽喉等展示動作，此即「鬍鬚」一名的由來。這種鬣蜥可藉由下列特徵與其他種鬍鬚鬣蜥作區別：體側有一列規則且呈圓錐形的大棘狀突起（就在前後肢上間），以及咽喉中央垂懸著大型帶刺鱗片。這種鬣蜥通常出沒在乾燥的棲地，經常可見其棲息在籬笆柱子或枯樹幹上，或是在樹皮間覓食昆蟲。

澳洲

- **分布**：中澳的東部地區。棲居在乾燥森林及沙漠中。
- **繁殖**：每次產11–16枚卵。
- **相似種**：東方鬍鬚鬣蜥（*Pogona barbata*）。

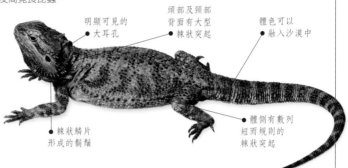

明顯可見的大耳孔

頭部及頸部背面有大型棘狀突起

體色可以融入沙漠中

棘狀鱗片形成的鬍鬚

體側有數列短而規則的棘狀突起

| 體長：30–50公分 | 食性 🐛🌿 | 活動時間 ☀ |

| 科：鬣蜥科 | 學名：*Uromastyx acanthinurus* | 狀態：地區性普遍 |

棘刺尾蜥（Bell's Mastigure）

又名孫蝶蜥（Dab Lizard）或多刺蜥（Spiny Lizard）。這種蜥蜴清晨剛鑽出洞穴時的體色是灰色，但曬過一陣子太陽後，體色會變成鮮豔的橙色、紅色、黃色或綠色等多種色彩，並綴有黑色的斑點與網狀紋。其多刺的尾巴相當短，像盔甲般具有防禦作用的棘狀突起最多不超過20圈；此外，尾巴上部正面的每一列大棘狀鱗都會對應到反面的兩列小鱗片。這種主要為草食性的蜥蜴，其尾巴可用來堵住洞穴入口以躲避捕食者，尾巴也可用來充當禦敵武器。

非洲

- **分布**：北非。棲居在沙漠山腰處的灌叢中。
- **繁殖**：每次產10–23枚卵。
- **相似種**：撒哈拉刺尾蜥（*Uromastyx geyri*）。
- **附註**：這種棘刺尾蜥已遭人類大量濫捕，或作為食材或當成鯊魚的活餌。

小頭部上有大眼睛

曬過太陽體溫升高後，體色最為明顯

盔甲般的尾巴可用來禦敵

扁平的身體

體側的膚褶

| 體長：30–40公分 | 食性 🐛🌿 | 活動時間 ☀ |

科：避役科	學名：*Calumna parsonii*	狀態：稀有

帕爾森氏變色龍（PARSON'S CHAMELEON）

一如其他許多變色龍，這種變色龍也有健壯的頭部，此外還有一對如同象耳般、上部表面扁平的頭盔；偶爾，其吻端還可見到突起。帕爾森氏變色龍的體色通常為藍綠色或綠色，頭盔與背部為褐色。不同於其他體型較小的變色龍，這種變色龍在白天時可以保持一段長時間靜止不動。

• **分布**：馬達加斯加島的北部與東部。棲居在樹冠層高且連綿不斷的山區森林中。
• **繁殖**：每次產30~60枚卵。
• **相似種**：歐薩那西氏變色龍
（*Calumna oshaughnessyi*）。

馬達加斯加島

體色為藍綠色
至綠色

頂部扁平的
頭盔形似象耳

吻端有時會
出現瘤狀的
小突出物

腳趾分為 2 或
3 趾可用於抓握

可捲握的
長尾巴，休息
時會緊緊彎繞

體長：40~70公分	食性 ✵	活動時間 ☼

科：避役科	學名：*Chamaeleo jacksonii*	狀態：地區性普遍

尖嘴變色龍（JACKSON'S THREE-HORNED CHAMELEON）

這種棲居在山區的變色龍，雄性有一項很好辨認的特徵——頭部前方有三個像三角恐龍的突出物。雌性成體雖然沒有這項特徵，但也與雄性一樣有小頭盔及背部中央隆起的細長脊突。尖嘴變色龍的體色變化很大，從黃綠色到深綠色都有，有些個體還夾雜著黃色或黑色的斑紋。雄性有很強的領域性，會攻擊侵入者；雌性每年可生產兩次。

雄性有 3 個
角狀突出物

「塔」型
的眼睛可
各自轉動

非洲

• **分布**：肯亞與坦尚尼亞（已被引進美國的夏威夷及加州）。棲居在高度1,500~2,500公尺的山區森林中。
• **繁殖**：胎生，每次可產 5~50 隻幼體。
• **相似種**：烏干達變色龍（*Chamaeleo johnstoni*）。
• **附註**：在肯亞限制這種蜥蜴出口前，尖嘴變色龍一直是寵物買賣的主要種類。

可以捲握的長尾巴，
賦與額外的纏繞能力

體長：20~30公分	食性 ✵	活動時間 ☼

科：避役科	學名：*Chamaeleo calyptratus*	狀態：地區性普遍

高冠變色龍（YEMENI VEILED CHAMELEON）

高冠變色龍棲居在阿拉伯半島西南角的潮濕海濱低地、山坡地及
高地上。高高的頭盔是這種阿拉伯變色龍最容易辨識的特徵。據
推測頭盔與前褶的枕領，可以收集清晨的露珠並導入顎

中東

中；或說頭盔上有非常發達的血管系統，可以在
酷熱時發揮十分有用的冷卻效果。許多變色
龍都擁有側扁的身體，這在高冠變色龍
身上尤為明顯，看起來幾乎就像
是一片大葉子。高冠變色龍
的體色變化很大，背部有
寬闊的黃色及綠色條
紋，腹部則為藍綠色及
黃色的帶紋。這種變色
龍有兩個亞種：北方高冠
變色龍（*Chamaeleo calyptratus
calcarifer*）與南方高冠變色龍
（*C. calyptratus calyptratus*，如圖
所示），前者的雄性頭盔較低。
這兩個亞種中，雌性的頭盔都較
雄性要低矮很多。

• **分布**：葉門與沙烏地阿拉伯的西
南部。棲居在山區的斜坡與沿海低地上。

• **繁殖**：每次產27-80枚卵。

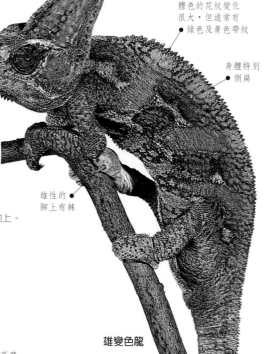

雄性有膨大
的頭盔

體色的花紋變化
很大，但通常有
綠色及黃色帶紋

身體特別
側扁

雄性的
腳上有棘

雄變色龍

背部上有鋸
齒狀的脊突

雌性的頭盔高度
較雄性低矮

從下巴到泄殖
腔口都有鋸齒
狀脊突

雌變色龍

具有捲握能力
的長尾巴

體長：25-60公分	食性 🐛	活動時間 ☼

| 科：避役科 | 學名：*Furcifer oustaleti* | 狀態：瀕危 |

奧斯托雷特氏變色龍（OUSTALET'S CHAMELEON）

這是馬達加斯加島上體型最大的蜥蜴，而且是少數可以棲居在島上乾燥西南部的種類之一。奧斯托雷特氏變色龍已能適應乾燥、植物稀少的環境。其幼體為紅褐色，體型細長，乍看就像小樹枝；雄性成體的體色為灰褐色，雌性的頭部與前肢有時為紅色。雌雄兩性的頭上都有相當高的頭盔，喉部下方與背部也都有低矮的脊突。

頭頂上有相當高的頭盔

背部及喉部有低矮的脊突

馬達加斯加島

體色為土褐色

• 分布：馬達加斯加島。棲居在所有類型的棲地中。
• 繁殖：每次產50–60枚卵。

| 體長：50–68公分 | 食性 🦎🐛 | 活動時間 ☼ |

| 科：避役科 | 學名：*Furcifer pardalis* | 狀態：瀕危 |

豹紋變色龍（PANTHER CHAMELEON）

這是色彩最為豐富的變色龍之一，體色變化非常大，幾乎所有顏色的組合都有可能，包括令人驚奇的藍綠色。雄性頭部兩側上有隆起的稜紋，並一直延伸至吻部的扁平區域。這種變色龍的頭盔相對較低。

體色可以迅速從綠色轉變至橙色

體側通常會出現條紋

馬達加斯加島

• 分布：馬達加斯加島，目前已被引進模里西斯及留尼旺島（Réunion）。棲居在潮濕且已被開發的矮灌叢中。
• 繁殖：每次產12–50枚卵。

| 體長：40–56公分 | 食性 🐛 | 活動時間 ☼ |

| 科：避役科 | 學名：*Rhampholeon spectrum* | 狀態：不詳 |

喀麥隆侏儒變色龍
（CAMEROON DWARF CHAMELEON）

這種小型變色龍的隱藏性體色與花紋類似枯葉。背部中間有一條深色條紋，並有放射線狀的條紋向下延伸至體側，類似葉脈。當牠在矮灌叢中受到干擾時，會掉落到森林底層並保持靜止不動，以便偽裝成落葉。

體色與花紋形似枯葉

吻部及眼睛上方有小突出物

非洲

短而粗壯的尾巴

• 分布：非洲中部。棲居在雨林內的矮生植物上。
• 繁殖：每次產12–18枚卵。
• 相似種：南非葉狀變色龍（*Rhampholeon marshalli*）。

| 體長：8–10公分 | 食性 🐛 | 活動時間 ☼ |

科：石龍子科	學名：*Chalcides ocellatus*	狀態：普遍

眼斑石龍子（Ocellated Skink）

歐洲、非洲及亞洲

這種體型長且呈圓筒狀的蜥蜴有短四肢與五趾。眼斑石龍子會將身體起伏擺動以鬆開並移動土壤來掘穴，這個過程稱為「游沙」。其他有同樣行為的種類，體型通常會更像蛇，不僅腿部更為短小，而且只有三隻腳趾，有些甚至完全沒有四肢。不同於其他穴居蜥蜴，眼斑石龍子還有眼瞼。

體色為褐色，覆有平順閃亮的鱗片

• 分布：南歐、北非及西亞。棲居在沙質及多岩石的棲地中。

• 繁殖：胎生，每次可產 3-10 隻幼體。

四肢短小，有 5 隻腳趾

身體長且呈圓筒狀

體長：18-30公分	食性 🐛	活動時間 ☀

科：石龍子科	學名：*Corucia zebrata*	狀態：普遍

所羅門石龍子（Monkey-tailed Skink）

強而有力的上下顎

體色為褐色或綠色，綴有不明顯的橫條紋

這種體型龐大的石龍子有個大頭部，由於尾巴可以彎繞纏捲，因此而得名。所羅門石龍子的長尾巴敏感且強壯，足以支撐牠往上爬至樹冠層。這種石龍子於夜晚覓食果實及藤蔓植物的葉子，白天則躲伏在樹洞或落葉堆中。

• 分布：所羅門群島與布干維爾島（Bougainville）。棲居在雨林中。

• 繁殖：胎生，每次產 1-2 隻幼體。

大洋洲

可捲曲纏繞的尾巴，強度足以支撐龐大的身軀

體長：75-80公分	食性 🍃	活動時間 ☾

科：石龍子科	學名：*Dasia smaragdina*	狀態：普遍

翡翠樹棲石龍子（Emerald Tree Skink）

亞洲、大洋洲

這種石龍子的體色為亮綠色，並綴有黑色斑點，因此當牠不動得以隱身在樹冠層中幾乎難以發現。其身體的後部與尾巴都是褐色。翡翠樹棲石龍子會早起曬太陽，這種活動力強且敏捷的石龍子以無脊椎動物為食，有時也會吃花及果實。除了要在落葉堆中產卵外，翡翠樹棲石龍子很少會下到地面來。

綠色與黑色的體色提供良好的掩護

長腿使行動很敏捷

• 分布：東亞、東南亞與大平洋西南部。棲居在雨林及農場中。

• 繁殖：每次產 2 枚卵。

體長：18-22公分	食性 🐛🍃	活動時間 ☀

科：石龍子科	學名：*Egernia frerei*	狀態：普遍

濱海胎生蜥（Major Skink）

濱海胎生蜥身上有兩種褐色調：背部是淺褐色、體側是深褐色，這項特徵可與外形相似、體色全為深褐色的沙地胎生蜥（*Egernia major*）作一區分。這種蜥蝪的體型長且較為方正，有尖形吻端及發育良好的短四肢。

澳大拉西亞

體色有淺褐色及深褐色兩種色調

- **分布**：澳洲北部及新幾內亞南部。棲居在林地及岩石裸露地。
- **繁殖**：胎生，每次產 4-6 隻幼體。
- **相似種**：沙地胎生蜥（*E. major*）。

體長：30-36公分	食性 ✲✿	活動時間 ☀

科：石龍子科	學名：*Emoia caeruleocauda*	狀態：普遍

太平洋藍尾島蜥（Pacific Blue-tailed Skink）

這是種分布極廣的蜥蝪，黑色的體色上綴有金色條紋，長尾巴則為顯眼的藍綠色或鐵青色。太平洋藍尾島蜥有時會將尾巴擺成S字型，可能是其領域性行為的一部分，以此威嚇其他蜥蝪。

從吻端到尾巴基部有金色的長條紋

亞洲、大洋洲

長尾巴的顏色相當鮮豔

底色為黑色

- **分布**：印尼、馬來西亞、菲律賓、新幾內亞及太平洋西南部。棲居在灌木叢、花園及農場中。
- **繁殖**：每次產 2 枚卵。
- **相似種**：藍尾島蜥（*Emoia cyanura*）。

體長：10-12公分	食性 ✲	活動時間 ☀

科：石龍子科	學名：*Eugongylus rufescens*	狀態：地區性普遍

紋吻石龍子（Bar-lipped Sheen Skink）

這是體格強壯的蜥蝪，體型較為方正、尾巴長且四肢短。成體背部的體色為紅褐色，體側為淡褐色，腹面則為黃褐色。從眼睛到顎部有深色的細條紋，通常口鼻部也有一些條紋；幼體體色為褐色到黑色，綴有白色帶狀紋。

長形的身體上有滑順的鱗片

澳大拉西亞

- **分布**：新幾內亞及澳洲西北端。棲居在雨林中。
- **繁殖**：每次產 2-4 枚卵。
- **相似種**：白紋石龍子（*Eugongylus albofasciolatus*）。

體長：25-29公分	食性 ✲🦗	活動時間 ◐

科：石龍子科	學名：*Eumeces schneideri*	狀態：普遍

史氏石龍子（Schneider's Gold Skink）

又稱為橙尾石龍子，這種活動力強、鱗片光滑的蜥蜴，其褐色的背部上綴有橙色斑點，腹面為米白色。從唇部到後肢後方有一條黃橙色的寬紋延伸而下。

- **分布**：北非及亞洲西南部。從矮灌叢地到綠草遍布的綠洲等許多棲地上都可發現。
- **繁殖**：每次產 3-20 枚卵。
- **相似種**：阿爾及利亞石龍子（*Eumeces algeriensis*）。

非洲、亞洲

光滑的鱗片是石龍子典型的特徵

發育良好的四肢

成列的橙色斑點斷斷續續分布

長尾巴上有橙色斑點

體長：36-42公分	食性	活動時間

科：石龍子科	學名：*Mabuya striata*	狀態：普遍

條紋南蜥（Striped Mabuya）

這種蜥蜴的體色變化非常多，也容易與其他種類混淆，非洲境內就有好幾種近似的南蜥種類。這些南蜥都有粗壯的體型、尖形的口鼻部以及發達的四肢。條紋南蜥的體色通常為橙色到褐色或黑色，背部上有兩條淺色條紋。其喉部與唇為白色或黃色。

- **分布**：非洲東部及南部。棲地類型多樣化，時常出現在花園與建築物附近。
- **繁殖**：胎生，每次產 3-9 隻幼體。
- **相似種**：斑駁南蜥（*Mabuya varia*）。

兩條淺色條紋從眼睛上方一直延伸至整個背部，並在尾部逐漸消失

非洲

體長：22-25公分	食性	活動時間 ☼

科：石龍子科	學名：*Melanoceps occidentalis*	狀態：地區性普遍

西方無足石龍子（Western Legless Skink）

這種無足的小型石龍子常被誤認成盲蛇（盲蛇科與細盲蛇科，見104-5頁），兩者之間的區別在於，這種石龍子擁有構造與功能均完善的下眼瞼，而所有的蛇類則沒有眼瞼。身體前端的鱗片為褐色，但越趨向後方則越趨透明；尾巴末端有一小刺，用於挖洞及協助在地下通道內活動。雖然尾巴有再生能力，但新生尾巴的尾端不會長出小刺。

- **分布**：西非。棲居在河流沿岸的森林中。
- **繁殖**：不詳。
- **相似種**：東方無足石龍子（*Melanoceps ater*）。

非洲

尾巴斷裂後可再生

眼瞼的功能完善，不同於蛇類

體長：10-12公分	食性	活動時間 ☼

科：石龍子科	學名：*Panaspis reichenowi*	狀態：地區性普遍

黎確瑙氏蛇眼石龍子（Reichenow's Snake-eyed Skink）

這種體型細長的石龍子，其褐色的體色上綴有暗褐色和黃色的斑紋，頭部為灰綠色；體側有深色條紋，腹面則為灰色或黃色。不同於其他西非地區的石龍子擁有可以貶動的眼瞼，這種石龍子有透明的「眼膜」。

非洲

- **分布**：喀麥隆、加彭、菲南多波島（Fernando Po）及赤道幾內亞。棲居在雨林中。
- **繁殖**：產卵（每次產卵數不詳）。
- **相似種**：羅德氏蛇眼石龍子（*Panaspis rohdei*）。

頭部尖

身體兩側有深色條紋

細長的身體為褐色及黃色

長腳有助於奔跑

體長：10-15公分	食性 🐜	活動時間 ☼

科：石龍子科	學名：*Prasinohaema semoni*	狀態：稀有

綠血石龍子（Green-blooded Skink）

這種樹棲石龍子的體側及腹部為奶油色或白色，奶油色-褐色的背部上有深淺交錯的褐色橫紋。綠血石龍子的體型細長，四肢長且發達，可以捲曲纏繞的尾巴方便攀爬。這個種類與其近親種是目前已知唯一的陸棲性綠血脊椎動物。

奶油色的體色上綴有褐色橫紋

可纏繞的尾巴上有腺體的出口

新幾內亞

- **分布**：新幾內亞南部。棲居在森林與椰子林中。
- **繁殖**：產卵（每次產卵數不詳）。
- **相似種**：另一種綠血石龍子（*Prasinohaema flavipes*）。

體長：10-15公分	食性 🐜	活動時間 ☼

科：石龍子科	學名：*Riopa fernandi*	狀態：稀有

菲南多波火蜥（Fernando Po Fire Skink）

菲南多波火蜥是非洲最引人注目的石龍子之一，係以非洲西岸外海的一座小島命名。這是種體型粗壯、身體近似方形的石龍子，體側為紅色與黑色，並散布著白色斑點；背部與頭部則有大片的褐色色塊。其四肢較短且為黑色。這種石龍子棲居在雨林的樹洞內，鮮少出現在開闊的區域；受到侵犯時會以咬傷對手來還擊。喀麥隆某些地區的居民認為摸到這種蜥蜴會中毒。

身體粗壯，近似方形

非洲

體側有鮮紅色的斑紋

- **分布**：西非。棲居在雨林區及農場中。
- **繁殖**：產卵（每次產卵數不詳）。

體長：20-36公分	食性 🐜	活動時間 ☽

| 科：石龍子科 | 學名：*Scincus mitranus* | 狀態：地區性普遍 |

阿拉伯鯊魚蜥（Mitre Sandfish）

這種鱗片光滑且身體閃閃發光的石龍子，有一個尖形的頭部、小眼睛以及發達的四肢。其背部為淺褐色，散布著深褐色或黑色的斑點；體側則有深色的斑紋，有時這些斑紋會在背部交會。所有的鯊魚蜥都棲居在土質鬆散的沙地中，就在沙地的表層下活動；這種蜥蜴以捕捉地表的昆蟲為食，並經由昆蟲的振動來感應其位置。

中東

• **分布**：阿拉伯半島的西部和南部。棲居在沙漠與無樹大草原中。
• **繁殖**：每次產 4-6 枚卵。
• **相似種**：鯊魚蜥（*Scincus scincus*）。

尖形的頭部可以加快挖洞速度　　體側有短而深色的斑紋　　平順光滑的體鱗

| 體長：12-16公分 | 食性 🐛 | 活動時間 ☼ |

| 科：石龍子科 | 學名：*Sphenomorphus muelleri* | 狀態：稀有 |

穆德蜓蜥（Müller's Skink）

這種蜥蜴有粗壯的身體、光滑的鱗片、矮短的四肢、尾端尖細的尾巴、尖形的頭部以及小眼睛。有些個體的體色全為深銀灰色；有些則是背部為暗褐色、吻部為淡褐色、體側有奶油色的長條斑紋，前後肢間也有一些寬闊的深褐色條紋。就體色上而言共有三種變化，有時會根據其體色再分成三個種類。

短尾巴的末端尖細

新幾內亞

身體粗壯

• **分布**：新幾內亞。棲居在森林與農場內的植物上。
• **繁殖**：產卵（每次產卵數不詳）。

退化的四肢

尖形吻部有助於挖掘

| 體長：40-60公分 | 食性 🐛 | 活動時間 ◐☾ |

| 科：石龍子科 | 學名：*Tiliqua gigas* | 狀態：普遍 |

新幾內亞巨柔蜥（New Guinea Blue-tongued Skink）

四肢短，所以走起路來會搖搖擺擺

這種鱗片光滑、體型矮短的蜥蜴有尖細的尾巴及寬闊的頭部，頭部上還有大型的盾片。其體色雖然變化很大，但通常都是在淡色的底色上綴有鑲深色邊的褐色橫紋。新幾內亞巨柔蜥的防禦方式包括發出嘶嘶聲、擺動藍色的舌頭以及對攻擊者猛然一刺。

淡褐色的體色上綴有深色花紋

• **分布**：新幾內亞與印尼東部。棲居在森林、稀樹草原與農場內。
• **繁殖**：胎生，一次產 5-25 隻幼體。
• **相似種**：藍舌柔蜥（*Tiliqua scincoides*）。

亞洲、新幾內亞

寬頭部上有強而有力的上下顎和藍色大舌頭

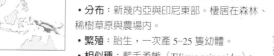

| 體長：50-60公分 | 食性 🐛🐌🍃 | 活動時間 ☼◐ |

科：石龍子科	學名：*Trachydosaurus rugosus*	狀態：地區性普遍

澳洲粗皮石龍子（SHINGLEBACK）

這種身體細長、體色為紅褐色的石龍子有短四肢與大鱗片，每片鱗
片的中央處都有疣狀突起，也因此一特徵而得名。其扁平的
短尾巴上同樣覆滿了疣狀鱗片，且尾端為圓形。這種石龍子
行動緩慢，過馬路時尤其危險，遭輾斃的意外不斷發生。

澳洲

背部與尾部
的大鱗片上有
疣狀鱗脊突

• **分布**：澳洲南部。棲居在沙漠與灌木叢中。
• **繁殖**：胎生，每次產 2-3 隻幼體。
• **附註**：與藍舌柔蜥類（*Tiliqua*
species，見85頁）有很近的親緣關係，
有時會納入柔蜥屬。

四肢非常短

體長：30-35公分	食性	活動時間 ☼

科：石龍子科	學名：*Tribolonotus gracilis*	狀態：地區性普遍

細三棱蜥（SLENDER CROCODILE SKINK）

細三棱蜥的身體背面為深褐色，腹面為黃
褐色。這種纖細蜥蜴的雙眼周圍有橙色
色塊，虹膜則有一圈黃色環。其頭盔狀
的頭部上有類似鳥喙的嘴巴，背上有四
列突起的鱗片，腳及腹部則有腺體。細三棱蜥
常出沒於椰子殼堆中，被發現時會大聲尖叫。

頭上有明顯
的頭盔

眼睛周圍有
橙色色素

新幾內亞

背部有 4 列
突起的鱗片

• **分布**：新幾內亞。棲居在森林與農場中。
• **繁殖**：每次產 1 枚卵。
• **相似種**：新幾內亞三棱蜥（*Tribolonotus
novaeguineae*）。

體長：15-20公分	食性	活動時間 ☾

科：石龍子科	學名：*Tropidophorus grayi*	狀態：普遍

尖鱗棱蜥（GRAY'S WATERSKINK）

這種褐色蜥蜴的身體上，有由不規則的暗色斑點所形成的橫條斑紋；頭部及
身體的鱗片均鱗脊化，這些脊鱗成列遍布於背上；腹面則是滑順的白色鱗
片。其獵食對象包括昆蟲、甲殼類或其他水生的無脊椎動物。一如其他水棲
石龍子，關於尖鱗棱蜥的生活史也少有記載。

亞洲

明顯鱗脊化的
鱗片覆滿身體
與頭部

• **分布**：菲律賓。棲居在山區雨林的溪流，
大多躲伏在落葉堆內或浸於水中的木
頭下。
• **繁殖**：胎生，每次產 4-6 隻幼體。
• **相似種**：菲律賓棱蜥（*Tropidophorus
partelloi*）與細三棱蜥（見上欄）。

土褐色的體色可與
落葉堆的顏色融合

發達的
細長四肢

體長：20-24公分	食性	活動時間 ◑

| 科：雙足蜥科 | 學名：*Dibamus nicobaricus* | 狀態：不詳 |

尼古巴雙足蜥（NICOBAR BLIND LIZARD）

這種蜥蜴形似盲蛇（盲蛇科，見104頁）、無足石龍子（石龍子科，見83頁）、或小蛇蜥（*Anguis fragilis*，見94頁）。其身體為圓筒形，覆滿細小平滑的鱗片，尖頭部與頸部稍有區分。體色主要為茶褐色，頸背處有一圈奶油色的寬闊色帶，身體中段也有一圈更為寬闊且顏色更深的色帶。腹面為肉色。

尖形頭部與頸部可區別開來

尼古巴群島

頸背與身體中段都有奶油色的寬帶紋

• **分布**：印度洋的尼古巴（Nicobar）群島。棲居在森林與雨林的河流沿岸，躲伏在岩石或落葉堆下。
• **繁殖**：產卵（每次產卵數不詳）。
• **相似種**：高山雙足蜥（*Dibamus montanus*）與白雙足蜥（*D. leucurus*）。

| 體長：10–13公分 | 食性 ✳🪱 | 活動時間 ○ |

| 科：板蜥科 | 學名：*Cordylus cataphractus* | 狀態：瀕危 |

犰狳蜥（ARMADILLO GIRDLED LIZARD）

淺褐色且體型粗壯的犰狳蜥，尾巴由數層銳利的刺狀大鱗片所組成。若在開闊地區遭到攻擊時，這種蜥蜴會咬口尾相連成一個球狀體，令捕食者無從下手。犰狳蜥目前在南非已受到保護。

非洲

身體蜷曲成球狀以為防禦

身體與四肢上均覆滿尖細的鱗片

• **分布**：南非西部與納米比亞（Namibia）南部。棲居在乾燥灌叢中的裸露岩石上。
• **繁殖**：胎生，每次產 1-2 隻幼體。
• **相似種**：大環尾蜥（*Cordylus giganteus*）。

| 體長：16–21公分 | 食性 ✳ | 活動時間 ☼ |

| 科：板蜥科 | 學名：*Gerrhosaurus major* | 狀態：普遍 |

巨板蜥（GIANT PLATED LIZARD）

這種褐背黃腹的巨板蜥，體型粗壯近似方形，身體上有長方形且鱗脊化的盤狀鱗片。其尖形的頭部上有大眼及外耳孔，喉嚨有時為淡藍色，有時身體上也可能出現一條貫穿身體的長條紋。從下顎到後肢的體側下方有膚褶。

三角形的頭部上有大眼睛及外耳孔

非洲

膚褶沿著體側分布

近似方形的粗壯身體

• **分布**：非洲中部、東部及南部。棲居在多岩石的稀樹大草原中。
• **繁殖**：每次產 2-4 枚卵。
• **相似種**：黃喉板蜥（*Gerrhosaurus flavigularis*）。

| 體長：40–48公分 | 食性 ✳🌿 | 活動時間 ☼ |

科：正蜥科	學名：*Acanthodactylus erythrurus*	狀態：普遍

棘趾蜥（COMMOM FRINGE-TOED LIZARD）

這種蜥蜴每隻腳趾的邊緣上都有鱗飾，因此可以在鬆軟的沙
子上輕鬆奔跑。成體的背部為褐色，體側為黑色與黃色，腹
面則為白色。背部上有時會出現白色的長條紋或黑色斑點。
幼體體色為黑色，雜有白色條紋，尾巴則為紅色。棘趾蜥生
性機警，會採用將身體前半部挺高的獨特姿勢來觀察周遭是
否有捕食者。在沙質棲地

歐洲、非洲

的灌木叢底部可以發現這
種蜥蜴。

身體的花紋
十分多樣化

尖形的頭部

腳趾上有小小
的鱗飾，方便
在沙地上奔跑

• **分布**：西班牙南部、葡萄牙
與摩洛哥。棲居在沙質的灌木
叢中。
• **繁殖**：每次產 6-7 枚卵。
• **相似種**：豹紋棘趾蜥
（*Acanthodactylus pardalis*）。

體長：18-23公分	食性 🐛	活動時間 ☀

科：正蜥科	學名：*Gallotia galloti*	狀態：地區性普遍

西加那利蜥蜴（WEST CANARIES GALLOTIA）

這種蜥蜴的幼體與雌性都是深褐色，並綴有黃色的條紋；成
熟雄性（如圖所示）的體型健壯且體色較暗，並夾雜著藍
色大斑點。西加那利蜥蜴居住在乾燥的環境，主食為
植物，有時也會捕食大型昆蟲。由於棲居的環境中
沒有蛇，因此天敵很少，主要的天敵是野生的
貓科動物。目前有些族群的數量已有滅絕的
危險。
• **分布**：非洲西北岸外海的加那利群
島（Canary Islands）。棲居在多岩
石的灌木叢中。
• **繁殖**：每次產 2-7 枚卵。
• **相似種**：東加那利蜥蜴
（*Gallotia atlantica*）。
• **附註**：加那利群島
的每個大島都有一
種或一種以上
的瓜羅蜥屬
（*Gallotia*）
蜥蜴。

強有力的
長腳用於奔
跑與攀爬

雄蜥蜴喉部
有藍色斑點

尾巴與身體
為暗褐色

長尾巴在脫
逃時會脫落

加那利群島

體長：30-40公分	食性 🐛🌿	活動時間 ☀

科：正蜥科	學名：*Lacerta agilis*	狀態：地區性普遍

沙蜥蜴（SAND LIZARD）

沙蜥蜴的體色會隨著地理族群的分布、年齡及性別而有所不同。歐洲境內的成熟雄性（如圖所示）體側通常為亮綠色，背部為褐色及黑色，但有些個體的背部是紅色；雌性全身與四肢是淡褐色，散布著黑色與白色的斑點。這種蜥蜴有一個有力的大頭部，尤其是雄蜥蜴。英國境內的沙蜥蜴已列入保育類，由於棲地遭到破壞，只有在海邊的沙丘上才能發現這種蜥蜴；最西北的族群棲居在蘭開夏（Lancashire），現已因人為開發而面臨到滅絕的危險。沙蜥蜴是英國境內最通用的名稱，不過在其他地方這種蜥蜴又稱為捷蜥蜴（Agile Lizard）。

- **分布**：英國到中亞。棲居在沙質棲地、草地或堤防。
- **繁殖**：每次產 6-13 枚卵。
- **相似種**：胎生蜥蜴（*Lacerta vivipara*）。
  - **附註**：這是英國最罕見且最需保護的蜥蜴。

● 有力的大頭部

● 生殖季時雄性體側的綠色最為顯眼

會脫落的長尾巴是禦敵方法之一

歐洲、亞洲

體長：18-22公分	食性 🕷	活動時間 ☼

科：正蜥科	學名：*Lacerta lepida*	狀態：地區性普遍

歐洲藍斑蜥蜴（EUROPEAN EYED LIZARD）

這種粗壯的蜥蜴體色為綠色，散布著黑色斑點，體側有數列淡藍色的斑點。幼體為藍綠色，身體上覆蓋著無數白色斑點，這些斑點有時鑲著黑邊。歐洲藍斑蜥蜴是歐洲體型最大的正蜥科蜥蜴，若在茂密的灌木林內被發現，體型大者逃跑時會因碰撞矮樹叢而發出很大的聲響。

- **分布**：義大利西北部、法國南部、西班牙及葡萄牙。棲居在開闊林地、葡萄園及橄欖林內。
- **繁殖**：每次產 4-6 枚卵。
- **相似種**：北非藍斑蜥蜴（*Lacerta pater*）。

綠色的身體上綴有黑色斑點，體側則有藍色斑點 ●

健壯的頭部上有強而有力的上下顎

歐洲

體長：60-80公分	食性 🕷🐛🐌●	活動時間 ☼

科：正蜥科	學名：*Podarcis lilfordi*	狀態：地區性普遍

巴里利亞壁蜥（Balearic Wall Lizard）

這種蜥蜴的體色多變，有時褐色的體色上會綴有黑色斑點所形成的縱帶紋，背部則為綠色；有些個體的體色為黑色，體側可能有淡藍色斑點。巴里利亞壁蜥全身都覆滿了顆粒狀的細小鱗片，尖形的頭部相當粗大。

• **分布**：地中海西部的馬約卡（Majorca）與美諾卡（Minorca）（巴里利亞群島）。棲居在多岩石且植被稀疏的地區。

• **繁殖**：胎生，每次產 2-3 隻幼體。

• **相似種**：伊畢沙壁蜥（*Podarcis pityusensis*）。

尖而健壯的頭部，頭頂上有大鱗片

身體上有顆粒狀的細小鱗片

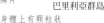
巴里利亞群島

細長的尾巴

體長：18-22公分	食性 🐛🍃	活動時間 ☀

科：美洲蜥蜴科	學名：*Ameiva ameiva*	狀態：普遍

美洲蜥蜴（Common Ameiva）

這是南美洲最常見的蜥蜴，花紋多樣化，由綠色與褐色的條紋及黃色斑點所組成。幼體的體色較成體鮮豔。美洲蜥蜴身體上覆滿了顆粒狀的小鱗片，尖形且有力的大頭部上有大鱗甲。這種食蟲蜥蜴相當機警且行動快速，喜歡曬太陽，是無數蛇類獵捕的對象。

• **分布**：安地斯山脈以東的巴拿馬南部到阿根廷北部。棲居在森林的空地及開闊區域的小徑和道路上。

• **繁殖**：每次產 1-9 枚卵。

褐色的底色上有寬闊的條紋及斑點

南美洲

強壯的尖形頭部

長四肢有利奔跑

再生的尾巴

體長：40-57公分	食性 🐜🦗	活動時間 ☀

科：美洲蜥蜴科	學名：*Bachia flavescens*	狀態：稀有

巴克蜥（Bachia）

這種小而細長的褐色蜥蜴，身體上有無數由細小鱗片所組成的體環，形似蚓蜥類（見101-103頁）。靠近觀察時會發現這種蜥蜴有無腳趾的小小前後肢，而蚓蜥類中唯一有四肢的是雙足蚓蜥（*Bipes biporus*，見103頁）。巴克蜥可藉由尾巴輕彈所產生的推力沿著地面跳躍，快速前進。

• **分布**：圭亞那、法屬圭亞那及巴西東北部。棲居在溪流附近的草原或森林中。

• **繁殖**：每次產 1 枚卵。

• **相似種**：斯類敏氏蚓蜥（*Amphisbaena slevini*）。

身體上有無數由細小鱗片所形成的環

南美洲

細小的四肢上沒有腳趾

體色是純褐色

健壯的頭部上有大鱗甲

體長：17-20公分	食性 🐛	活動時間 ☀🌙

科：美洲蜥蜴科	學名：*Cnemidophorus gramivagus*	狀態：地區性普遍

南美大草原健肢蜥（LLANOS WHIPTAIL）

這種蜥蜴的幼體體色從綠色到褐色，背部上有 4 條白色至黃色的細條紋。
成體的背部中央有寬闊的深色條紋，體側則有白色或黃綠色的大斑點。
這是行動迅速且機警的稀樹草原蜥蜴，天敵包括蛇
類、大型蜥蜴及鳥類。

褐色的身體上有
細條紋與斑點

四肢強壯
有利奔跑

- **分布**：哥倫比亞與委內瑞拉。棲居在開闊的草原（南美大草原）中。
- **繁殖**：每次產 1-5 枚卵。
- **相似種**：帶紋健肢蜥
（*Cnemidophorus lemniscatus*）。

南美洲

體長：17-28公分	食性 🐜	活動時間 ☼

科：美洲蜥蜴科	學名：*Cnemidophorus uniparens*	狀態：普遍

沙漠草原健肢蜥（DESERT GRASSLAND WHIPTAIL）

這種小型蜥蜴的體色為藍綠色至橄欖綠，背部上有六條黃色或白色
的條紋。其天敵包括許多蛇類及鷹類，一旦受到威
脅會馬上躲到沙漠灌木叢下的沙質洞穴中。

- **分布**：美國南部與墨西哥北部。棲居在
沙漠與豆科灌木叢內。
- **繁殖**：每次產 1-4 枚卵。
- **相似種**：素色健肢蜥
（*Cnemidophorus inornatus*）
及高原健肢蜥（*C. velox*）。
- **附註**：這種蜥蜴採孤雌生殖（學名中
的 *uniparens* 意為一個父母）。

長長的腳趾可在鬆軟
的沙地上奔跑

身體上有 6 條
淡色條紋

鞭子狀的
長尾巴

北美洲

體長：15-22公分	食性 🐜	活動時間 ☼

科：美洲蜥蜴科	學名：*Crocodilurus lacertinus*	狀態：稀有

鱷蜥（CROCODILE TEGU）

這種灰色蜥蜴的體側、四肢及尾巴上布滿
了深色邊的橙色斑點；白色的唇與喉部上
均綴有波浪狀的黑色線條；大眼睛中的虹
膜為橙色。鱷蜥是一種半水生的蜥蜴，扁平的尾巴上
有兩條稍微隆起的鱗脊突起，有助於在水中穿梭。

四肢的花紋
與身體一樣

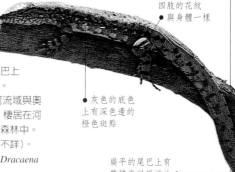

- **分布**：南美洲的亞馬遜河流域與奧
里諾科（Orinoco）河流域。棲居在河
流沿岸及季節性洪水氾濫的森林中。
- **繁殖**：產卵（每次產卵數不詳）。
- **相似種**：圭亞那閃光蜥（*Dracaena
guianensis*，見92頁）。

灰色的底色
上有深色邊的
橙色斑點

扁平的尾巴上有
雙鱗脊以助游泳

南美洲

體長：55-70公分	食性 🐜🦐🐸🌿	活動時間 ☼

科：美洲蜥蜴科	學名：*Dracaena guianensis*	狀態：瀕危

圭亞那閃光蜥（GUIANAN CAIMAN LIZARD）

這種強而有力的蜥蜴有健壯的大頭部、可以咬碎東西的強壯上下顎，臼齒般的牙齒則用以取食水棲螺類，再由舌頭將不能消化的碎殼吐出。圭亞那閃光蜥的體色主要為亮綠色或褐色，頭部則為橙色。幼體的亮綠色體色較成體更為鮮豔。其頸部鱗片隆起，背部及尾巴的鱗片也明顯鱗脊化，有時可充當部分防護。這種蜥蜴形似眼鏡鱷（*Caiman crocodilus*，見192頁），但其寬短的頭部則與條紋頸帶蜥（*Tupinambis teguixin*，見右頁）較為相似。據載，圭亞那閃光蜥會在旱季時爬到樹上以覓食無脊椎動物與蛋等。

南美洲

體色為綠色或褐色

• **分布**：南美洲的亞馬遜河流域。棲居在沼澤、河流或洪水氾濫的森林中。

• **繁殖**：每次產 2 枚卵。

• **相似種**：巴拉圭閃光蜥
（*Dracaena paraguayensis*）。

寬短的橙色頭部
有可以咬碎東西
的強壯上下顎

體長：0.9-1.1公尺	食性 ✹●◉	活動時間 ☼

科：美洲蜥蜴科	學名：*Gymnophthalmus underwoodi*	狀態：地區性普遍

安樂伍茲氏裸眼蜥（UNDERWOOD'S SPECTACLED MICROTEIID）

這種體型細長的蜥蜴，閃閃發光的身體由兩種褐色調所組成，與石龍子（見81-86頁）非常類似。其四肢短而發達，加上身體細長，奔跑時會蜿蜒如蛇行。不同於大多數蜥蜴擁有可以眨動的眼瞼，安樂伍茲氏裸眼蜥的雙眼上覆蓋著一層不能眨動的透明「眼膜」，有保護眼睛的作用，且對視力無損。這項構造被認為是蜥蜴較進化的特徵。安樂伍茲氏裸眼蜥是唯一一種無性別之分且行孤雌生殖的蜥蜴。

南美洲

體型細長，
體色由 2 種
褐色調所組成

如石龍子般光滑
閃亮的皮膚

• **分布**：巴西西北部與東北部、圭亞那、蘇利南、法屬圭亞那、委內瑞拉東部及千里達。棲居在開闊的森林及稀樹草原內，通常出現在森林底層的落葉堆中。

• **繁殖**：每次產 2-3
枚卵。

• **相似種**：中美洲裸眼蜥
（*Gymnophthalmus
speciosus*）。

體長：10-13公分	食性 ✹	活動時間 ☼

科：美洲蜥蜴科	學名：*Proctoporus shrevei*	狀態：稀有

亮蜥（LUMINOUS LIZARD）

這種蜥蜴的體色全為橄欖褐色，有粗糙的鱗脊化鱗片、短四肢以及長而尖的頭部；雄性成體的腹面為亮紅色，體側有一組中間白色、邊緣深色且類似舷窗的斑點。1930年代，英國的博物學家伊凡・桑德森（Ivan Sanderson）在千里達北方山區一個偏僻陰暗的山洞中抓到一隻成年的雄性亮蜥，並宣稱這些白色的斑點會發亮數分鐘。他的說法並不正確。1999年經學者研究後推測，這種亮蜥不會自己發光，白斑發亮的原因可能是吸收及反射光線所導致。這種反射冷光的現象或許是自我防禦的一種方式。

千里達

褐色的身體上有
● 鱗脊化的粗糙鱗片

在光線昏暗的
地方，舷窗狀的
● 斑點會發亮

• **分布**：千里達北部的阿里波洞（Aripo Caves）。棲居在雨林洞穴中。
• **繁殖**：每次產 1 枚卵。
• **相似種**：鱗蜥（*Leposoma percarinatum*）。

體長：10-13公分	食性 ✳	活動時間 ☼

科：美洲蜥蜴科	學名：*Tupinambis teguixin*	狀態：普遍

條紋頸帶蜥（NORTHERN BLACK TEGU）

這是一種大型的陸棲蜥蜴，體色通常為銅褐色，綴有一列不連續且不規則的黑色或深褐色斑紋，斑紋之間還夾雜著深色斑點。成體的體色會隨著年齡而加深。條紋頸帶蜥的四肢長而有力，有助於奔跑（幼體奔跑時甚至可以只使用後肢），厚實的長尾巴是有效的禦敵武器。一如巨蜥屬的蜥蜴（*Varanus* species，見98-100頁），條紋頸帶蜥也是大型的肉食性動物，會主動獵食大多數的動物，有時也會偷取鳥類及鱷魚的蛋及吃腐肉。

南美洲

頭部強而
有力，頸部
● 強壯結實

• **分布**：南美洲的亞馬遜河流域與奧里諾科河流域。棲居在森林與稀樹大草原中。
• **繁殖**：一次產 4-32 枚卵。
• **相似種**：雙領蜥（*Tupinambis merianae*）。

肌肉發達的
長尾巴可用
於防禦 ●

黑色的
橫條斑紋 ●

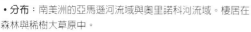

長而粗壯的
● 四肢有利奔跑

體長：0.8-1公尺	食性 🐦🦎🥚🐌🦗✳	活動時間 ☼

科：蛇蜥科	學名：*Anguis fragilis*	狀態：普遍

蛇蜥（Slow Worm）

這種無足的小型蜥蜴體色為褐色或灰色，有光滑的鱗片。雌性背脊上通常有細條紋，體側的顏色則較深；成熟雄蜥蜴（如圖所示）的體側通常有藍色斑點。幼體的體色為金褐色，脊背條紋、腹面及體側的顏色都較深。蛇蜥與蛇類的外形十分相似，不過就與大多數的蜥蜴一樣，蛇蜥有可以眨的眼瞼，也可以斷尾逃生。

• **分布**：不列顛群島、北歐至裏海。棲居在林地內，以及馬路、鐵路邊的草堆中或花園中。
• **繁殖**：胎生，每次產下 4-28 隻幼體。

體色為褐色或灰色，鱗片光滑的身體沒有四肢

有眼瞼，與蛇不一樣

歐洲

體長：40-48公分	食性	活動時間

科：蛇蜥科	學名：*Elgaria kingii*	狀態：地區性普遍

索諾拉短吻蜥（Sonoran Alligator Lizard）

這種長形蜥蜴有尖形的頭部、長尾巴以及短四肢。身體上覆蓋著方形的小鱗片，體側下方的小鱗片則呈顆粒狀。索諾拉短吻蜥的體色為淡褐色，綴有鑲黑邊的暗褐色橫帶紋，並散布著黑色斑點。這種蜥蜴主要是陸棲性，白天通常躲伏在木材下，有時也會爬到低矮的灌木叢上。

• **分布**：美國西南部與墨西哥西北部。棲居在多岩石且林木蓊鬱的山坡上。
• **繁殖**：每次產 9-15 枚卵。
• **相似種**：巴拿馬短吻蜥（*Elgaria panamintina*）。

淡褐色的身體上覆蓋著方形的小鱗片

北美洲

身體上有模糊的橫帶紋

四肢短

體長：20-25公分	食性	活動時間

科：蛇蜥科	學名：*Ophisaurus apodus*	狀態：普遍

鱗腳蜥（Scheltopusik）

鱗腳蜥是歐洲體型最大的無足蜥蜴。體色為黃褐色或深褐色，頭部顏色較淡，全身覆滿方形的大鱗片；體側的鱗片較小。鱗腳蜥外形與蛇十分相似，但頭部比較像蜥蜴——擁有可以眨動的眼瞼及外耳孔，而且也不會像蛇類一樣蠕動蛇行。貼近觀察會發現泄殖腔有後肢的退化痕跡。

• **分布**：巴爾幹半島到裏海。棲居在乾燥、多岩石的山坡或林地內。
• **繁殖**：每次產 8-10 枚卵。
• **相似種**：美國鱗腳蜥（*Ophisaurus* species）。

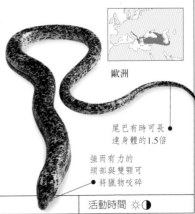

歐洲

尾巴有時可長達身體的1.5倍

強而有力的頭部與雙顎可將獵物咬碎

體長：1-1.2公尺	食性	活動時間

科：蠕蜥科	學名：*Anniella geroninensis*	狀態：稀有

下加州蠕蜥（BAJA CALIFORNIA LEGLESS LIZARD）

這種蠕蜥的體色為銀色到淺褐色，有光滑的鱗片及與脊椎平行的窄條紋；體側為白色，有一組黑色的細縱紋。小小的頭部與頸部難以區分；一如其他蜥蜴，這種蠕蜥也有可以眨動的眼瞼，不過卻沒有蜥蜴該有的外耳孔。這種蜥蜴以在沙地下活動的無脊椎動物為食。

- **分布**：墨西哥下加利福尼亞（Baja California）的西北方。棲居在海濱沙丘或長有粗牧草的沙原。
- **繁殖**：胎生，一次可產 1–2 隻幼體。
- **相似種**：加州蠕蜥（*Anniella pulchra*）及蛇蜥（見左頁）。

北美洲

體色為銀色到淺褐色

小小的頭部上有可以眨動的眼瞼

尖尖的尾巴有助於挖洞

體長：10–15公分	食性 🕷	活動時間 ☼ ☾

科：異蜥科	學名：*Shinisaurus crocodilurus*	狀態：瀕危

中國鱷蜥（CHINESE CROCODILE LIZARD）

中國鱷蜥（右圖所示為幼體）有皺皺的皮膚以及許多明顯的脊鱗；體色為紅色至黃褐色，背部為暗褐色，從眼睛處有深色條紋向四周散射出來。雖然中國鱷蜥主要是水棲性動物，有時也會爬到低矮的灌木上曬太陽。

- **分布**：中國南部的廣西省。棲居在岩石遍布的山區森林的溪流中。
- **繁殖**：胎生，每次產 3–8 隻幼體。
- **相似種**：婆羅洲擬毒蜥（*Lanthanotus borneensis*，見下欄）。

小而隱蔽的眼睛

亞洲

背部鱗脊較體側明顯

體長：40–46公分	食性 🕷🐟🐸	活動時間 ☼ ◑

科：擬毒蜥科	學名：*Lanthanotus borneensis*	狀態：稀有

婆羅洲擬毒蜥（BORNEO EARLESS MONITOR）

這種半穴居性的擬毒蜥全身上下都是深褐色，背部到尾巴有數列明顯鱗脊化的鱗片，其間並有無數顆粒狀的小鱗片。這種蜥蜴的小眼睛上有功能完善的眼瞼，但沒有外耳孔。

- **分布**：婆羅洲的沙勞越。棲居在河流沿岸的森林與雨林中。
- **繁殖**：每次產 6 枚卵。

背上有數列明顯鱗脊化的鱗片

深褐色的扁平身體上有短四肢

婆羅洲

體長：40–44公分	食性 🐛🐌🐟	活動時間 ◑ ☾

科：毒蜥科	學名：*Heloderma horridum*	狀態：稀有

珠狀毒蜥（BEADED LIZARD）☠

珠狀毒蜥分布在瓜地馬拉到墨西哥西北方索諾拉州（Sonora）的太平洋沿岸，雖然看到的機會不多，不過其外形特徵相當容易辨認。珠狀毒蜥粗壯的身體上覆滿了深褐色與黃色的珠狀鱗片，其頸部相對較長，頭部圓而細長，強有力的四肢上則長有銳利的爪子，還有一個尾端越趨尖細的長尾巴。這種毒蜥是世界上僅有的兩種有毒蜥蜴之一，另一種是棲居在沙漠地帶的鈍尾毒蜥（見右頁）。珠狀毒蜥噴射毒液的機制位於下顎（蛇類則在上顎），而且主要用於防禦，這點與毒蛇不同；由於其獵捕對象是小而無害的囓齒類幼體、雛鳥及蛋，因此獵食時根本無需使用毒液。其叉狀舌可用於追蹤鎖定獵物的位置。被牠緊咬不放所引發的劇痛與囓咬，甚至足以使人類致命。珠狀毒蜥通常在白天活動，但若天氣太熱則會繼續躲在地底的洞穴中，直到晚上才出來活動；有時也會爬樹。墨西哥南部的珠狀毒蜥全身上下都是黑褐色，沒有任何花紋。

• **分布**：墨西哥西部與瓜地馬拉。棲居在熱帶落葉林及棘灌叢中。

• **繁殖**：每次產 8-10 枚卵。

• **相似種**：鈍尾毒蜥（*H. suspectum*，見右頁）。

• **附註**：珠狀毒蜥在墨西哥當地稱為 Escorpion。

北美洲與中美洲

頭部、頸部及尾巴的長度都比鈍尾毒蜥長

身體上覆滿了珠狀的圓形鱗片

強而有力的四肢上有長爪子

尾端漸趨尖細的長尾巴

下顎有毒腺及可釋放毒液的牙齒

體長：0.7-1公尺	食性 🐜🐛🦎🥚●	活動時間 ☼☽

科：毒蜥科	學名：*Heloderma suspectum*	狀態：瀕危

鈍尾毒蜥（GILA MONSTER）☠

這種蜥蜴俗稱希拉巨蜥，是以亞利桑納州的希拉河來命名。這種體色為黑-粉紅或黑-黃色、皮膚就像織錦畫的蜥蜴，是北美洲最特殊的蜥蜴，分布於猶他州到墨西哥北方的錫那羅亞（Sinaloa）一帶，棲地與分布地區更偏熱帶的珠狀毒蜥（見左頁）稍有重疊。鈍尾毒蜥的體型較珠狀毒蜥小且比較不粗壯，頸部及尾巴也較短，頭部則比較圓。一如珠狀毒蜥，鈍尾毒蜥也有毒，毒液機制同樣位於下顎，兩者的食性也相似。鈍尾毒蜥笨重的外表予人行動緩慢的錯覺，其實當牠遇到捕食者時會突然轉身並迅速張口還擊，緊咬不放後再注入致命的毒液。鈍尾毒蜥有兩個亞種，其中分布位置較為北邊的條紋鈍尾毒蜥（*H. suspectum cinctum*，如圖所示）比南方的網紋鈍尾毒蜥（*H. suspectum suspectum*）有較為明顯的圖案。

• **分布**：美國西南部與墨西哥西北部。棲居在沙漠及乾燥草原。

• **繁殖**：每次產 4-7 枚卵。

• **相似種**：珠狀毒蜥（見左頁）。

• **附註**：鈍尾毒蜥已列為保育物種，不得擄捕及侵擾。

頭部、頸部及尾巴都比珠狀毒蜥短

身體及四肢覆滿圓形的珠狀鱗片

體色為粉紅色或黃色，綴有黑色的橫帶紋

強有力的四肢上有長爪子

尾巴可用來儲存食物

寬大頭部的下顎有釋放毒液的機制

類似蛇類的叉狀舌

北美洲

體長：30-50公分	食性 ✹ ⚘ 🐁 🐍 🥚	活動時間 ○

科：巨蜥科	學名：*Varanus albigularis*	狀態：普遍

白喉巨蜥（WHITE-THROATED MONITOR LIZARD）

這種短頭部的蜥蜴為灰褐色，夾雜有鑲深色邊的淡黃色斑紋。這種蜥蜴
善於爬行，可以長途跋涉尋找交配對象或食物，其獵食的對象種類繁
多，包括昆蟲、鳥類、鳥蛋及食蛇。白喉巨蜥的粗糙長尾巴可用來當防
禦武器，其張口還擊的威力也不容小覷。

非洲

- **分布**：非洲東部與南部。棲居
在稀樹大草原的林地中。
- **繁殖**：每次產 8-50
枚卵。
- **相似種**：西非巨蜥
（*Varanus exanthematicus*）。

粗壯結實的尾巴
可用來防禦 ●

體長：1.9-2.1公尺	食性 🐜🦎🐍🐀	活動時間 ☼

科：巨蜥科	學名：*Varanus komodoensis*	狀態：地區性普遍

科摩多巨蜥（KOMODO DRAGON）

科摩多巨蜥是世界上體型最大且最重的蜥蜴，只分布於印尼數個乾燥
的小島上。科摩多巨蜥有龐大厚實的身軀、健壯的四肢以及強有力的
寬闊頭部。成體的體色幾乎全為暗灰色，不過為了安全起見比較偏向
樹棲性的幼體，體色則較為鮮亮。科摩多巨蜥是相當可怕的掠食者，
獵物包括豬、鹿、馬及水牛等大型哺乳動物。在這些家畜尚未經人引
進這些小島時，研究學者認為科摩多巨蜥是以現在已滅絕的侏儒象為
食；鳥類及爬蟲類，包括小型的科摩多巨蜥也是其獵食目標，甚至也
會吃人。這種巨蜥也吃腐肉，由於科摩多巨蜥是這些小島上僅存的大
型陸棲性掠食者，因此大多數腐肉的元凶也是牠。獵食時，科摩多巨
蜥會伏擊體型大的動物，慘遭咬傷的獵物縱使能逃脫，不用多久也會
淪為尾隨在後的巨蜥的盤中飧。這是因為科摩多巨蜥的唾液中含有很
多有毒細菌，會使獵物迅速衰竭；這種「攻擊-離去-獲得營養」的獵
食過程可說百試不爽。

● 長長的叉狀舌有嗅聞
功能，可以找到腐肉

體色為
暗灰色 ●

- **分布**：印尼，僅分布於小巽他（Lesser Sunda）群島中的數個小
島，包括科摩多島、雷特加島（Rintja）、吉里
摩探島（Gillimontang）、帕達島（Padar）
及弗羅勒斯島（Flores）西端。棲居
在稀樹大草原及林地中。

印尼

- **繁殖**：每次產 8-27 枚卵。

強壯的尾巴可
用來敲擊獵物 ●

體長：2.5-3.1公尺	食性 🐀🦎	活動時間 ☼

科：巨蜥科	學名：*Varanus dumerilii*	狀態：稀有

頸斑巨蜥（Dumeril's Monitor Lizard）

頸斑巨蜥成體的體色是淡褐色，背上有深色的橫帶紋；幼體的體色較為醒目：體色為黑色，身體上有亮黃色的橫帶紋，頭頂則為鮮橙色。不論成體或幼體，雙眼都有一條朝後延伸的深色條紋。頸斑巨蜥善於爬樹，受到侵擾時會跳入水中。

• **分布**：東南亞。棲居在紅樹林沼澤
及雨林中。

• **繁殖**：每次產12–23枚卵。

• **相似種**：黃點巨蜥
（*Varanus salvator*）。

亞洲

鱗脊化的長尾巴
有助於游泳

眼後有
深色條紋

強壯的爪子
有利攀爬

體長：1–1.3公尺	食性	活動時間 ☼

體色較
成體鮮亮

幼體通常
出現在樹上

幼體

寬廣的頭部
內有唾腺，
可以分泌含有
害菌的唾液

巨大的身體
比任何蜥蜴重

健壯的四肢可以
支撐笨重的身體

科：巨蜥科	學名：*Varanus niloticus*	狀態：普遍

尼羅河巨蜥（NILE MONITOR LIZARD）

這種大蜥蜴有細長的身體、鱗脊化的長尾巴及尖頭部。幼體的腹面為黃色、背面為黑色，背部上還散布著黃色斑點，尾巴上則有黃色的帶狀紋。成體除了尾巴上的帶狀紋外，通常大都為灰黑色。包括兩個亞種：東非與南非亞種（*V. niloticus niloticus*，如圖），其前、後肢間有 6–9 列的斑點；西非亞種（*V. niloticus ornatus*），前後肢之間只有 3–5 列斑點。

非洲

- **分布**：撒哈拉沙漠以南的非洲。棲居在河流、湖泊或濕地中。
- **繁殖**：每次產20–60枚卵。

分布於非洲東部及南部的亞種有6–9列斑點

強而有力的四肢上有利爪

體長：1.4–2公尺	食性 ※🦎🐍🐟🐀🥚	活動時間 ☼

科：巨蜥科	學名：*Varanus prasinus*	狀態：稀有

蔥綠巨蜥（EMERALD TREE MONITOR LIZARD）

這種完全樹棲的蜥蜴為了在樹上生活已經發展出特殊的適應方法。其尾巴長且有纏繞能力，體色則為可在樹間隱藏的鮮綠色，有時還帶有黑色的細小帶狀紋，使蔥綠巨蜥得以在樹冠層中藏身。

四肢有長腳趾及利爪

有纏繞能力的長尾巴，可充當第五肢使用

- **分布**：新幾內亞。棲居在雨林及農場中。

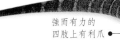

新幾內亞

- **繁殖**：每次產 2–5 枚卵。
- **相似種**：昆士蘭藍鼻巨蜥（*Varanus teriae*）。

體長：0.8–1公尺	食性 ※🐀	活動時間 ☼

科：巨蜥科	學名：*Varanus varius*	狀態：地區性普遍

樹巨蜥（LACE MONITOR LIZARD）

樹巨蜥雖然是樹棲性蜥蜴，但已經很能適應地面上的生活。其體色通常是藍灰色，綴有由黃色小斑點所形成的條紋。這些斑紋在幼體的身上最為明顯。樹巨蜥的尾巴長且側扁，尾巴上部邊緣有鱗脊化情形。

四肢長，有利爪

體色為藍灰色，綴有黃色斑點

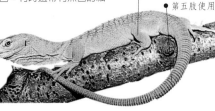

澳洲

- **分布**：澳洲東部。棲居在雨林及乾燥林地內。
- **繁殖**：每次產6–12枚卵。
- **相似種**：斑點樹巨蜥（*Varanus scalaris*）。
- **附註**：樹巨蜥是澳洲500種蜥蜴中體型第二大的蜥蜴，居冠的是眼斑巨蜥（*V. giganteus*）。

體長：1.5–2公尺	食性 ※🐀🐁🦎🐦	活動時間 ☼

蚓蜥

蚓蜥（amphisbaenians）又稱蟲蜥（worm-lizard），一度被歸類在蜥蜴類。由於兩者之間發現的相異之處，多到足以將蚓蜥類獨立於蜥蜴與蛇類之外，因此另外成立蚓蜥亞目（suborder Amphisbaenia）。學者將已知的140個蚓蜥種類劃分為兩科、三科或四科（本書即分為四科）。

蚓蜥分布於南美洲、佛羅里達州、歐洲南部、非洲北部、非洲的熱帶地區以及中東等地。這些動物平常幾乎全棲居在地底下，因此除非是雨後，否則很難看見牠們在地面上現身。

多數蚓蜥都有一個圓筒狀的細長身體，以及通常呈截尾狀且相當短的尾巴。由於尾巴短而鈍，因此巴西當地稱蚓蜥為「兩頭蛇」（cobras de duas cabeças）。除了少見的雙足蚓蜥屬（genus *Bipes*，見103頁）擁有前肢之外，其他蚓蜥都沒有四肢。

蚓蜥全身及尾巴都覆蓋著細小的鱗片，並排列成一圈一圈稱為環節（annuli）的環，這讓蚓蜥看起來就像蚯蚓，但實際上兩者沒有任何關係。有時這些環節會被沿著體側分布的鋸齒狀褶痕打斷。其甲冑狀的頭部很適合挖洞，嘴巴及上下顎都很小；耳朵及眼睛掩蓋在大片的透明鱗片之下，已退化成深色色素的沉殿痕跡。

科：蚓蜥科	學名：*Amphisbaena alba*	狀態：不詳

紅蚓蜥（RED WORM-LIZARD）

這是體型最大的蚓蜥，除非是大雨過後，否則很少到地面上活動。其強壯、冑甲狀的白色頭部有細小的眼睛與耳朵，可用來偵測震動；小嘴巴則位於頭部下方。紅蚓蜥的頭部直接與身軀相連，沒有所謂的頸部；身體有細小鱗片成圈排列成類似蚯蚓的環節。紅蚓蜥背部的體色是紅褐色，腹面顏色較淡，沒有特殊的斑紋。紅蚓蜥最常出現在大切葉蟻的巢穴附近，棲居在蟻巢頂端的甲蟲就是紅蚓蜥賴以維生的食物。

- **分布：** 南美洲北部。棲居在雨林中。
- **繁殖：** 產卵（每次產卵數不詳）。
- **相似種：** 斯類敏氏蚓蜥（*Amphisbaena slevini*）。

南美洲

身體上的細小鱗片排列成無數的環 ●

頭上的鱗片覆蓋住眼睛與耳朵

身體為圓筒狀，尾巴短而鈍 ●

體長：50-55公分	食性 🐜	活動時間 ○

科：蚓蜥科	學名：*Amphisbaena fuliginosa*	狀態：普遍

黑白蚓蜥（BLACK-AND-WHITE WORM-LIZARD）

黑白蚓蜥是最容易辨認的蚓蜥，其淡粉紅色的身體上有不規則的黑色斑紋，這些花紋通常到腹側就會中斷。其健壯且有胄甲的頭部可用於挖洞，通常為淡粉紅色且頭部中央有一個黑色斑點。黑白蚓蜥的眼睛遮蓋在透明的鱗片下，已退化成色素沉澱痕跡；尾巴則短且鈍。黑白蚓蜥只有在大雨過後才會出現在地面上，以無脊椎動物為食，並將卵產在蟻巢內。

南美洲

- **分布**：南美洲。棲居在雨林中。
- **繁殖**：產卵（每次產卵數不詳）。

- 身體上覆滿由細小鱗片所組成的環
- 淡粉紅色的身體上有黑色斑紋
- 頭部（包括退化的眼睛與耳朵）覆蓋在大鱗片下

體長：30-45公分	食性 🪱	活動時間 ☽◐

科：蚓蜥科	學名：*Blanus cinereus*	狀態：地區性普遍

歐蚓蜥（IBERIAN WORM-LIZARD）

這是歐洲唯一的蚓蜥，體色為黃色到褐色或黑色，有時會散布粉紅色斑點，腹面顏色較淡。形似蚯蚓，尖形的小頭部用於挖掘，身上有方形小鱗片所形成的環。除非是大雨過後，否則歐蚓蜥很少在白天鑽出地面。搬動木堆或翻動落葉堆時常可見到這種蚓蜥。

- **分布**：西班牙及葡萄牙。棲居在沙質土壤或林地的落葉堆內。
- **繁殖**：每次產 1 枚卵。
- **相似種**：美鐵爾氏蚓蜥（*Blanus mettetali*）及丁及達那蚓蜥（*B. tingitanus*）。

- 尖形的頭部
- 歐洲
- 身體覆蓋著由方形的小鱗片所形成的環
- 尾巴短而鈍

體長：10-30公分	食性 🪱	活動時間 ☽

科：銼尾蚓蜥科	學名：*Rhineura floridana*	狀態：地區性普遍

佛羅里達蚓蜥（FLORIDA WORM-LIZARD）

就像其他蚓蜥，這種粉紅色蚓蜥的身體上也有無數由方形小鱗片所形成的環，比較特殊的是這種蚓蜥沒有任何深色的色素。其胄甲狀的頭部有個平坦的頂部，楔形的口鼻部有助於挖洞。覆蓋在鱗片下的眼睛已退化成色素沉澱，且沒有耳朵。挖土時通常可以發現佛羅里達蚓蜥的蹤影。

- **分布**：美國的佛羅里達州與喬治亞州南部。棲居在乾燥且沙質的灌叢中。
- **繁殖**：每次產1-3枚卵。

- 楔形口鼻部有利挖洞
- 粉紅色的身體沒有色素
- 北美洲
- 尾部有疣

體長：25-35公分	食性 🪱	活動時間 ☽◐

科：雙足蚓蜥科	學名：*Bipes biporus*	狀態：稀有

雙足蚓蜥（Ajolote）

這種粉紅色的雙足蚓蜥又稱鼴鼠蜥（Mole lizard），是外形最奇特的爬行動物之一。一如其他蚓蜥，雙足蚓蜥也有像蠕蟲般的細長身體，身體上同樣由無數由方形小鱗片所形成的環。雙足蚓蜥最獨特的一點是擁有一對發育良好的前肢（很多蜥蜴只有後肢），腳趾上還有利爪，可以與頭部一起進行挖掘工作，此即「鼴鼠蜥」一名的由來。雙足蚓蜥通常出現在潮濕、富含腐質土的沙地洞穴中。在地面上移動時，雙足蚓蜥會使用前肢並配合像毛蟲般的推拉動作來前進。

北美洲

- **分布**：墨西哥的下加利福尼亞。棲居在沙質的低地上。
- **繁殖**：每次產 1-4 枚卵。
- **相似種**：四趾雙足蚓蜥（*Bipes canaliculatus*）及三趾雙足蚓蜥（*B. tridactylus*）。
- **附註**：有報告指出在美國的亞利桑納曾發現類似生物。

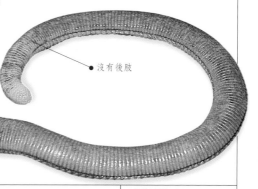

退化的
小眼睛

前肢發達，
腳趾上有利爪

沒有後肢

強壯的頭部
有利挖洞

身體上有無數由
小鱗片組成的環

體長：17-24公分	食性 🐛	活動時間 ☾◐

科：長鼻蚓蜥科	學名：*Trogonophis wiegmanni*	狀態：地區性普遍

棋盤蚓蜥（Chequerboard Worm-lizard）

這種粗壯的蚓蜥身上有黑-黃色的棋盤狀花紋，加上其尾巴非常短，因此不容易與歐蚓蜥（見左頁）中另外兩種較小的蚓蜥混淆。棋盤蚓蜥棲居在亞特拉斯（Atlas）山高達1,600公尺的山區中。除非深掘入土，否則很少見到這種蚓蜥。棋盤蚓蜥會將身體纏繞成球狀以防禦天敵，遭捕捉時則會猛烈扭動。

- **分布**：非洲西北部。棲居在多岩石且開闊的郊野或林地中。
- **繁殖**：胎生，每次產 2-5 隻幼體。

棋盤狀花紋
可以作為辨
識依據

非洲

粗壯的頭部
與身體

眼睛已退化
成色素沉澱痕跡

體長：20-25公分	食性 🐛	活動時間 ☾◐

蛇類

細 長的身體、體表覆蓋著重疊的鱗片是蛇類的外形特徵。蛇類沒有四肢（雖然有些還保留著退化的爪及骨盆）；眼瞼不能眨動，並癒合成透明的「眼膜」；沒有外耳孔；上下顎骨沒有接合，因此蛇能將嘴巴張得非常大，牙狀舌則可完全縮回。蛇只有右肺可以發揮功能，左肺通常不是退化就是付之闕如。有些原始的蛇種只在單顎長有牙齒；食卵蛇類通常沒有牙齒。

蛇類將近2,800種，其中大部分是無毒蛇且對人類無害。至於毒蛇都有相對應的毒牙，可將毒液強行注入敵對者的身上。許多毒蛇的毒牙位於上顎後方，其中有危險性的絕對不會多於12種；前毒牙毒蛇則約有500種，不過許多這類毒蛇也不會對人類造成重大傷害。

本圖鑑將蛇類區分為16科，其他分類學家可能會有不同的分類方式。舉例來說，有些會將蚺蛇與蟒蛇合併為同一科（蚺科），不過本圖鑑則分為蚺科與蟒科，以強調兩者之間的不同。

科：盲蛇科	學名：*Ramphotyphlops braminus*	狀態：普遍

角鼻盲蛇 （BRAHMINY BLINDSNAKE）

這種小而閃亮的蛇為穴居性，其眼睛無法形成影像，只能感應光線強度。這是世界上唯一行單性生殖的蛇種。
• 分布：亞洲（已引進到許多熱帶地區）。棲居在人類居所附近。
• 繁殖：每次產 1-7 枚卵。
• 相似種：鉤盲蛇屬（*Ramphatyphlops*）及盲蛇屬（*Typhlops*）等小型蛇。

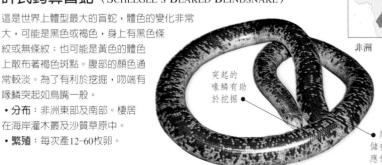

頭部的鱗片下有退化的眼睛

全球

非常細長的黑色身體

體長：15-18公分	食性 🦗	活動時間 ○

科：盲蛇科	學名：*Rhinotyphlops schlegeli*	狀態：地區性普遍

許氏鉤鼻盲蛇 （SCHLEGEL'S BEAKED BLINDSNAKE）

這是世界上體型最大的盲蛇，體色的變化非常大，可能是黑色或褐色，身上有黑色條紋或無條紋；也可能是黃色的體色上散布著褐色斑點。腹部的顏色通常較淡。為了有利於挖掘，吻端有喙鱗突起如鳥嘴一般。
• 分布：非洲東部及南部。棲居在海岸灌木叢及沙質草原中。
• 繁殖：每次產12-60枚卵。

非洲

突起的喙鱗有助於挖掘

尾部可以儲存脂肪以應付冬眠

體長：60-95公分	食性 🦗	活動時間 ○

科：細盲蛇科	學名：*Leptotyphlops dulcis*	狀態：普遍

德州細盲蛇（TEXAS BLINDSNAKE）

這種盲蛇的背面可能為褐色、紅色或粉紅色，閃動著銀色光澤，腹面體色較淡。其尾端有刺可以讓牠深入狹窄的洞穴中覓食白蟻或螞蟻的幼蟲。當洞穴中有兵蟻時，這種蛇會在體表分泌一種費洛蒙以欺騙螞蟻，使其誤認為這是蟻巢的一部分，如此就可以安全的在螞蟻幼蟲室中取食。

北美洲

全身覆蓋著光滑閃亮的鱗片

- **分布**：美國西南部及墨西哥東北部。棲居在大草原、峽谷及沙漠的石縫、石頭下或灌木叢間。
- **繁殖**：每次產 2–7 枚卵。
- **相似種**：纖細盲蛇（*Leptotyphlops humilis*）。

眼睛退化成色素沉澱痕跡，覆蓋在透明的大鱗片下

上部表皮為紅褐色或粉紅色

體長：15–27公分	食性 🐜	活動時間 ○

科：異鈍盲蛇科	學名：*Liotyphlops ternetzii*	狀態：稀有

特氏滑盲蛇（TERNETZ'S LESSER BLINDSNAKE）

這種細長的南美洲盲蛇有深色、閃亮的圓柱形身體、平滑的鱗片以及淺黃色或粉紅色的頭部。其吻端的喙鱗大而突出可用來挖土；小小的嘴巴位於頭部的下後方，下顎只有一顆牙齒；退化的眼睛則隱藏在皮膚之下。特氏滑盲蛇生性隱密且為穴居性，大部分隱伏在蟻巢中的地道裡，以幼蟲及蟻卵為食。其尾端有刺有助於在蟻巢的平滑通道中移動。

南美洲

光滑閃亮的體鱗

大而突出的喙鱗，可用於挖掘

- **分布**：南美洲中部。棲居在熱帶雨林中。
- **繁殖**：卵生（每次產卵數不詳）。
- **相似種**：比氏滑盲蛇（*Liotyphlops beui*）。

深色的身體與淺色的頭部恰成對比

體長：15–21公分	食性 🐜	活動時間 ○

科：穴蟒科	學名：*Loxocemus bicolor*	狀態：地區性普遍

墨西哥穴蟒（NEOTROPICAL SUNBEAM SNAKE）

墨西哥穴蟒的背部通常為褐色，有時會摻雜著白色斑點，腹面顏色為褐色或白色。其原始俗名雖然稱為墨西哥穴蟒（Mexian Burrowing Python），但是除了骨盆帶中的兩塊小骨類似蚺蛇及蟒蛇外，本種蛇並非真正的蟒蛇。這是半穴居的蛇種，尖形的吻端可用來挖洞，其獵食對象一般認為是烏龜及蜥蜴的蛋及幼體，也獵食小型的哺乳動物。以強大的壓縮力量來勒斃掙扎的獵物。

尖形的吻端
可用於挖掘

• **分布**：墨西哥西部至哥斯大黎加。棲居在熱帶森林中。

• **繁殖**：卵生（每次產卵數不詳）。

• **相似種**：閃鱗蛇
（*Xenopeltis unicolor*，見下欄）。

體色一致或
雜有白色斑點

北美洲、中美洲

體長：1–1.3公尺	食性 🦎🐀⬤	活動時間 ☾

科：閃鱗蛇科	學名：*Xenopeltis unicolor*	狀態：地區性普遍

閃鱗蛇（ASIAN SUNBEAM SNAKE）

閃鱗蛇背部為褐色，在陽光下會閃動暈光，腹部則為白色。其扁平的頭部可以挖入濕泥及腐爛的植物中，大部分的時間均隱匿在這些地方。幼蛇除了頸部環繞著一條白色斑紋外，外形與成蛇類似。這種蛇在雨後會鑽出地面，有時會獵食體型較小的蛇類。

亞洲

體表覆蓋著
光滑閃亮且泛著
暈光的鱗片

• **分布**：東南亞。棲居在林木蓊鬱的山丘、稻田、濕地及溝渠中。

• **繁殖**：每次產 6–17枚卵。

• **相似種**：海南閃鱗蛇
（*Xenopeltis hainanensis*）。

• **附註**：這種蛇也是許多其他大型蛇類的捕食對象。

扁平的頭部
可用以挖洞、
眼睛小

體長：1–1.3公尺	食性 🦎🐸🐁🐀	活動時間 ☾

科：筒蛇科	學名：*Anilius scytale*	狀態：地區性普遍

珊瑚筒蛇（South American Pipesnake）

這種黑紅環相間的珊瑚筒蛇是半水棲及穴居種類，有透明的大鱗片覆蓋在雙眼上。其獵食對象包括其他的蛇類、兩生類、蚓蜥及鰻。

- **分布**：南美洲的亞馬遜河流域。棲居在雨林中。
- **繁殖**：卵胎生，每次產8-10條幼蛇。
- **相似種**：珊瑚蛇屬（*Micrurus species*，見163-164頁）、紅光蛇屬（*Erythrolamprus species*）。

南美洲

紅色與黑色帶紋

體長：70-90公分	食性 🐛🐟🦎	活動時間 ☾

科：針尾蛇科	學名：*Cylindrophis ruffus*	狀態：普遍

紅尾管蛇（Red-Tailed Pipesnake）

紅尾管蛇的背面為深紫色到黑色都有，腹部則有白色的橫條斑塊，短圓的尾部為亮橙色或紅色。一旦受到威脅，這種蛇會將頭部埋到蜷曲成一團的身體中間，並將尾部高舉，其目的可能是用來威嚇對手或者使對手無法正確攻擊頭部。紅尾管蛇會穴居在泥土或落葉堆中，以其他蛇、蚓蜥及鰻為食。

- **分布**：東南亞。棲居在潮濕的低地中。
- **繁殖**：卵胎生，每次產10-13條幼蛇。
- **相似種**：線紋管蛇（*Cylindrophis lineatus*）。

亞洲

身體背面由深紫色到黑色都有

尾部下端為紅色以擬態頭部，可以用來驚嚇攻擊者

體長：0.7-1公尺	食性 🐛🐟🦎	活動時間 ☾

科：針尾蛇科	學名：*Pseudotyphlops philippinus*	狀態：地區性普遍

凸尾蛇（Large Shieldtail Snake）

這種體色為褐-黃色的穴居種類有尖形的頭部以及像截尾般、短而鈍的平坦尾部。其尾巴或許可以用來堵住通道防止獵食者進入，對於在地道中移動可能也有所助益。凸尾蛇一旦受到干擾會分泌黏滑的體液來防衛。這種蛇棲居在石頭下、泥土或腐質土中，只有雨季時才會出現在地表上。

- **分布**：斯里蘭卡。棲居在低地的農田中。
- **繁殖**：卵胎生，每次產 3-8 條幼蛇。

斯里蘭卡

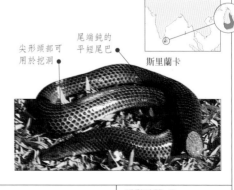

尖形頭部可用於挖洞

尾端鈍的平短尾巴

體長：40-50公分	食性 🐛	活動時間 ☾

科：林蚺科	學名：*Tropidophis melanurus*	狀態：普遍

古巴林蚺（Cuban Dwarf Boa）

古巴

古巴林蚺的體色為灰色、褐色或紅色，覆蓋著顏色較深的條紋、鋸形紋或斑點。這是體型最大的林蚺，一如其他體型較小的近親種類，古巴林蚺也是動作靈活的攀爬者，棲居在樹冠層，例如森林底層的棕櫚樹上。其防禦行為包括蜷曲成球狀、從泄殖腔分泌白色液體，以及改變體色等——白天不活動時為深色，夜間活動時則呈淺色。

• **分布**：古巴。棲居在雨林、受干擾的花園及岩石裸露地區等。

• **繁殖**：卵胎生，每次產 4-9 條幼蛇。

• **相似種**：海地林蚺（*Tropidophis haetianus*）。

黃色尾端用以引誘獵物

紅色個體有不明顯的斑紋

入夜後體色會由深變淺

頭部及眼睛均小

體長：0.8-1公尺	食性	活動時間 ☾

科：雷蛇科	學名：*Casarea dussumieri*	狀態：瀕危

島蚺（Round Island Keel-Scales Boa）

圓島

這種身體細長、外形似蚺的蛇，體色由灰色到褐色，並綴有顏色較深的斑紋。其頭部相當細長、眼睛小，體表的鱗片則明顯鱗脊化。不同於真正的蚺蛇，島蚺沒有退化的骨盆帶及後肢，繁殖方式是產卵而不是胎生。

• **分布**：印度洋模里西斯北部的圓島（Round Island）。棲居在覆蓋落葉堆的石縫中。

• **繁殖**：每次產 3-10 枚卵。

• **相似種**：雷蛇（*Bolyeria multicarinata*），最後一次見到這種蛇是在1975年。

• **附註**：這是在圓島上發現的兩種外形似蚺的蛇種之一。另一種是雷蛇，由於棲地遭到破壞，可能已經滅絕了。島蚺目前正進行圈養繁殖及棲地復育。

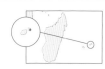

明顯鱗脊化的鱗片

細長的頭部上有朝向前方的小眼睛

灰褐色的底色上有顏色較深的花紋

體長：1-1.5公尺	食性	活動時間 ☾

| 科：蚺科 | 學名：*Boa constrictor* | 狀態：普遍 |

巨蚺（COMMON BOA CONSTRICTOR）

這種分布廣泛的蛇種有多達10種的大陸及島嶼亞種，不管是深色的阿根廷巨蚺（*Boa constrictor occidentalis*）或淺褐色、灰色的個體，都有鞍形的花紋，而且通常都有紅色的尾巴。至於體型也多所變化：有全長只有 1 公尺的豬島將軍巨蚺（*B. constrictor imperator*），也有長達 4 公尺的大陸巨蚺。巨蚺有強大的收縮力量，可以制服大型的哺乳動物（其實其獵物的大小沒有外傳那麼誇張）。雖然巨蚺咬起人來相當痛，卻不致對人類造成性命威脅，尤其是深色的中美洲種類，例如將軍巨蚺（*B. constrictor imperator*）。巨蚺主要為陸棲性，但也善於爬樹與泅水。

• **分布**：中美洲、南美洲及小安地列斯群島（Lesser Antilles）。從乾燥的林地到雨林都有分布，也常出沒在人類居處附近。
• **繁殖**：卵胎生，每次產15-50條幼蛇。
• **相似種**：粗鱗矛頭蝮（*Bothrops asper*，見180頁）。

中美洲、南美洲

較淺的底色上有深褐色的鞍形花紋

哥倫比亞巨蚺

雙眼後各有深色條紋

尾部顏色通常與身體相同，但也可能為紅色（尤其是幼蛇）

花紋通常是灰色到米黃色

深色的身體上有淺色斑點

阿根廷巨蚺（幼蛇）

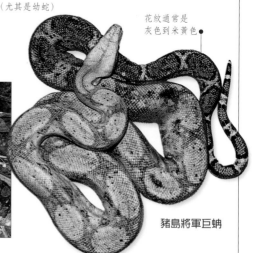

豬島將軍巨蚺

| 體長：2-4公尺 | 食性 | 活動時間 ☾◑ |

科：蚺科	學名：*Boa dumerili*	狀態：稀有

杜梅瑞氏蚺（DUMERIL'S GROUND BOA）

由於帶有兩種褐色調的鞍形花紋，使這種蛇看起來像南美洲地區的蚺蛇，兩者可能源自於相同的祖先。雖然杜梅瑞氏蚺沒有熱感應頰窩，仍能捕食溫血的哺乳動物。

明顯的兩種褐色調
● 鞍形斑紋

平滑的顆粒狀
● 小鱗片

馬達加斯加島

- **分布**：馬達加斯加島。棲居在乾燥森林中。
- **繁殖**：卵胎生，每次產2–21條幼蛇。
- **相似種**：馬達加斯加地蚺（*Boa madagascariensis*）。

體長：1.5–2公尺	食性	活動時間 ☾

科：蚺科	學名：*Boa manditra*	狀態：普遍

馬達加斯加樹蚺（MADAGASCAN TREE BOA）

這是種身體細長的蚺蛇，體色按地理分布區的不同由綠色至褐色或紅色都有。馬達加斯加樹蚺兼具樹棲性與陸棲性，擁有強而有力的收縮力量，並利用熱感應頰窩來捕捉溫血獵物。

體色由微綠色至
● 褐色或紅色

馬達加斯加島

- **分布**：馬達加斯加島。棲居在乾燥、半沙漠的森林中。
- **繁殖**：卵胎生，每次產 3–16 條幼蛇。
- **附註**：這種蛇的舊學名為 *Sanzinia madagascariensis*。

強而有力的
細長身體可
適應樹棲生活

體長：2–2.5公尺	食性	活動時間 ☾

科：蚺科	學名：*Candoia aspera*	狀態：地區性普遍

糙鱗角吻沙蟒（NEW GUINEA GROUND BOA）

這是粗壯、尾短、擁有兩種褐色調的蛇種，通常出現在椰子殼堆中。其一貫的防禦方式是將頭部埋藏在蜷曲成一團的身體中，不過受到干擾時可能會張口反咬。

新幾內亞

● 鱗脊化的鱗片

- **分布**：新幾內亞及附近的島嶼。棲居在雨林及農場中。
- **繁殖**：卵胎生，每次產 5–48 條幼蛇。
- **相似種**：北棘蛇（*Acanthophis praelongus*，見156頁）。

● 粗壯的身體
與極短的尾巴

體長：0.6–1公尺	食性	活動時間 ☾

| 科：蚺科 | 學名：*Candoia carinata* | 狀態：地區性普遍 |

棱角吻沙蟒（PACIFIC BOA）

棱角吻沙蟒的變異性極大：有些族群為陸棲性，有些則為樹棲性。地棲性的棱角吻沙蟒（*Candoia carinata paulsoni*）有短短的尾巴、粗壯的身體，體色可能從紅色或灰褐色到灰白色；棲居在沒有糙鱗角吻沙蟒（見左頁）出現的地區。樹棲性的棱角吻沙蟒（*C. carinata carinata*）有細長的身體、長長的尾巴，與糙鱗角吻沙蟒的棲地相同。棱角吻沙蟒的體色可能為褐色或灰色，泄殖腔上方有灰白色的斑紋。

亞洲、大洋洲

• **分布**：新幾内亞、印尼東部及所羅門島。棲居在雨林、可可園及椰子園中。

• **繁殖**：卵胎生，每次產 4–50 條幼蛇。

• **相似種**：糙鱗角吻沙蟒（見左頁）。

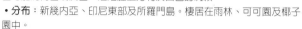

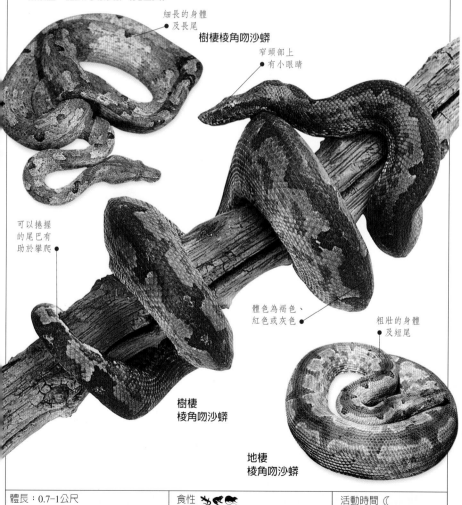

細長的身體
及長尾

樹棲棱角吻沙蟒

窄頭部上
有小眼睛

可以捲握
的尾巴有
助於攀爬

體色為褐色、
紅色或灰色

粗壯的身體
及短尾

**樹棲
棱角吻沙蟒**

**地棲
棱角吻沙蟒**

| 體長：0.7–1公尺 | 食性 🦎🐁🐀 | 活動時間 ☾ |

科：蚺科	學名：*Charina bottae*	狀態：地區性普遍

兩頭沙蚺（RUBBER BOA）

身體覆蓋著
光滑的小鱗片

北美洲

平滑的鱗片讓這種蛇的外表與觸感都像堅韌的橡膠。其背面顏色從褐色到橄欖綠，腹面則為黃色，雄性有泄殖腔棘。這是種相當隱匿的蛇，穴居在木頭、樹皮及石頭下。受到干擾時會盤蜷成球狀，將頭部藏在其中，並露出頭狀的尾巴以欺敵。兩頭沙蚺善於挖掘、攀爬與泅水，其獵食對象包括其他蛇類及蜥蜴，食性多樣化。

• **分布**：北美洲西部。棲居在草原、叢林及林地中，偏愛較涼爽的環境，有時會出現在海拔3,000公尺之處。

• **繁殖**：卵胎生，每次產 2-8 條幼蛇。

眼睛
非常小

體長：35-80公分	食性 🦎🐀🐁	活動時間 ☾

科：蚺科	學名：*Corallus caninus*	狀態：地區性普遍

綠樹蚺（EMERALD TREE BOA）

綠樹蚺是行動敏捷的攀爬蛇種，有修長扁平的身體及可以捲握的長尾巴。其鮮明的青綠色體色上，白色斑紋沿著身體背部中央分布，兩側下邊及唇鱗為黃色，腹面則為白色。細長的吻部鱗片內有熱感應頰窩；上顎的前齒特別長。同次產下的一窩幼蛇可能是綠色、紅色、黃色或這些顏色的混合色，經三至十二個月後才逐漸轉變為成蛇體色。成蛇以勒斃方式來獵食哺乳類及鳥類，幼蛇則以蜥蜴為食。

• **分布**：南美洲北部。棲居在低地雨林中。

• **繁殖**：卵胎生，每次產 7-14 條幼蛇。

• **相似種**：翡翠矛頭蝮（*Bothrops bilineatus*）、綠樹莫瑞蟒（*Morelia viridis*，見121頁）。

成蛇

橙色體色日後
會轉變為綠色

亮綠色的體色
上有白色斑紋

可以捲握
的強壯尾巴

南美洲

幼蛇

頭部覆蓋著
細小鱗片

體長：1.5-2公尺	食性 🐀🐦	活動時間 ☽

科：蚺科	學名：*Corallus hortulanus*	狀態：普遍

亞馬遜樹蚺（AMAZONIAN TREE BOA）

亞馬遜樹蚺的體型十分細長，有善捲握的尾部，幾乎完全是樹棲性蛇種。其體色十分多樣化，可能為黃色、紅色、橙色、灰色或網狀花紋的灰色或黑色。一如綠樹蚺（見左頁），亞馬遜樹蚺也有熱感應頰窩、垂直的瞳孔及上顎前的長齒。有稜有角的頭部後側，可以讓上下顎張得很大。

- **分布**：南美洲北部。棲居在森林邊緣及水面上的植物間。
- **繁殖**：卵胎生，每次產 2-12 條幼蛇。
- **相似種**：加勒比海及委內瑞拉樹蚺（*Corallus cooki, C. grenadensis, C. ruschenbergerii*）。
- **附註**：這是亞馬遜流域的河岸森林棲地中最常見到的夜行性蛇種。

南美洲

眼睛在晚間為亮閃閃的白色

橙色的個體

肌肉發達的細長身體

黑-灰色相間的個體

體長：1.5-2公尺	食性 🐀🐖🐁🐸	活動時間 ☽◑

科：蚺科	學名：*Epicrates cenchria*	狀態：地區性普遍

虹蚺（RAINBOW BOA）

虹蚺有強大的收縮力量，其全身鱗片閃動著虹彩因此而得名。其身上的花紋隨著地理分布區的不同而有所差別。例如，分布於巴拿馬及哥倫比亞的種類都是純褐色；而產自阿根廷的種類，其背面為深褐色並綴有顏色較淺的橢圓形花紋，側邊則為灰褐色。最引人注目的虹蚺則產於巴西，體色為橙色、紅色與黑色（如右圖所示）。虹蚺的九個亞種中，頭部大多有五條黑色的縱紋，最外面的那道條紋則貫穿過眼睛。所有的虹蚺都有熱感應頰窩。

- **分布**：中美洲及南美洲（巴拿馬至阿根廷）。棲居在雨林、乾燥林地及稀樹大草原中。
- **繁殖**：卵胎生，每次產10-30條幼蛇。

身上的虹彩就像油在水中的效果

分布在巴西的亞種有橙色與紅色斑紋

中美洲、南美洲

體長：1.5-2公尺	食性 🐀	活動時間 ☽◑

科：蚺科	學名：*Epicrates subflavus*	狀態：瀕危

亞買加虹蚺（JAMAICAN BOA）

這種身體細長的蚺蛇有紅褐色、褐色或黃色的體色，越接近尾端顏色越深。其身體上散布的黑色鱗片有時會形成不規則的橫向帶紋。這種蛇僅分布在某些孤立的地點。

有棱有角的大頭部及細長的身體

黃色或褐色的底色上有由深色鱗片形成的帶紋

- **分布**：亞買加。棲居在多岩石的環境、洞穴及林地。
- **繁殖**：卵胎生，每次產5-7條幼蛇。
- **相似種**：波多黎各虹蚺（*Epicrates inornatus*）。

亞買加

體長：2-2.5公尺	食性 	活動時間 ☾

科：蚺科	學名：*Gongylophis colubrinus*	狀態：地區性普遍

東非沙蚺（EAST AFRICAN SAND BOA）

沙蚺有粗壯的身體、楔形的頭部以及短尾巴。其喙鱗膨大，身體後方及尾部的鱗片則明顯鱗脊化。東非沙蚺有兩個亞種，其中的肯亞沙蚺（*Gongylophis colubrinus loveridgei*，如右圖所示）較為人知。

身體背面為橙色，綴有不規則的褐色斑點

- **分布**：非洲東北部及葉門。棲居在乾燥的草原中。
- **繁殖**：卵胎生，每次產 3-21 條幼蛇。
- **相似種**：鋸鱗蝰屬（*Echis* species，見186頁）。

腹面為白色

非洲、中東

體長：50-90公分	食性	活動時間 ☾

科：蚺科	學名：*Gongylophis conicus*	狀態：地區性普遍

粗皮沙蚺（ROUGH-SCALED SAND BOA）

一如大部分的沙蚺，粗皮沙蚺也有粗壯的身體及短而尖的尾巴。其鱗片有明顯的鱗脊化，尤其是身體後部及尾巴更為顯著。粗皮沙蚺的體色為奶油色，上面綴有Z字形的褐色斑紋及鞍形花紋。受到攻擊時，沙蚺會將身體鬆鬆得盤捲成一團，其囓咬會痛。

Z字形花紋類似鋸鱗蝰

亞洲

- **分布**：巴基斯坦到斯里蘭卡。棲居在沙質棲地中。
- **繁殖**：卵胎生，每次產5-8條幼蛇。
- **相似種**：鋸鱗蝰屬（*Echis* species，見186頁）。

有棱有角的小頭部及小眼睛

尾鱗的鱗脊化相當明顯

體長：0.5-1公尺	食性	活動時間 ☾

科：蚺科	學名：*Eunectes murinus*	狀態：普遍

綠森蚺（GREEN ANACONDA）

綠森蚺一身的綠色-黑色斑點讓牠易於辨認。這種蛇的體重與粗大的腰圍往往十分嚇人，不過由於長期棲居在水中，因此行動上並無不便。綠森蚺會在淺灘處埋伏獵食，捕食的大型獵物包括水豚、鹿、幼美洲虎，甚至鱷魚，其強大的收縮力量足以勒斃人類，也曾經傳出有吞食過人的紀錄。綠森蚺在水中求偶及交配，有時會由若干條的雄蛇與一條大雌蛇組成交配球。雌蛇在水中產下小蛇。

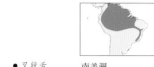

叉狀舌　　南美洲

- **分布**：南美洲北部。棲居在雨林的河中、潟湖及季節性淹水的草地。
- **繁殖**：卵胎生，每次產 4-80 條幼蛇。
- **附註**：這是世界上體型最大、體重最重的蛇，不過網紋蟒（*Python reticulatus*，見123頁）有時在長度上會更勝一籌。

綠色底色上的黑色眼狀花紋，是獨一無二的體紋

無數列平滑的小鱗片

當頭部露出水面，眼後鑲黑邊的橙黃色條紋由上方看來就像是髻髓

肌肉發達且強有力的身體足以勒死獵物

體長：6-10公尺	食性	活動時間 ☼

| 科：蚺科 | 學名：*Eunectes notaeus* | 狀態：普遍 |

黃森蚺（YELLOW ANACONDA）

又名巴拉圭森蚺（Paraguayan Anaconda），有強而
有力的收縮力量，黃色的體色上綴有縱列的黑色斑
點，頭頂上則有個三叉頭的箭矢斑紋。黃森
蚺的體型比其近親種綠森蚺（見115頁）
小，棲居地的範圍也較受限制。這種
蚺蛇的收縮力量可以勒死水豚、大型
水鳥及鱷魚，但不足以將人勒斃。

肌肉發達且強
而有力的身體

南美洲

• **分布**：巴西西南部、巴拉圭、玻利
維亞及阿根廷北部。棲居在草原及水
道中。
• **繁殖**：卵胎生，每次產 4-20 條幼蛇。
• **相似種**：黑斑森蚺（*E. deschauenseei*）。
• **附註**：根據玻利維亞最近的報導指出，
黃森蚺與綠森蚺有雜交現象。

頭部有黑色
或褐色的箭矢
狀斑紋

| 體長：2-3公尺 | 食性 | 活動時間 ○ |

| 科：蚺科 | 學名：*Charina trivirgata* | 狀態：地區性普遍 |

玫瑰兩頭沙蚺（ROSY BOA）

這是種收縮力量強大的小型蛇，體色為灰色或粉紅色，背部與體側
通常有三條黑色、褐色或紅色調的寬闊縱條紋，白色的腹面上通常
摻雜著顏色較深的斑點。雄、雌蛇都有小小的泄殖腔棘，不過只有
雄蛇真正可以派得上用場。玫瑰蚺是相當溫馴的蛇種，很少會張口
咬人。白天時會躲伏在石頭下，冷天時則會成群冬眠。

身體上有三條
縱走帶紋

• **分布**：北美洲西南部。棲居在沙漠及多岩石的灌叢中（通常位於
季節性的水道旁），分布高度從海平面到海拔1,200公尺處。
• **繁殖**：卵胎生，每次產 1-12 條幼蛇。
• **附註**：玫瑰兩頭沙蚺的另一學名為
Lichanura trivirgata。

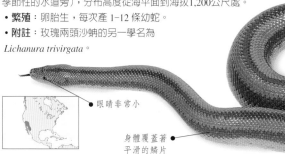

眼睛非常小

身體覆蓋著
平滑的鱗片

北美洲

| 體長：0.6-1.1公尺 | 食性 | 活動時間 ☽○ |

科：蟒科	學名：*Antaresia childreni*	狀態：普遍

邱準氏星蟒（CHILDREN'S PYTHON）

澳洲

這是體型非常小的蟒蛇，以生物學家邱爾準（J. G. Children）的姓氏命名，一種北方褐蟒（Northen Brown Python）。成蛇的體色全為褐色，幼蛇（如圖所示）的身上與頭部則遍布深色的條紋與斑點，不過隨著年齡的增長，這些花紋會漸漸淡化。邱準氏星蟒的獵物主要為石龍子及壁虎，但也吃青蛙、蛇及蝙蝠。

- **分布**：澳洲北部。棲居在岩石遍布的山丘、草原及沿海森林。
- **繁殖**：每次產7-20枚卵。
- **相似種**：珀茲星蟒（*Antaresia perthensis*）、斑點星蟒（*A. maculosa*）以及斯氏星蟒（*A. stimsoni*）。

小而往前的眼睛，有垂直的瞳孔

對蟒蛇來說體型相當小

身體的花紋會隨著年齡淡化消失

體色為灰色、褐色或紅褐色

體長：0.8-1公尺	食性	活動時間 ☾

科：蟒科	學名：*Apodora papuana*	狀態：地區性普遍

巴布亞蟒（PAPUAN OLIVE PYTHON）

亞洲、澳大拉西亞

巴布亞蟒有明顯的綠色、褐色兩種色調。頭部的顏色為淺灰褐色，鱗片間的皮膚則為黑色；唇上則有熱感應頰窩。巴布亞蟒有強大的收縮力量，可以輕易勒死大型動物（曾有吞食重達22.7公斤小袋鼠的紀錄）。這種蟒蛇也吃其他蛇類，甚至包括蟒蛇，就有報告指出曾有一隻 2 公尺長的巴布亞蟒將同樣長度的冠叢莫瑞蟒（*Morelia amethistina*）吞食下肚。

- **分布**：新幾內亞及印尼東部。棲居在低矮的季風林、草原林地及稀樹大草原中。
- **繁殖**：每次產15-25枚卵。

頭部與身體的顏色形成對比

壯碩的身體上有兩種色調的褐色

體長：3.6-4.3公尺	食性	活動時間 ☾

| 科：蟒科 | 學名：*Aspidites melanocephalus* | 狀態：地區性普遍 |

黑頭盾蟒（BLACK-HEADED PYTHON）

這種蟒蛇淡褐色的身體上綴有 Z 字形的橫紋；頭部及頸部為烏黑色。其大多數時間都棲居在哺乳動物或蜥蜴所挖掘出來的地洞中。黑頭盾蟒最主要的獵物為蜥蜴及蛇，甚至包括毒蛇在內。

烏黑的頭部及頸部

身體通常有奶油色、褐色或黑色的帶紋

澳洲

• **分布**：澳洲北部。棲地包括稀樹大草原、林地及岩石遍布的地區。
• **繁殖**：每次產 6-18 枚卵。
• **相似種**：藍氏盾蟒（*Aspidites ramsayi*）。

| 體長：1.8-3公尺 | 食性 🦎 | 活動時間 ◑ |

| 科：蟒科 | 學名：*Bothrochilus boa* | 狀態：地區性普遍 |

唇窩蟒（BISMARCK RINGED PYTHON）

唇窩蛇的成蛇至少有兩種完全不同的顏色型態：一種是仍舊保留著幼蛇鮮明的體色，身體由黑色環及橙色環相間而成，頭部則全為黑色；另外一種是體色全部為褐色。這種蟒蛇以蜥蜴為食，有時也會獵食其他蛇類。這種生性隱匿的陸棲性蛇種，有些時候也會棲居在地底洞穴中。

身體可能是黑色與紅色相間的環紋，或是全為褐色

俾斯麥群島

黑色的頭部

• **分布**：巴布亞新幾內亞的俾斯麥群島（Bismarck Archipelago）。棲居在雨林及農園中。
• **繁殖**：每次產10-12枚卵。

| 體長：0.9-1.7公尺 | 食性 🦎🐀 | 活動時間 ☾ |

| 科：蟒科 | 學名：*Calabaria reinhardti* | 狀態：普遍 |

卡拉巴爾地蟒（CALABAR GROUND PYTHON）

這種蟒蛇係以奈及利亞的卡拉巴爾省命名，體型為短短的圓柱形，光滑的鱗片上摻雜著橙色及褐色的斑塊。卡拉巴爾地蟒有圓形的小頭部、細小的眼睛以及圓而短的尾巴。受到干擾時，這種蟒蛇會緊緊地蜷曲成球狀，並將頭部藏護在其中。

防禦時尾巴會從蜷曲成一圈的身體中高舉出來假裝成頭部

非洲

褐色的身體上摻雜著橙色斑點

• **分布**：西非。棲居在雨林及農場中。
• **繁殖**：每次產 1-4 枚卵。
• **附註**：有人認為這種蟒蛇在親緣關係上較接近北美的兩頭沙蚺（見112頁）。

| 體長：0.9-1.1公尺 | 食性 🐀 | 活動時間 ☾ |

科：蟒科	學名：*Leiopython albertisii*	狀態：普遍

白唇蟒（WHITE-LIPPED PYTHON）

白唇蟒在新幾內亞也稱為亞爾伯提斯蟒（D'Albertis Python），其體型和體色的變化都很大。北岸的白唇蟒長度約為 1.8 公尺，體色為深褐色、頭部為黑色，黑白相間的唇鱗看起來就像琴鍵；南岸的白唇蟒可以長達 2.4 公尺，體色為顏色較深的茶灰色或綠色，頭部顏色與體色反差比較小。雖然白唇蟒的分布相當廣泛，不過還是偏好潮濕的森林。由於若干個大島上所出現的蟒蛇只有唇窩蟒（見左頁）一種，因此就將棲居馬納斯島（Manus Islands）上的白唇蟒與大陸塊隔絕開來。

體色為綠色或茶灰色

唇鱗的花紋形似琴鍵

南方白唇蟒

• **分布**：新幾內亞及附近島嶼。棲居在季風林及雨林中。

• **繁殖**：每次產 8-15 枚卵。

頭部（黑色）與身體（褐色）在顏色上完全不同

兩種褐色調的身體

新幾內亞

北方白唇蟒

體長：1.8-2.4公尺	食性 🐀	活動時間 ☾

科：蟒科	學名：*Liasis fuscus*	狀態：地區性普遍

水岩蟒（BROWN WATER PYTHON）

水岩蟒的背面為淡綠褐色到黑色，腹面及雙唇為黃色或白色。這是澳洲唯一會獵食小鱷魚的蟒蛇，也以哺乳類及鳥類為食。

淺褐色到深褐色的身體會出現暈光

澳大拉西亞

• **分布**：澳洲北部及新幾內亞南部。棲居在沼澤地或小河川中。

• **繁殖**：每次產 6-23 枚卵。

• **相似種**：馬氏岩蟒（*Liasis mackloti*）。

腹面與唇部為黃色或白色

體長：2-3公尺	食性 🐀🦎🐦	活動時間 ☾

科：蟒科	學名：*Morelia amethistina*	狀態：普遍

冠叢莫瑞蟒（AMETHYSTINE PYTHON）

這種蟒蛇的英文俗名為水晶蟒，係源於其背面泛
著紫水晶的暈光。其體色可能是深淺不一的褐
色，也可能全都是黃褐色或橄欖綠。冠叢莫瑞
蟒細長的頭部上覆蓋著大鱗片，還有一對朝向前
方的大眼睛；吻部上的熱感應唇窩及嘴部
的唇鱗都清楚可見。這是一種行動敏捷
的蟒蛇，善於攀爬及泅水。

• **分布**：新幾內亞及
附近島嶼、澳洲北部
（被視為不同的亞種）。
棲居在雨林、林地及稀樹大
草原中。

• **繁殖**：每次產 5-21 枚卵。

• **相似種**：歐百麗莫瑞蟒
（*Morelia oenpelliensis*）。

頭頂有
大鱗片

敏捷的
細長身體

澳大拉西亞

體長：2.4-8.5公尺	食性 🐭🐦🦎	活動時間 ☾

科：蟒科	學名：*Morelia spilota*	狀態：普遍

地毯莫瑞蟒（CARPET PYTHON）

這是所有澳洲蟒蛇中分布最廣者。地毯莫瑞蟒的最典型體色是帶有
褐色橫紋的黃色，不過在澳洲及新幾內亞境內至少有六個亞種，在
體色與花紋上或多或少會有差別。昆士蘭境內的叢林地毯莫瑞蟒
（*Morelia spilota cheyni*，如圖所示）體色是黑色和黃色，並綴有條
紋及大斑點；而新南威爾斯的菱形地毯莫瑞蟒（*M. spilota
spilota*）則有鑲著黑邊的黃色鱗片，呈現出細緻且複雜的
網狀花紋。

• **分布**：澳洲北部、東部、南部及新幾內亞南
部。棲居在稀樹大草原及林地中。

• **繁殖**：每次產12-54枚卵。

• **相似種**：沙漠莫瑞蟒（*M. bredli*）、
糙鱗莫瑞蟒（*M. carinata*）。

叢林地毯莫瑞蟒
的特徵就是身上的
大型黑斑及條紋

頭部覆蓋著
細小的鱗片

底色
為黃色

澳大拉西亞

體長：2-4公尺	食性 🦎🐭🦎	活動時間 ☾

科：蟒科	學名：*Morelia boeleni*	狀態：稀有

波氏莫瑞蟒（BOELEN'S PYTHON）

這是強有力的蟒蛇，有寬闊的頭部及身體。這種泛著暈光的藍黑色蟒蛇相當引人注目，其喉部及頸部都乳白色的斜紋，唇部則有黑白相間的短條紋，這些特徵都相當與眾不同。波氏莫瑞蟒的大眼睛中有垂直瞳孔。幼蛇為紅褐色。由於波氏莫瑞蟒分布在新幾內亞的偏遠內陸，目前對於其生活史所知不多，不過已知牠偏愛較暗及潮濕的棲地。

唇部有黑－白相間的短條紋 ● 從腹面往上延伸的黃－白色斑紋 ●

新幾內亞

- **分布**：新幾內亞。棲居在山區雨林中高達1,000公尺以上的地區。
- **繁殖**：每次產14-20枚卵。
- **附註**：這是巴布亞新幾內亞保護最力的爬行動物。

體長：1.8-2.4公尺	食性 🐀🐦	活動時間 ☾

科：蟒科	學名：*Morelia viridis*	狀態：普遍

綠樹莫瑞蟒（GREEN TREE PYTHON）

成蛇為鮮綠色，兩側及背面散布著白色、黃色或淺藍色的斑點，腹面則為黃色。其頭部覆蓋著顆粒狀的小鱗片。幼蛇可能是黃色、綠色或橙色，並雜有黑－白色斑紋，不過到了成熟後，每一鱗片的中央會變成綠色，整條蛇的體色不久就會全部改變。綠樹莫瑞蟒為樹棲性，尾巴可以捲握，不過卻在地面上獵食。幼蛇以黑白相間的尾端來誘引蜥蜴，成蛇的尾端不再是黑白色，捕食的對象也變成了小型的哺乳動物。

澳大拉西亞

亮綠色的身體背面有時會摻雜白色斑點 ●

- **分布**：新幾內亞及澳洲北部。棲居在熱帶雨林中。
- **繁殖**：每次產 6-30枚卵。
- **相似種**：綠樹蚺（*Corallus caninus*，見112頁）。

敏捷有力的身體 ●

成蛇

● 條紋貫穿眼睛

● 黃色、綠色或橙色的身體上有鑲黑邊的白色花紋

幼蛇

體長：1-1.5公尺	食性 🐀🐁🐦	活動時間 ☾

科：蟒科	學名：*Python curtus*	狀態：稀有

短尾蟒（SHORT-TAILED PYTHON）

這是體型最小、身體粗壯的亞洲蟒蛇，有固定棲所。
婆羅洲短尾蟒（*Python curtus breitensteini*，如圖所示）
體色為黃褐色到褐色；而蘇門答臘短尾蟒（*P.
curtus curtus*）則幾乎全為黑色。第三個亞
種分布在泰國、馬來西亞東部及蘇
門答臘，體色為紅色，因此俗稱
為血蟒（*P. curtus brongersmai*），
有較長的尾巴。短尾蟒白天時躲
藏在落葉堆及植物叢間，等待合適
的獵物進入攻擊範圍。這種蟒蛇會主
動攻擊，噬咬的速度很快。

* **分布**：東南亞。棲居在低地的雨林及
濕地中。
* **繁殖**：每次產12枚卵。

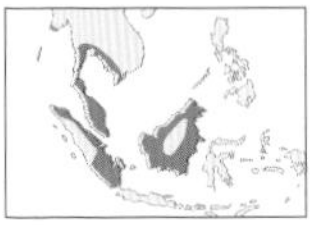

亞洲

寬闊的頭部，
頭頂處顏色淺，
兩側則顏色深

尾巴
相對較短

褐色或黑色
的明顯花紋

體長：1.8-3公尺	食性	活動時間 ☾

科：蟒科	學名：*Python molurus*	狀態：瀕危

亞洲岩蟒（ASIAN ROCK PYTHON）

亞洲岩蟒黃色或灰色的體色上有不規則的褐色鞍
形花紋，非常容易辨認；頭頂上則有大大的箭矢
狀褐色斑紋。這種大蟒蛇有強大的收縮力量，可
以輕易絞斃及吞食麋鹿。亞洲岩蟒可分為兩個亞
種：印度岩蟒（*Python molurus molurus*），分布
在印度及斯里蘭卡；緬甸岩蟒（*P. molurus
bivittatus*，如圖所示），顏色較深，分布在緬
甸、泰國、中國南部及越南。

* **分布**：亞洲南部。棲居在低矮的季風林、乾燥
林地及稀樹大草原。
* **繁殖**：每次產20-50枚卵。
* **附註**：印度及斯里
蘭卡的亞洲岩蟒瀕
臨滅絕危機，已列
入保育種類。緬甸
岩蟒目前的狀態則
是地區性普遍。

印度岩蟒

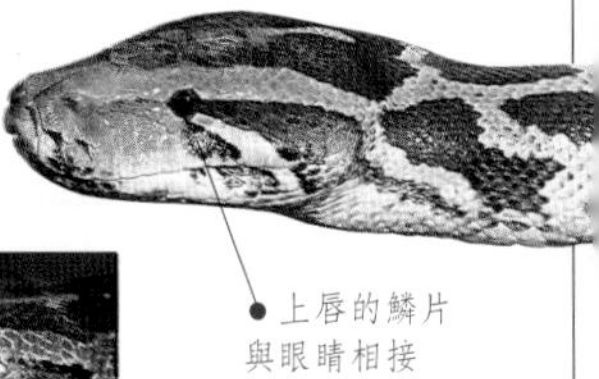

緬甸岩蟒

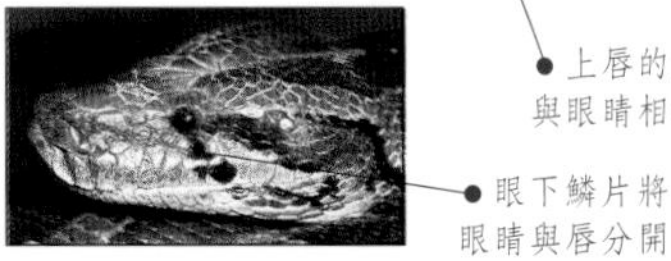

上唇的鱗片
與眼睛相接

眼下鱗片將
眼睛與唇分開

身體有明顯
的花紋

頭部有
箭矢狀花紋

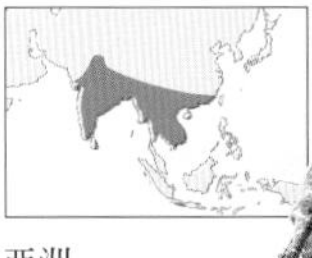

亞洲

體長：5-7公尺	食性	活動時間 ☾

科：蟒科	學名：*Python regius*	狀態：地區性普遍

球蟒 (ROYAL PYTHON)

這是種小型蟒蛇，黑色的底色上有圓圓的褐色鞍形花紋。球蟒有粗壯的身體、圓形的小頭部及短尾。由於受到驚嚇時會蜷曲成緊密的球形，將頭部藏護在中央，因此而得名。這種蟒蛇是很受歡迎的寵物，也因此在西非各地引起捕捉熱潮，野生族群可能已面臨生存威脅。

• **分布**：非洲中部與西部。棲居在低地雨林。
• **繁殖**：每次產 6-8 枚卵。
• **相似種**：安哥拉蟒 (*Python anchietae*)。

頭部小而細長

黑色的底色上有褐色的鞍形斑紋

非洲

受到威脅時會蜷曲成球形

體長：1-1.5公尺	食性	活動時間 ☽

科：蟒科	學名：*Python reticulatus*	狀態：地區性普遍

網紋蟒 (RETICULATED PYTHON)

這種龐大的蟒蛇可能為灰色或橄欖綠色，其身上有黑色、黃色和淺灰色相互交錯的網狀花紋，因此而得名。網紋蟒的頭部為橄欖綠色、灰色或亮黃色，橙色的眼睛後方各有一條黑色的細條紋連到嘴角，頭部中間也有一條黑色條紋。雖然網紋蟒的身體細長，卻是強而有力的掠食者，甚至還曾發生數起吞食人類的事件。

• **分布**：東南亞。棲居在雨林、林地、稀樹大草原及農耕地中。
• **繁殖**：每次產30-100枚卵。
• **相似種**：提摩蟒 (*Python timoriensis*)。
• **附註**：網紋蟒的長度可與綠森蚺 (*Eunectes murinus*，見115頁) 相抗衡，競逐世界第一長蛇的寶座。

細長但有力的身體

亞洲

網紋是本種蛇最主要的特徵

唇部有深陷的熱感應頰窩

體長：6-10公尺	食性	活動時間 ☽

科：蟒科	學名：*Python sebae*	狀態：普遍

非洲岩蟒（AFRICAN ROCK PYTHON）

這是非洲最巨大的蟒蛇，淺褐色的身體上覆蓋著不規則的深褐色鞍形花紋，頭頂則有寬大的深褐色箭矢狀斑紋。非洲岩蟒是強而有力的獵食者，可以輕易獵食羚羊、山羊等大型的哺乳動物，還曾發生數起吃人的事件。本種有兩個亞種：*Python sebae sebae* 及 *P. sebae natalensis*（如圖所示），後者頭部的鱗片更為零碎不全。

• **分布**：非洲亞撒哈拉沙漠（南部已瀕危）。棲地多樣化，包括林地、稀樹大草原、岩石露頭區、沼澤及雨林。

• **繁殖**：每次產下30-50枚卵。

深褐色的鞍形花紋沿行全身　　底色為淺褐色

非洲

體長：5-7公尺	食性	活動時間 ☾

科：疣鱗蛇科	學名：*Acrochordus arafurae*	狀態：普遍

阿勒福疣鱗蛇（ARAFURA FILESNAKE）

體色為灰色或紅褐色的阿勒福疣鱗蛇是完全水棲的蛇種，因此其身體與陸棲或樹棲性蛇種完全不同。這種疣鱗蛇有極其寬鬆的皮膚，攤平後就像浮在水中的槳可以悠哉悠哉的泅水。其腹部皮膚寬鬆且沒有大鱗片，不適於在陸上移動。

• **分布**：新幾內亞及澳洲北部。棲居在流動緩慢的淡水河流、湖泊及沼澤中。

• **繁殖**：卵胎生，每次產17條幼蛇。

• **相似種**：爪哇疣鱗蛇（*Acrochordus javanicus*）。

• **附註**：新幾內亞人使用阿勒福疣鱗蛇的蛇皮製造傳統的貢杜（kundu）鼓。

較淺的底色上有深褐色的不規則斑點

澳大拉西亞

明顯鱗脊化的鱗片形成銼刀狀的粗糙觸感

可捲握的尾巴用來纏住水中植物

體長：1.5-2.5公尺	食性	活動時間 ☾

科：疣鱗蛇科	學名：*Acrochordus granulatus*	狀態：地區性普遍

疣鱗蛇（LITTLE FILESNAKE）

這是疣鱗蛇屬中唯一的海棲性蛇種，體型比同屬中其他
兩種棲居在淡水的阿勒福疣鱗蛇（見左頁）及爪哇疣鱗
蛇要小，不過分布地區較為廣泛。疣鱗蛇的褐色體色上
通常綴有橙色或褐色的橫紋。其捕食對象包括
魚類及甲殼類。

深褐色的身體上
皮膚粗糙

亞洲、大洋洲

• **分布**：東南亞、澳大拉西亞以及西太平洋。
棲居在沿岸的海洋棲地，主要包括潮間帶、紅
樹林沼澤及沿岸的珊瑚礁，但有時也
會進入鹹水河口及淡水沼澤中。

• **繁殖**：卵胎生，每次產 4-12
條幼蛇。

• **附註**：一如其他的疣鱗
蛇，這種疣鱗蛇也有疣狀突
起的粗糙皮膚，可以用來在
水中獵取魚等滑溜的獵物。

眼睛
非常小

體長：0.6-1.2公尺	食性	活動時間 ○

科：黃頷蛇科	學名：*Ahaetulla nasuta*	狀態：普遍

瘦蛇（LONG-NOSED WHIPSNAKE）

瘦蛇先前被歸入茅蛇屬（*Dryophis*），舊學名為
Dryophis nasutus，其體色可能為灰色、褐色或綠
色。瘦蛇有非常纖細的身體、極長的尾巴以及尖
形的細長頭部，其吻端還有短突。瘦蛇的視力絕
佳，眼睛有水平瞳孔，順著吻部的橫溝往前望
去，可以輕鬆迅速地將機警且進行偽裝
的蜥蜴鎖定並捕捉。帶有一點點毒
性的瘦蛇會以抽動方式悄悄潛近
獵物，就像是周圍植物在擺動
一樣。

順著吻部橫溝往前
望去，可以得到
最好的視野

亞洲

• **分布**：亞洲南部及東南部。
棲居在雨林及農地中。

• **繁殖**：卵胎生，每次產 3-23
條幼蛇。

• **相似種**：綠瘦蛇（*Ahaetulla prasina*）。

• **附註**：亞洲瘦蛇的視力可能冠於所有蛇類。

水平瞳孔

細長的身體

體長：1-1.2公尺	食性	活動時間 ☼

科：黃頷蛇科	學名：*Bogertophis subocularis*	狀態：地區性普遍

泛貝克斯錦蛇（TRANS-PECOS RATSNAKE）

這種體型細長的錦蛇為黃色到黃褐色，有兩條深褐色或黑色的條紋縱行整個背面。這兩條條紋有時會連接成一連串像 H 字形的圖樣，看起來就像一架支離的梯子。泛貝克斯錦蛇是沙漠蛇種，會趁夜主動獵食蝙蝠及其他哺乳動物。最有可能在馬路上發現到這種蛇。

北美洲

- **分布**：美國西南部、奇瓦瓦沙漠（Chihuahua Desert）及墨西哥北部。棲居在多岩石的沙漠灌叢中。
- **繁殖**：每次產 3-7 枚卵。
- **相似種**：森塔羅瑟里錦蛇（*Bogertophis rosaliae*）。
- **附註**：泛貝克斯錦蛇的眼下有一列小鱗片，可與錦蛇屬（*Elaphe* species，132-136 頁）中的其他種錦蛇區別。

• 土黃色的背面上有深褐色的長條紋及鞍形花紋

• 細長的頭部

• 雙眼下方各有一列小鱗片

體長：0.9-1.7公尺	食性 🦎🦎🐁	活動時間 ☾

科：黃頷蛇科	學名：*Boiga cyanea*	狀態：普遍

綠林蛇（GREEN CATSNAKE）☠

綠林蛇有亮綠色的鱗片、淺藍色的喉部及黑色的鱗間皮膚。其淺灰色的大眼睛有垂直瞳孔，就像貓眼一般，因此也稱為貓蛇。幼蛇的身體為磚紅色，頭部為綠色。綠林蛇是體型細長的樹棲性蛇種，可以輕易地以毒液制服蜥蜴、其他蛇類及小型哺乳動物，有時也會以纏捲方式捕捉獵物。綠林蛇受到威脅時，會張開大嘴露出黑色口腔。

亞洲

- **分布**：東南亞。棲居在雨林中。
- **繁殖**：每次產 4-13 枚卵。
- **相似種**：森氏林蛇（*Boiga saengsomi*）。

灰白的大眼睛中有垂直瞳孔 •

背脊的大鱗片可以強化連結

• 綠色的頭部及紅色的身體

幼蛇

• 亮綠色的身體

成蛇

體長：1.6-1.9公尺	食性 🦎🐁	活動時間 ☾

科：黃頷蛇科	學名：*Boiga dendrophila*	狀態：普遍

黃環林蛇（MANGROVE SNAKE）☠

亞洲最大的樹棲性蛇種之一，體側綴有黃色條紋，腹面為黃–黑色相間，唇與喉部均為黃色；灰色的眼睛中有垂直瞳孔。其頭部及嘴巴都很大，可以吞食鳥蛋甚至松鼠。咬嚙時會緊咬不放，有時還會注入相當數量的毒液。

亞洲

- **分布**：東南亞。棲居在雨林及季風林中。
- **繁殖**：每次產 4–15 枚卵。
- **相似種**：金環蛇（*Bungarus fasciatus*，見159頁）。

黑色的底色上有
鮮明的黃色斑紋

黃黑條紋
相間的雙唇

受到威脅時會
脹大前半部身體

體長：2–2.5公尺	食性 🐀🐍🦎🥚🐦	活動時間 ☾

科：黃頷蛇科	學名：*Boiga irregularis*	狀態：普遍

褐林蛇（BROWN CATSNAKE）☠

這種行動敏捷的澳洲林蛇體色可能為褐色、紅色、黃色或粉紅色，有時還會出現條紋個體。褐林蛇的尾巴相當長，細長的側扁身體上有大型的脊椎鱗片。其大頭部上有球根狀的大眼睛。這種蛇曾意外被引進北太平洋的關島，結果是幾乎將當地數種不會飛行的鳥類趕盡殺絕；加上關島沒有天敵，因此其體型比正常尺寸要大得多。褐林蛇有時還會對小孩做出帶有警告意味的蛇吻。目前正有個重大計畫要將褐林蛇逐出關島。

敏捷細長的身體
適合樹棲生活

亞洲、澳大拉西亞

- **分布**：印尼、新幾內亞、澳洲北部（已引進關島）。棲居在低地林地及沿海森林中。
- **繁殖**：每次產 6 枚卵。
- **相似種**：犬牙林蛇（*Boiga cynadon*）。

體色可能一致
或帶有條紋

體長：2–2.3公尺	食性 🐀🐍🦎	活動時間 ☾

科：黃頷蛇科	學名：*Chrysopelea paradisi*	狀態：稀有

天堂金花蛇（PARADISE FLYING SNAKE）

這是金花蛇屬中花紋最為醒目的蛇種。其身體覆蓋著複雜的斑點，可能
包括黑色、綠色、黃色、橙色及紅色色塊，形成緊密的山形花紋。一如
其他金花蛇，天堂金花蛇也是體型十分細長的樹棲性蛇種，其長而扁的
頭部上綴有條紋。當牠需要逃離天敵或迅速下到地面上時，可以將身體
各部內凹，使得以從樹頂快速溜滑下來；此外，其鱗片上的縱脊也能
讓牠快速爬上又高又直的椰子樹。

- **分布**：東南亞。棲居在森林及花園中。
- **繁殖**：每次產 5-8 枚卵。

亞洲

● 滑行時
整個身體會
變得扁平

● 十分鮮亮
的花紋

● 長形的頭部上有
大眼睛，瞳孔為圓形

體長：1-1.2公尺	食性 🐁🦎🐀	活動時間 ☀

科：黃頷蛇科	學名：*Clelia clelia*	狀態：稀有

擬蚺蛇（MUSSURANA）☠

擬蚺蛇的幼蛇為橙紅色，有黑色的冠、頸背斑點及白色頸圈。成蛇
的顏色截然不同，背面為深藍黑色，腹面為白色。擬蚺蛇有粗壯的
身體及扁平的頭部；專門捕獵其他蛇類為食，其中還包括某些有毒
的矛頭蝮屬（*Bothrops* species），不過有時也會吃蜥蜴及哺乳動
物。擬蚺蛇的幼蛇與擬珊瑚蛇屬（*Pseudoboa* species）的幼蛇十分
相似，不同的是前者的尾下鱗片
是成對出現，而後者則為單一鱗
片。擬蚺蛇的分布地區從瓜地馬
拉到阿根廷及烏拉圭，目前為國
際性的保育物種。

- **分布**：中美洲與南
美洲。棲居在低地
雨林中。
- **繁殖**：每次產
10-22 枚卵。
- **相似種**：墨西哥擬蚺蛇
（*Clelia scytalina*）。

中南美洲

粗壯的身體及
扁平的頭部 ●

背面為深藍黑色，
腹面為白色 ●

大而光澤的體鱗，
成蛇尤為明顯 ●

體長：2-2.5公尺	食性 🦎🐀	活動時間 ☾

（2）加上簽名及○○○介紹你的作品。

（3）註明文章或照片的網址（請參考貓頭鷹知識網http://www.owls.tw 上，本徵文活動的網路串連說明）。

※得獎圖文，貓頭鷹擁有自由使用、轉授權、發布於各種平面或網路媒體的權利。

| 科：黃頷蛇科 | 學名：*Coluber viridiflavus* | 狀態：普遍 |

黃綠游蛇（EUROPEAN WHIPSNAKE）

這種游蛇有細長的身體、小頭部、大眼睛、圓形瞳孔以及平滑的鱗片。其身體前部為黃色，綴有綠黑色的寬闊橫紋，越往身體後部橫紋越是可觀，至尾巴時則全為深色。黃綠游蛇的主要獵物是蜥蜴，以視力與勒斃方式獵食。這是種相當機警且移動迅速的蛇種，受到干擾時會為了防禦而反擊。幼蛇捕食青蛙、小蜥蜴、蚱蜢及蛾。

細長的身體有平滑的鱗片

歐洲

- **分布**：歐洲南部。棲居在乾燥多岩石的灌木丘陵上。
- **繁殖**：每次產下 8-15 枚卵。
- **相似種**：巴爾幹游蛇（*Coluber gemonensis*）、火游蛇（*C. jugularis*）。

體色愈向尾端顏色愈深

| 體長：1.5-2公尺 | 食性 | 活動時間 ☼ |

| 科：黃頷蛇科 | 學名：*Coronella austriaca* | 狀態：地區性普遍 |

方花蛇（SMOOTH SNAKE）

這種蛇的體色為灰色、褐色或紅色。其背部散布著深色斑點，頭頂處的色素較深，眼睛則有條紋貫穿。方花蛇以勒斃方式捕食蜥蜴，也會吃其他種類的幼蛇。這是英國保護最力的爬行動物，其分布地區僅限於多塞特郡（Dorset）及漢普郡（Hampshire）的低地荒原。除了英國以外的其他棲地，方花蛇的數量還不少，只是其生性隱匿，難以發現而已。

歐洲、中東

- **分布**：歐洲及中東。棲居在荒原及乾燥的多岩石棲地。
- **繁殖**：卵胎生，每次產 2-15 條幼蛇。
- **相似種**：南方花蛇（*Coronella girondica*）。

強而有力的身體可以勒斃獵物

背面中間處有黑點連成線

體鱗平滑閃亮

| 體長：50-60公分 | 食性 | 活動時間 ☼ |

科：黃頷蛇科	學名：*Dasypeltis scabra*	狀態：普遍

食卵蛇（COMMON RHOMBIC EGG-EATER）

食卵蛇有短而纖細的身體及圓形的頭部，其灰色或褐色的體上有顏色較深、像蝮蛇似的山形及鞍形花紋。食卵蛇會穿梭在灌木叢中尋覓鳥巢，可以吞食比其頭部大三倍的鳥蛋。當鳥蛋下滑到喉部時，其突出的脊椎骨可以將蛋殼弄破，食卵蛇吞下蛋黃和蛋白，並將蛋殼排出。這種無毒蛇會模仿鋸鱗蝰屬（*Echis* species）的劇毒毒蛇發出嘶嘶的警告聲。

非洲

• **分布**：非洲亞撒哈拉沙漠。除了雨林及沙漠之外，其他類型的棲地均有分布。

• **繁殖**：每次產 6-18 枚卵。

• **相似種**：鋸鱗蝰屬（*Echis* species，見186頁）、夜蝰屬（*Causus* species）。

• **附註**：食卵蛇屬（*Dasypeltis* species）的成員是唯一不長牙齒的蛇類。

● 灰色或褐色的纖細身體

斑紋像某些蝮蛇 ●

頭部小，沒有牙齒 ●

體側的鱗片有 ● 鋸齒狀的脊突，有防禦作用

體長：0.8-1公尺	食性 ●	活動時間 ☾

科：黃頷蛇科	學名：*Dipsas indica*	狀態：普遍

新熱帶食螺蛇（COMMON SLUG-EATING SNAKE）

新熱帶食螺蛇是南美洲30種食螺蛇中分布最廣者。這種食螺蛇有側扁的身體、鈍圓的頭部、大眼睛及垂直瞳孔。其背面顏色為淺褐色，綴有模糊的深色環紋；體側有白色斑點，腹部則完全沒有斑點。其他多數食螺蛇都有明顯的深色斑塊。這種蛇體型纖細，可以穿梭在細密的植物中，也能穿行過樹枝間隙。

側扁的身體上有平滑鱗片 ●

鈍圓的頭部上有貓眼狀的大眼睛 ●

南美洲

• **分布**：南美洲。棲居在熱帶雨林中。

• **繁殖**：每次產 2-6 枚卵。

• **相似種**：西方皮帶蛇（*Imantodes inornatus*）。

• **附註**：由於本種第一個標本被誤認為產自斯里蘭卡，因此其學名中的「indica」（印度的）其實並不正確。

體長：60-80公分	食性 🐚	活動時間 ☾

科：黃頷蛇科	學名：*Dispholidus typus*	狀態：普遍

非洲樹蛇（BOOMSLANG）☠

身體細長的非洲樹蛇是行動敏捷的樹棲性蛇種。明顯鱗脊化的鱗片傾斜排列。非洲樹蛇的頭部短，因此其大型後毒牙相當靠近嘴巴前端；其體色多樣化，成蛇為亮綠色、褐色或黑色，有些全身上下都是同樣顏色，有些則錯雜著斑點、斑塊或條紋。幼蛇的背面呈灰色或褐色，體側顏色較淡，腹面及唇部則為白色。非洲樹蛇的防禦行為包括膨脹喉部、顯露出顏色對比強烈的鱗間皮膚，以及身體前端側縮等。非洲樹蛇的毒液含有劇毒，已導致多起殺人於死的事件。

• **分布**：熱帶非洲。棲居在荊棘叢、稀樹林地中。

• **繁殖**：每次產10-14枚卵。

• **相似種**：猛蛇屬（*Thrasops* species）、灌棲蛇屬（*Philothamnus* species）。

腹面有重疊的大鱗片

細長的身體增加行動的敏捷性

大眼睛中有圓形瞳孔

體色與斑紋的變化相當多

頭部短

非洲

體長：1.5-2公尺	食性 🦎 🐛	活動時間 ☀

科：黃頷蛇科	學名：*Drymarchon corais*	狀態：普遍

森王蛇（INDIGO SNAKE）

森王蛇的八個亞種中，只有已列入保護的佛羅里達亞種（如圖所示）擁有光滑的藍黑色體色以及紅色的下巴與喉部。德州及拉丁美洲的亞種，體色為黃色、紅色、褐色或黑色，通常會有一個與體色呈對比的黃色或黑色尾部。森王蛇的獵食對象包括類繁多的脊椎動物，甚至響尾蛇、矛頭蝮及蚖蛇都不放過。

• **分布**：北美洲南部至南美洲中部。除了沙漠之外的所有棲地類型都可發現。

• **繁殖**：每次產 4-11 枚卵。

身體覆蓋著平滑的大鱗片

體色有時會比此標本的顏色更偏深紫藍色

北美洲、中美洲及南美洲

紅色的下巴及喉部

體長：2.1-2.9公尺	食性 🐸 🐁 🦎 🐛	活動時間 ☀

科：黃頷蛇科	學名：*Elaphe guttata*	狀態：普遍

玉米錦蛇（CORNSNAKE）

玉米錦蛇是所有錦蛇中最為人所知且顏色最豐富的種類。其四個亞種中最富盛名的是美國東南部的 *Elaphe guttata guttata*，其體色通常為橙色，綴有紅色的鞍形花紋，腹面有時會出現黑白相間的方格狀花紋（在佛羅里達南部所發現的灰白色標本，一度被鑑定為不同的亞種 *E. guttata rosacea*）。幼蛇的體色為灰色到褐色，而且沒有成蛇身上五顏六色的花紋。另外三個亞種：大平原錦蛇（*E. guttata emoryi*）、*E. guttata intermontana* 及 *E. guttata meahllmorum*，分布於美國中南部及墨西哥東北部，體色基本上都是灰色。玉米錦蛇是主動的獵食者，通常會趁夜出現在農舍附近獵食小型的哺乳動物，有時也會在晚上看見牠們橫越馬路。玉米錦蛇是相當受歡迎的寵物，市面上有些人工飼養的「培育種」會出現完全不同的顏色，白化種即其一。其中完全白化的種類俗稱為雪白玉米錦蛇，至於缺色型的種類不是缺少黑色素（無黑色素的個體），就是缺少紅色素或橙色素（無紅色素的個體），後者稱之為黑玉米錦蛇。

- **分布**：北美洲東部與中部。棲地類型多樣，從乾燥的林地、沼澤到鐵路、堤防及農田均見分布。
- **繁殖**：每次產 6–25 枚卵。
- **相似種**：豹紋錦蛇（*E. situla*）、綠錦蛇（*E. triaspis*）。

典型的白化種有粉紅色的眼睛

完全白化的個體沒有紅色素及黑色素

紅色的鞍形斑紋鑲有黑邊

相對較大的眼睛有圓形瞳孔

典型的玉米錦蛇

北美洲

體長：1–1.8公尺	食性	活動時間 ☾

雪白玉米錦蛇

身體的橫切面呈弓形，攀爬在樹幹時可以將身體卡進樹皮中 ●

黑玉米錦蛇

● 由於皮膚缺乏紅色素或橙色素，因此通體呈灰色

紅色的鞍形斑紋鑲有白邊 ●

● 皮膚缺乏黑色素

平滑的體鱗 ●

無黑色素的個體

科：黃頷蛇科	學名：*Elaphe obsoleta*	狀態：普遍

隱錦蛇（COMMON RATSNAKE）

這種花紋千變萬化的蛇種至少可區分為五個不同的亞種，包括北部的黑隱錦蛇（*Elaphe obsoleta obsoleta*）、南部的灰隱錦蛇（*E. obsolete spiloides*）、東北部的黃隱錦蛇（*E. obsoleta quadrivittata*）、德州中西部與路易斯安那州的黃黑色德州隱錦蛇（*E. obsoleta lindheimeri*），以及佛羅里達南部的橘紅隱錦蛇（*E. obsoleta rossalleni*）。這些天性具侵略性的隱錦蛇是美國境內體型最大的數種蛇之一。所有的隱錦蛇都善於泅水與攀爬，且以勒斃方式捕獵，獵物包括大老鼠與松鼠。幼蛇的外形通常與成蛇大不相同，其中黃隱錦蛇的幼蛇看起來就像灰隱錦蛇的縮小版。

北美洲

• **分布**：北美洲東部。黑隱錦蛇與灰隱錦蛇主要分布於落葉林，也見於農田中；黃隱錦蛇與橘紅隱錦蛇棲居在低地針葉林、沼澤及紅樹林中；德州隱錦蛇則出現於較乾燥的棲地。

• **繁殖**：每次產 5–30 枚卵。

• **相似種**：拜氏錦蛇（*E. bairdi*）、玉米錦蛇（*E. guttata*，見132–133頁）。

● 體色為橘紅色

橘紅隱錦蛇

● 體側的
鱗片平滑

● 背部中間的
鱗片稍呈鱗脊化

● 眼睛有
圓形瞳孔

● 眼睛末端與
下顎間有深色
條紋連結

灰隱錦蛇

● 身體的橫切面
為弓形，爬樹時可
將身體卡入樹皮中

體長：1-2.5公尺	食性 🐀 🐦	活動時間 ☾

科：黃頷蛇科	學名：*Elaphe longissima*	狀態：普遍

神醫錦蛇（AESCULAPIAN SNAKE）

這種體色或為相當一致的橄欖綠或帶有斑點的錦蛇，以希臘醫神埃斯克拉皮俄斯（Aesculapius）為英文俗名。此神身上帶著的手杖有蛇纏繞，已成為今日的醫學符號。神醫錦蛇的體型巨大，以勒斃方式獵食，分布於乾燥的地中海型棲地，在老舊石壁的大石頭間出沒的老鼠通常就是其捕食目標。幼蛇（如圖所示）則以蜥蜴為食，較淺的體色上有成列的深色斑點。一如水游蛇（*Natrix natrix*，見148頁）的幼蛇，這種錦蛇的幼蛇也有黃色領圈。

歐洲、亞洲

- **分布**：南歐及西亞。棲居在乾燥的低地灌叢及高地的石坡上。
- **繁殖**：每次產 5-12 枚卵。
- **相似種**：梯紋錦蛇（*Elaphe scalaris*）。
- **附註**：羅馬人也崇拜希臘醫神埃斯克拉皮俄斯，他們視此蛇為神物，將其置於陶罐中運送至帝國各地，並放入神殿中敬祀。

圓形的瞳孔

幼蛇身上有棋盤狀的花紋

體長：1.4-2.2公尺	食性 🐁🐦	活動時間 ☾

科：黃頷蛇科	學名：*Elaphe mandarina*	狀態：稀有

高砂蛇（MANDARIN RATSNAKE）

高砂蛇一稱玉斑錦蛇，體色以灰色為底，背部的菱形斑紋中間為黃色且鑲有黃邊，頭部則有V字型的黑-黃色斑紋。目前對於這個蛇種所知不多，不過已知會探入鼠洞中獵食幼鼠。雖然山區森林中的開闊地帶及岩石區為其主要棲地，但偶爾也會出現在碎石堆中及大石頭底下的凹洞中。

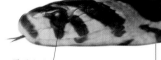

圓形瞳孔

頭部有黃-黑色的V字型花紋

- **分布**：東亞。棲居在山區森林及多岩石地區。
- **繁殖**：每次產 8 枚卵。
- **相似種**：赤日本錦蛇（*Elaphe conspicillata*）。

亞洲

底色為淡灰色

黑色的菱形花紋鑲有黃邊，中央處為黃色

體長：1-1.6公尺	食性 🐁	活動時間 ☾

| 科：黃頷蛇科 | 學名：*Elaphe taeniura* | 狀態：普遍 |

亞洲

黑眉錦蛇（BEAUTY RATSNAKE）

這種蛇的前部為橄欖褐色，身上綴有四個大黑點及兩條黃色的長條紋，背部中央則有一條寬闊的黃色條紋，體側為黑色且綴有白色橫紋。黑眉錦蛇的頭部為橄欖褐色，雙眼後方與白唇之間有黑色條紋。台灣亞種（*Elaphe taeniura friesi*）有些花紋會在背部形成弓狀；馬來西亞的亞種（*E. taeniura ridleyi*）則為淺灰色，後部顏色較深且綴有黃色條紋，灰色的頭部有深色條紋。

- 分布：東南亞及東亞。從雨林到農耕地均有分布。
- 繁殖：每次產 5–25 枚卵。
- 相似種：森達錦蛇（*E. subradiata*）、三索錦蛇（*E. radiata*）。

橄欖褐色的頭部上有黑色條紋

穴居型種類的斑紋較淡或者完全消失

台灣
黑眉錦蛇

深色的體紋

灰色身體的背部上有黃色條紋

馬來西亞
黑眉錦蛇

延伸至尾巴的黃色條紋

| 體長：1.3–2.5公尺 | 食性 🦎🐦 | 活動時間 ☼☾ |

| 科：黃頷蛇科 | 學名：*Erpeton tenticulatum* | 狀態：地區性普遍 |

釣魚蛇（TENTACLED SNAKE）

這種體色暗淡的淡褐色水棲蛇，其有稜有角的頭部上有兩個類似觸鬚的增生物，世界上再也找不出外形相似的其他蛇種。釣魚蛇的體鱗鱗脊隆起，腹側的體鱗較薄較小，也因此大大降低其在陸地上的活動力。口鼻部的肉質增生物可用來誘引魚及小蝦上門，然後迅速張口咬囓並注入毒液。釣魚蛇可以連續潛水 6 分鐘再換氣；以埋入泥中的方式度過乾季。

- 分布：東南亞。棲居在流動緩慢的酸性淡水域中。
- 繁殖：卵胎生，每次產 5–13 條幼蛇。

亞洲

暗沈的褐色身體有明顯的鱗脊

口鼻部有一對觸鬚狀的增生物，用以吸引獵物

| 體長：0.7–1公尺 | 食性 🐟🌿 | 活動時間：不詳 |

| 科：黃頷蛇科 | 學名：*Fordonia leucobalia* | 狀態：普遍 |

食蟹蛇（CRAB-EATING WATER SNAKE）

食蟹蛇的體色多變化，有黃色、橙色、黑色及其他體色斑駁的個體。這種蛇有平滑的體鱗、圓形的頭部、小眼睛以及退化的下顎。食蟹蛇一名「白腹紅樹林蛇」，棲居在海陸交界的地帶，與螃蟹居住的洞穴重複，螃蟹為其主食。

體色變化相當大，包括黑色及深灰色

- 分布：東南亞及大洋洲。棲居在紅樹林沼澤及入海口泥灘。
- 繁殖：卵胎生，每次產10-15條幼蛇。
- 相似種：水蛇屬及香蛇屬（*Enhydris* and *Myron* species）。

某些個體為黃色

短圓的頭部與小眼睛

亞洲、澳大拉西亞

| 體長：60-90公分 | 食性 🐜🐟 | 活動時間 ☾ |

| 科：黃頷蛇科 | 學名：*Gonyosoma oxycephala* | 狀態：普遍 |

紅尾節蛇（RED-TAILED RACER）

這種行動快速、機警的樹棲蛇種，體色通常為鮮明的亮綠色，細長的尾部則是紅色、褐色或灰色；不過有時也會出現黃色或褐色的體色。紅尾節蛇的雙眼有深色條紋貫穿，界分出綠色的頭部鱗片與黃綠色的唇鱗。處在備戰狀態下時，喉部的第二氣囊會充氣，使身體前端脹大且僵硬，並露出鱗片間的黑色皮膚；然後裂嘴露出黑色的口腔內部，並伺機進行反擊。這種蛇以身體的肌肉將蝙蝠等獵物纏捲至死。

綠色的頭部上有深色的眼紋與黃綠色的唇

- 分布：東南亞；棲居在雨林中。
- 繁殖：每次產 5-12 枚卵。
- 相似種：綠樹錦蛇（*Elaphe prasina*）。

褐色或紅色的長尾

鮮綠色的身體

亞洲

| 體長：1.6-2.4公尺 | 食性 🐀🐦 | 活動時間 ☀ |

科：黃頜蛇科	學名：*Heterodon nasicus*	狀態：普遍

西豬鼻蛇（WESTERN HOGNOSE SNAKE）

明顯上翹的鼻子使西豬鼻蛇與其他北美蛇種有顯著的分別。其身體粗短、體色為淡灰色，沿著背部有數列方形的褐色或灰色斑塊；腹側的黑色大斑塊，並不見於其他豬鼻蛇種。

• **分布**：加拿大南部、美國中部及墨西哥東北部；棲居在沙地及大草原中。

• **繁殖**：每次產 4-23 枚卵。

• **相似種**：東豬鼻蛇（*Heterodon platyrhinos*）、南豬鼻蛇（*H. simus*）。

上翹的口鼻部可以在落葉堆中搜尋獵物

粗糙的鱗脊化體鱗

灰色身體的背部上有褐色或灰色的斑塊

北美洲

體長：40-80公分	食性	活動時間 ◑

科：黃頜蛇科	學名：*Hydrodynastes gigas*	狀態：地區性普遍

巴西水王蛇（FALSE WATER COBRA）☠

龐大的體型、平滑的鱗片以及粗短的身體使得這種半水棲的蛇相當容易辨認。體色以黃褐色為底，背部並錯雜著鑲有深褐色或黑色邊的深褐色斑塊；接近尾部之處偶爾會出現淺褐色的斑塊。巴西水王蛇的雙眼後方有一寬闊的黑色條紋，頸部則有 V 字型的黑色斑紋。這種蛇的頸部可以像眼鏡蛇的頸部皮褶一般擴張，但並非真正的眼鏡蛇。

• **分布**：南美洲中部；棲居在洪水氾濫的草原與森林中。

• **繁殖**：每次產30-42枚卵。

• **相似種**：森王蛇（*Drymarchon corais*，見131頁）。

南美洲

褐色的體色上綴著鑲深色邊的斑塊

雙眼後方有寬闊的黑色條紋

粗短的身體上有平滑的鱗片

體長：1.5-2公尺	食性	活動時間 ☼☾

科：黃頷蛇科	學名：*Imantodes cenchoa*	狀態：地區性普遍

鈍頭皮帶蛇（BLUNT-HEADED TREESNAKE）

鈍頭皮帶蛇的身體非常細長，因此可以在細密的植被中穿梭自如，以便捕食沉睡的蜥蜴。其鈍形的頭部與身體相較之下顯得更大，眼睛則是又大又圓。背部沿線的鱗片相當大（約等於體側鱗片的三到四倍），這些鱗片的作用就像懸臂樑，可讓這種樹蛇順利橫跨過樹枝間的寬闊空隙。鈍頭皮帶蛇以眼睛及具有化學感應的舌頭來追蹤沉睡中的獵物。

中南美洲

- **分布**：中美洲與南美洲；棲居在熱帶的乾燥與潮濕的森林中。
- **繁殖**：每次產 1–3 枚卵。
- **相似種**：中美皮帶蛇
（*Imantodes gemmistratus*）。

細長的身體為橙色到粉紅色

鈍且扁平的頭部是其命名原因

體長：1–1.2公尺	食性 🦎🐛	活動時間 ☾

科：黃頷蛇科	學名：*Lamprophis fuliginosus*	狀態：普遍

褐屋蛇（COMMON HOUSESNAKE）

這種非洲亞撒哈拉沙漠幾乎無所不在的無害蛇種，體色相當多樣，從幾近全黑到深褐色、土褐色或紅色都有。此蛇種有時會和其他非洲的屋蛇混淆。所有的屋蛇都有平滑的鱗片、細長的頭部、小眼睛及垂直瞳孔，不過褐屋蛇的口鼻部到雙眼之間通常有淺色條紋。每個生殖季雌蛇都可產下數窩蛋。

非洲

- **分布**：非洲亞撒哈拉沙漠。棲地類型十分多樣化，包括林地、稀樹大草原、農地及建築物。
- **繁殖**：每次產 8–16 枚卵。
- **相似種**：條紋屋蛇
（*Lamprophis lineatus*）。

口鼻部與雙眼間有淡色條紋連接

褐色、紅色或黑色的平滑身體

體長：0.9–1.5公尺	食性 🦎🐛	活動時間 ☾

科：黃頜蛇科	學名：*Lampropeltis getula*	狀態：普遍

王蛇（COMMON KINGSNAKE）

王蛇是北美地區眾所周知的一種蛇，也是斑紋最富變化的蛇種之一，共有 7-10 個亞種。東部王蛇（*Lampropeltis getula getula*）也稱為鎖鏈王蛇，黑色的身體上有重疊的黃色鏈狀花紋。沙漠王蛇（*L. getula splendida*）的外形相似，不過體側有較多的黃色斑點，而且頭部全為黑色。斑點王蛇（*L. getula holbrooki*）的每一個黑色鱗片都有黃心；而黑王蛇（*L. getula niger*）及墨西哥黑王蛇（*L. getula nigritus*）則幾近全黑。佛羅里達王蛇（*L. getula floridana*）的體色可能是褐色的底色上綴有黃色斑紋，或是黃色的底色上帶有褐色斑紋。加州王蛇（*L. getula californiae*）是變異最大的亞種，孵自同一窩蛋的幼蛇可能就有橫條紋與縱條紋兩種不同斑紋。王蛇主要是陸棲性，勒紋力道十足，主要獵食小型哺乳動物，但也吃其他蛇種。由於對毒液具有一些免疫力，因此有毒的響尾蛇屬（*Crotalus species*）及侏儒響尾蛇屬（*Sistrurus species*）也在其獵食名單中。

北美洲

體色為褐色，背部中央有條亮色長條紋

- **分布**：北美洲。棲地類型多樣化，包括林地、農田及草原。
- **繁殖**：每次產 3-24 枚卵。
- **相似種**：松蛇屬（*Pituophis species*，見149頁）。

加州王蛇（條紋種類）

黑色的體色上滿布黃色斑點

有力的身體用以勒斃獵物

背部中央有一連串的黑色斑點

體長：0.9-1.8公尺	食性 	活動時間 ☾

黑－黃色的
網狀體紋

平滑的
大鱗片

佛羅里達王蛇

特殊的黃色
環紋由頭部延伸
至尾部

加州王蛇
（帶紋種類）

鞍形圖案可能
是黑色或褐色

黑色的大斑塊整個
蓋住頭部與頸部

圓形瞳孔

光澤的黑色
身體一無花紋

沙漠王蛇

墨西哥黑王蛇

| 科：黃頷蛇科 | 學名：*Lampropeltis triangulum* | 狀態：普遍 |

牛奶蛇（American Milksnake）

這是所有陸棲蛇類分布最廣的種類之一，從加拿大東南部到哥倫比亞及瓜多爾都可見其蹤影。牛奶蛇共有25個亞種，體型差異大，有體長50公分的猩紅王蛇（*Lampropeltis triangulum elapsoides*），也有長達 2 公尺的厄瓜多爾牛奶蛇（*L. triangulum micropholis*）。大部分的亞種都有紅色、黑色及黃色（或白色）的環紋，但有些種類的紅色斑紋會縮減成鑲著黑邊的鞍形花紋。其他種類的黃色色素可能會被黑色或紅色遮蔽，例如宏都拉斯牛奶蛇（*L. triangulum hondurensis*）；此外也有通體黑色的亞種。中部平原牛奶蛇（*L. triangulum gentilis*）的體色較其他亞種的牛奶蛇來得淡，而最希罕的首推東部牛奶蛇（*L. triangulum triangulum*）所擁有的紅褐色鞍形花紋。墨西哥牛奶蛇（*L. triangulum annulata*）的紅色環紋間以黑色塊相接；而西奈牛奶蛇（*L. triangulum sinaloae*）的第一圈紅色環紋通常相對較長。牛奶蛇採半穴居的生活型態。

• **分布**：北美洲、中美洲及南美洲西北部；棲居在沙漠除外的其他多種棲地。

• **繁殖**：每次產 5-16 枚卵。

• **相似種**：索山王蛇（*L. pyromelana*）、珊瑚蛇屬（*Micrurus* species，見163-164頁）。

北美洲、中美洲及南美洲

西奈牛奶蛇

紅色的底色上有黑色及黃色帶紋

第一圈紅色環紋通常比較長

黑色色素讓黃色的橫帶紋暗淡不明

宏都拉斯牛奶蛇

| 體長：0.5-2公尺 | 食性 | 活動時間 ☾ |

墨西哥牛奶蛇

深色的身體上
有紅色的環紋及
黃色的橫帶紋

尾部
無紅色環紋

暗淡的橫帶紋為白色
（或淡灰色）及黑色

中部平原牛奶蛇

頭部以紅色為主

鮮紅色的底色
上有界限清楚
的橫帶紋

尾部的
橫帶紋
更為密集

猩紅王蛇

科：黃頷蛇科	學名：*Langaha madagascariensis*	狀態：地區性普遍

馬達加斯加葉吻蛇（Madagascan Leafnose Vinesnake）

馬達加斯加葉吻蛇的長相之怪稱冠於所有蛇類。這種體型細長的蛇有脊鱗化明顯的體鱗。無論雌雄蛇的口鼻部前端都有特殊的突起構造：雄蛇的突起像個軟軟的釘狀物，而雌蛇的突起則更為精細，猶如一朵從側面壓扁的花苞或是針葉樹的毬果。這些突起可以為擬態效果加分，當葉吻蛇靜止不動時，其天敵和獵物都不容易發現到牠。除了口鼻部之外，體色也可以用來分辨雌雄蛇：雄蛇的背面為褐色、腹面為黃色，兩個顏色之間有明顯的分界線；雌蛇的體色為淺灰色，並綴有灰褐色的鞍形斑紋。目前對本種蛇所知不多，已知這種樹棲蛇會捕食蜥蜴。

- 分布：馬達加斯加；棲居在林地或森林中。
- 繁殖：每次產 3 枚卵。
- 相似種：擬阿氏葉吻蛇（*Langaha pseudoalluaudi*）、
阿氏葉吻蛇（*L. alluaudi*）。

馬達加斯加島

雄蛇口鼻部前端的突起為直直延伸出去的 ● 單一構造

● 雄蛇的體色為褐色，兩側各有明顯的色帶

雄蛇

雌蛇口鼻部前端的突起形似針葉樹 ● 的毬果

上唇有助 ● 於偽裝

雌蛇

● 樹枝狀的身體相當細長

● 錯雜在樹枝間時，褐色的體色可以達到偽裝效果

樹枝上的雄蛇

體長：70-90公分	食性 🦎	活動時間 ☼

科：黃頷蛇科	學名：*Leioheterodon madagascariensis*	狀態：普遍

馬達加斯加滑豬鼻蛇（Giant Malagasy Hognose Snake）

馬達加斯加島

明顯的黑色斑紋上散布著黃色斑點，淺褐色的底色上則綴著深褐色的鞍形斑紋，使得這種蛇讓人過目難忘。其大大的頭部有兩種顏色：上部為黑色，下部則為乳黃色。而上翻的口鼻部則是為了能在落葉堆及軟土層中覓食。馬達加斯加滑豬鼻蛇是馬達加斯加島上體型僅次於蚺蛇的大型蛇；同時也是該島上最普遍的蛇種之一。本種蛇的相近種褐滑豬鼻蛇（*Leioheterodon modestus*）咬傷人會引發諸多不適症狀，因此面對馬達加斯加滑豬鼻蛇時也要多加防範。

體色變化大

頭部為黑色及乳黃色，口鼻部朝上

黑色與深褐色的棋盤狀花紋交錯分布在淡褐色的底色上

• **分布**：馬達加斯加（已引入科摩羅島）；棲居在森林中。
• **繁殖**：每次產下 5-13 枚卵。

體長：1-1.5公尺	食性	活動時間 ☼

科：黃頷蛇科	學名：*Leptophis diplotropis*	狀態：普遍

二紋大眼蛇（Pacific Coast Parrot Snake）

北美洲

亮綠色及亮黃色的體色，以及通常鑲有黑邊的體鱗，使得二紋大眼蛇可以在靜止時完全融入林地棲所中而不容易被人發現。本種蛇是相當敏捷的獵食者，有時會在河岸沿線的植被中捕食蜥蜴或青蛙。而當牠受到威脅時，會將彎曲的身體前端端膨大並抬高，然後裂開大嘴，露出藍黑色的口腔，最後才氣勢洶洶地發出攻擊。蛇吻紀錄有數起。

體色為眩目的綠色及黃色　　口腔內部為藍黑色　　大眼睛可以提供良好的日間視力

• **分布**：墨西哥西部；棲居在低地的海岸森林。
• **繁殖**：每次產 1-3 枚卵。
• **相似種**：大眼蛇（*Leptophis ahaetulla*）。
• **附註**：本種蛇是大眼蛇屬七種蛇中分布地區最偏北者。

體長：1-1.5公尺	食性	活動時間 ☼

科：黃頷蛇科	學名：*Macroprotodon cucullatus*	狀態：普遍

擬滑蛇（FALSE SMOOTH SNAKE）

由於頭部上的深色斑紋，本種蛇也稱為圍巾蛇。這種毒性輕微的夜行性蛇種以獵食蜥蜴為生，身體上部呈淺灰色到褐色，體側則有模糊的黑色斑紋；腹面為粉紅色、黃色，或是黑色與白色的棋盤狀花紋。兩眼到下顎間各有黑色條紋連接。

雙眼到下顎間有黑色條紋

頭部後側有深色斑紋

歐洲、非洲

- **分布**：歐洲西南部及北非；棲居在開闊的林地及沙質地灌叢林。
- **繁殖**：每次產 5-7 枚卵。
- **相似種**：方花蛇（*Coronella austriaca*，見129頁）。

體長：60-65公分	食性 🦎	活動時間 ◑☾

科：黃頷蛇科	學名：*Malpolon monspessulanus*	狀態：普遍

蒙貝利爾馬坡倫蛇（MONTPELLIER SNAKE）☠

這種褐色的大型蛇，有時會帶有條紋。蒙貝利爾馬坡倫蛇於日間覓食，行動迅速。被逼至絕路時，會將身體攤平且擴張頸部，發出刺耳的嘶嘶聲，然後再快速出擊。

褐色的細長身體

日行性獵食者特有的大眼睛

歐洲、非洲、亞洲

- **分布**：南歐、北非及亞洲西南部；棲居在多岩石的灌叢林、乾燥的半沙漠地區中。
- **繁殖**：每次產 4-20 枚卵。

體長：1.5-2公尺	食性 🐀🦎	活動時間 ☀

科：黃頷蛇科	學名：*Masticophis flagellum*	狀態：普遍

細鞭蛇（COACHWHIP）

細鞭蛇的體色變異極大，有些是通體黑色、褐色或淺黃色，有些則帶有黃色的條紋或帶狀紋，有些則為純紅色或粉紅色。細鞭蛇端賴視覺捕食，活動力強，能以極快的速度追捕獵物。這種蛇遇人則逃，不過被觸弄時會毫不猶豫地張口咬人。

極細的鞭狀尾巴

身體細長，體色變化大

- **分布**：北美洲；棲居在大草原、沙漠、林地及農田中。
- **繁殖**：每次產 4-20 枚卵。
- **相似種**：雙線鞭蛇（*Masticophis bilineatus*）、帶紋鞭蛇（*M. taeniatus*）。

北美洲

體長：0.9-2.5公尺	食性 🐀🦎🦜	活動時間 ☀

科：黃頜蛇科	學名：*Mehelya capensis*	狀態：普遍

銼蛇（CAPE FILESNAKE）

銼蛇的背脊部位有一列隆起的鱗片，因此其橫剖面呈三角形。體鱗明顯鱗脊化，可以看到鱗片之間的大塊皮膚面積。銼蛇的身體背面為灰褐色，鱗片間的皮膚則為淡灰色，背脊上有黃色或乳黃色的長條紋；腹面為白色或乳黃色；寬扁的頭部為灰褐色。對於其他蛇來說（包括毒蛇），銼蛇是致命的捕食者，不過對人類無害。這種蛇雖然分布廣泛，但並不常見。

- **分布**：非洲東部及南部；棲居在稀樹大草原及海岸林地。
- **繁殖**：每次產 5–13 枚卵。
- **相似種**：安哥拉銼蛇（*Mehelya vernayi*）、西方銼蛇（*M. poensis*）。

非洲

寬扁的頭部為灰褐色

身體為灰褐色，鱗片間的皮膚則為淡灰色

背部有一列隆起的鱗片

體長：1.2-1.6公尺	食性 🦎🐀	活動時間 ☾

科：黃頜蛇科	學名：*Natrix maura*	狀態：普遍

黑水游蛇（VIPERINE WATERSNAKE）

不論是身體的圖案或防禦行為，黑水游蛇都與有毒的蝰蛇相似。體色為橄欖綠到褐色，綴有黃色斑塊，背部上的兩列不規則黑色斑點，有時會組成斷續的 Z 字型，在蝰蛇身上也可以見到相同的圖案；頭頂上也有 V 字型的黑色斑紋。黑水游蛇會盤蜷身體禦敵，頭部還會變得扁平，並發出嘶嘶聲，然後再發動假攻擊。

- **分布**：歐洲西南部及非洲西北部；棲居在淡水水域。
- **繁殖**：每次產 4–20 枚卵。
- **相似種**：棋斑水游蛇（*Natrix tessellata*）。

不規則的黑色斑點沿著身體排列

頭部有V字型的黑色斑紋

底色為褐色至橄欖綠

歐洲、非洲

體長：0.7-1公尺	食性 🐟🐸	活動時間 ☀

科：黃頷蛇科	學名：*Natrix natrix*	狀態：普遍

水游蛇（Grass Snake）

水游蛇的體色大多為綠色或橄欖褐色。西歐一帶的條紋水游蛇（*N. natrix helvetica*，如圖所示），頸部的黑黃兩色斑紋通常可作為辨識特徵，不過此一特徵在伊比利半島及北非的綠頸水游蛇（*N. natrix astreptophora*）身上卻不明顯。巴爾幹水游蛇（*N. natrix persa*）有兩條淡色條紋，而克里米亞水游蛇（*N. natrix scutata*）則有黑色斑點。水游蛇經常悄聲滑過水面以覓食蛙類。受威脅時會發出嘶嘶聲、假死，泄殖腔還會分泌難聞的物質來增加假死效果。

歐洲、非洲、亞洲

體色為綠色到橄欖褐色，並有黑色斑紋

大眼睛中有圓形瞳孔

頸部通常可以見到黑黃的雙色斑紋

• **分布**：歐洲、西北非、西亞及中亞；棲居在淡水水域。

• **繁殖**：每次產8–40枚卵。

• **相似種**：大頭水游蛇（*N. megalocephala*）。

體長：1.2–2公尺	食性	活動時間 ☼

科：黃頷蛇科	學名：*Nerodia fasciata*	狀態：普遍

南方美洲水蛇（Banded Watersnake）

南方美洲水蛇通常呈紅色、黑色、褐色或橄欖綠色，綴有黃褐色、紅色或黑色的橫斑，但成年的雌蛇可能為全黑色。南方美洲水蛇的雙眼至嘴巴間有深色條紋，此一特徵可與其他水蛇區分。本種蛇生性好鬥，會嘶嘶作響並突然張口出擊。此種蛇與具有劇毒的食魚蝮（*Agkistrodon piscivorus*，見176頁）外形雖然相似，但卻沒有毒性。

北美洲

• **分布**：美國東南部。多數分布於淡水水域，有時會出現在密西西比河三角洲的鹹水水域中。

• **繁殖**：卵胎生，每次產9–50條幼蛇。

• **相似種**：食魚蝮（見176頁）、北方美洲水蛇（*Nerodia sipedon*）。

頭部寬扁，大眼睛中有圓形瞳孔

不規則的黃褐色、紅色或黑色橫斑

斑紋類似有毒的食魚蝮

體長：1–1.6公尺	食性	活動時間 ☼

| 科：黃頷蛇科 | 學名：*Opheodrys aestivus* | 狀態：地區性普遍 |

糙鱗綠樹蛇（ROUGH GREEN SNAKE）

身體細長且鱗脊明顯的糙鱗綠樹蛇是精於偽裝的日行性樹棲蛇種。
其身體背面為亮綠色，而腹面則為淡綠色至黃綠色，全身一無斑
紋。這種蛇善於攀爬，通常棲居在水邊的藤蔓及其他植被中，有時
也會潛進水中。糙鱗綠樹蛇的獵食對象包括蟋蟀在內，因此殺蟲劑
的使用可能會嚴重威脅到其生存。

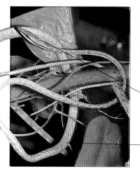

亮綠色的
身體上沒
有斑紋

- **分布**：北美洲東部及墨西哥東北部；棲居
在沙漠除外的其他多種棲地。
- **繁殖**：每次產 4-11 枚卵。
- **相似種**：平滑綠樹蛇（*Liochlorophis vernalis*）。

北美洲

細長的身體上
有脊狀鱗

| 體長：0.8-1.6公尺 | 食性 🐜 | 活動時間 ☼ |

| 科：黃頷蛇科 | 學名：*Oxybelis aeneus* | 狀態：普遍 |

墨西哥蔓蛇（BROWN VINESNAKE）

墨西哥蔓蛇有長而窄的頭部、纖細的身體
以及極長的尾巴，像極了攀爬植物的細
莖，因此很難從植物叢中發現牠。其身
體為褐色或灰色，頭部及身體的腹面則
呈白色或淡綠色。雙眼中有黑線貫穿，藉以
破壞頭部輪廓。

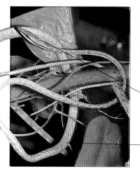

北美洲、南美洲

長而窄的
頭部、細長的
身體與尾巴

- **分布**：美國西南部至南美洲；棲居在森林、
林地及灌叢中。
- **繁殖**：每次產 3-5 枚卵。

體色為褐色
或灰色

| 體長：1.3-1.7公尺 | 食性 🦎 🦗 | 活動時間 ☼ |

| 科：黃頷蛇科 | 學名：*Pituophis melanoleucus* | 狀態：普遍 |

黑唇松蛇（PINE OR GOPHER SNAKE）

黑唇松蛇是力量強大的大型蛇，可輕易
將獵物絞斃。此蛇背鱗的鱗脊相當明
顯。黑唇松蛇有15個亞種，體色差異
大，有像北方黑唇松蛇（*Pituophis
melanoleucus melanoleucus*，如圖所示）
白色中帶點黃色調且綴有深色斑紋者，
也有全黑的種類。

頭部的黑色
斑紋多變化

較淡的底色上有
不規則的黑色
鞍形斑紋

- **分布**：北美洲。從松林至大
草原、海岸森林及沙漠都有分布。
- **繁殖**：每次產 2-24 枚卵。
- **相似種**：墨西哥松蛇（*P. deppei*）。

北美洲

| 體長：1-2.5公尺 | 食性 🐀 🐦 🦎 🐇 | 活動時間 ☼ |

| 科：黃頷蛇科 | 學名：*Psammophis subtaeniatus* | 狀態：普遍 |

腹紋花條蛇（STRIPE-BELLED SANDSNAKE）☠

這是一種行動敏捷快速的花條蛇，其黃色腹面兩端各有鑲著黑邊的白色條紋，因此而得名。其身體背面為褐色，並綴有黃色條紋，頭部及頸部則有顏色較深的褐色斑塊以及短短的橫紋。

- **分布**：東非及南非；棲居在稀樹大草原及乾燥的灌木叢中。
- **繁殖**：每次產 4-10 枚卵。
- **相似種**：雷氏花條蛇（*Psammophis leightoni*）。

非洲

鑲有黑邊的白色條紋

敏捷的細長身體

| 體長：1-1.3公尺 | 食性 🐢🦎🐍🐀 | 活動時間 ☀ |

| 科：黃頷蛇科 | 學名：*Pseudaspis cana* | 狀態：普遍 |

擬盾蛇（MOLE SNAKE）

擬盾蛇有粗壯的身體、平滑的鱗平、尖形的頭部，以及一個突出下彎、可用於挖掘的口鼻部。成蛇的體色變化相當大，從黃褐色到黑色或紅色都有；幼蛇則為淺褐色，並滿布深褐色的斑塊。採穴居生活的成蛇主要獵食在地底下活動的鼴鼠、錢鼠及囓齒類動物；幼蛇則以蜥蜴為食。雄蛇在繁殖季節時會為了爭取交配權而相互攻擊，並在彼此的身上留下嚴重的傷痕。

- **分布**：南非及東南非。棲地類型多樣化，從砂質的海岸灌叢林到沙漠及山丘草原都有。
- **繁殖**：卵胎生，每次產25-90條幼蛇。
- **相似種**：金黃眼鏡蛇（*Naja nivea*，見167頁）。

非洲

顏色較淺的底色上有深色斑點

幼蛇

粗壯的身體以及短尾巴

體色變化從黃褐色到紅色或黑色

成蛇

| 體長：1.5-2.1公尺 | 食性 🐀🦎 | 活動時間 ☀ |

科：黃頷蛇科	學名：*Ptyas mucosus*	狀態：普遍

南蛇（Dharman Ratsnake）

這種大型鼠蛇的身體前部為褐色，身體後部至尾巴則滿布著
深色條紋。南蛇有褐色的大頭部、口鼻部尖端為黃色，黃色
的唇鱗則鑲有黑邊，大
眼睛中有圓形瞳孔。這
種強而有力的大蛇不是
採用絞斃方式來
獵食，而是直接
將獵物生吞下肚。
這種以陸棲為主的大型
蛇，通常躲伏在地洞中而
鮮少攀爬。一旦受到威脅，
會抬高身體並將頭部壓扁以壯
大聲勢。

花紋只出
現在身體的
後部與尾巴

亞洲

眼睛前端有
小鱗片

強壯的褐色身體
有平滑的鱗片

• **分布**：亞洲。棲地多樣化，包括
雨林及開闊的林地。
• **繁殖**：每次產 6-18 枚卵。
• **相似種**：眼鏡王蛇（*Ophiophagus hannah*，見169頁）。

體長：1.3-3.7公尺	食性 🦎🐁🐸🦅	活動時間 ☼

科：黃頷蛇科	學名：*Rhinocheilus lecontei*	狀態：地區性普遍

疣唇蛇（Long-nosed Snake）

雨後的道路上常可發現這種穴居蛇，其身體纖細、頭部長而上顎突
出。體色為紅色、黑色及白色，外形與牛奶蛇（*Lampropeltis
triangulum*，見142-143頁）及珊瑚蛇（*Micrurus* species，見164頁）
極為相似，不同的是疣唇蛇的乳白色底色上為交錯的黑、紅色鞍形
斑紋，而不是完整的環紋。疣唇蛇的防禦行為包括在地面上振動尾
巴（不舉起），以及從泄殖腔中排出血及排泄物。

北美洲

頭部長而尖，有
下彎的口鼻部

• **分布**：美國西南部及墨西哥北部：棲居
在沙漠、大草原及灌叢林中。
• **繁殖**：每次產 4-11 枚卵。
• **相似種**：牛奶蛇（見
142-143頁）、鏟鼻蛇屬
（*Chionactis* species）。

乳白色的底色上有
紅黑交錯的鞍形斑紋

體長：0.5-1公尺	食性 🦎🥚🐀	活動時間 ☾

科：黃頷蛇科	學名：*Spilotes pullatus*	狀態：地區性普遍

赤道鼠蛇（TIGER RATSNAKE）

這種熱帶的大型樹棲蛇有一身鮮亮的黑色（或褐色）
與黃色（顏色的鮮亮程度因個體而異）。赤道鼠蛇
行動快速，足以應付追獵任務，並以絞斃方式獵
食。這是種侵略性強的蛇種，會毫不猶豫地挺身攻
擊並張口就咬。

• **分布**：中美洲及南美洲；棲居在河岸森林、
海岸森林及紅樹林沼澤中。

• **繁殖**：每次產下 7-10 枚卵。

• **相似種**：膨風蛇（*Pseustes poecilonotus*）。

背部有隆起
● 的鱗片

中南美洲

黑尾 ●

體長：1.5-2公尺	食性 🐀🐦	活動時間 ☼

科：黃頷蛇科	學名：*Telescopus semiannulatus*	狀態：普遍

半環非洲虎蛇（EASTERN TIGERSNAKE）

這種虎蛇的體色為粉紅色到橙色，
背部由頸部至尾部有深色的斑塊或
鞍形斑紋。雖然半環非洲虎蛇以陸
棲為主，但也善於攀爬上樹以突襲
鳥巢。

• **分布**：東非及南非；棲居在稀樹
大草原中。

• **繁殖**：每次產 5-20 枚卵。

• **相似種**：非洲虎蛇
（*Telescopus beetzii*）。

採攻擊姿勢時，
● 頭部呈扁平狀

非洲

● 體色為橙色

● 黑色的鞍形
斑紋與底色
對比鮮明

體長：0.8-1公尺	食性 🦎🐁🥚	活動時間 ☾

科：黃頷蛇科	學名：*Thamnophis proximus*	狀態：普遍

擬帶蛇（WESTERN RIBBON SNAKE）

擬帶蛇的身體背面為褐色至黑色，通
常綴有顏色較淡的小斑點；腹面則
為乳白色或淺黃色。體側有白色
的條紋，而背面中央的條紋則可
能是白色、橙色、黃色或紅色。

• **分布**：北美洲及中美洲；棲居在
淡水棲地中。

• **繁殖**：卵胎生，每次產 4-27 條幼蛇。

• **相似種**：西部帶蛇（*Thamnophis sauritus*）。

大眼睛中
有圓形
● 瞳孔

北美洲、中美洲

細長的
身體與長尾

身體有
三條長縱紋

體長：0.7-1.2公尺	食性 🐟🐸	活動時間 ☼

科：黃頷蛇科	學名：*Thamnophis sirtalis*	狀態：普遍

帶蛇（COMMON GARTER SNAKE）

帶蛇共有11個亞種，其中分布最廣者首推紅邊帶蛇（*Thamnophis sirtalis parietalis*），這種蛇只見於北極圈內的加拿大西北領土的南方地帶。紅邊帶蛇的黑色身體上綴有三條亮黃色的長條紋，兩側條紋則各有一些紅點。東方帶蛇（*T. sirtalis sirtalis*）為橄欖綠色，綴有黑色棋盤狀的斑紋及淡黃色的條紋。佛羅里達藍紋帶蛇（*T. sirtalis similis*）的暗色體色上則有淺藍色的條紋；舊金山帶蛇（*T. sirtalis infernalis*）的白色條紋鑲有黑邊，而體側則有紅色條紋。

• **分布**：美國、加拿大及墨西哥北方；棲居在淡水棲地。

• **繁殖**：卵胎生，每次產11–23條幼蛇。

• **相似種**：素色帶蛇（*T. radix*）、西部陸帶蛇（*T. elegans*）。

北美洲

頭部後方通常
有雙黃點 ●

鱗片間皮膚
的紅色斑點 ●

紅邊帶蛇

東方帶蛇

以棋盤狀
圖案為主 ●

● 這條帶蛇身上有
斑點（身上的長條紋
反而不明顯）

界線分明的 ●
白色脊帶

紅色的頭部
與大眼睛 ●

舊金山帶蛇

體鱗平滑 ●

體側有不規則 ●
的鮮豔紅條紋

體長：0.7–1.3公尺	食性	活動時間 ☀

科：黃頷蛇科	學名：*Thelotornis capensis*	狀態：普遍

鳥藤蛇（Savanna Twigsnake）☠

這種蛇體型纖細、頭部長，雙眼有像鑰匙狀的水平瞳孔。體色為灰色到灰褐色，綴有黑色或粉紅色的帶紋及斑塊。藍綠色的頭頂上面布滿了黑色及粉紅色的小斑點。這種蛇相當危險，其毒液會在五日內造成受害者出血以及死亡，而且目前仍無解毒血清。當鳥藤蛇潛行跟蹤獵物時，其分岔的舌頭會往前伸，同時身體隨著前進。等到獵物在其攻擊範圍之內就張嘴出擊，並由後毒牙注入毒液。變色龍及剛在學飛的幼鳥是其主要的捕食目標。

• **分布**：東非及南非；棲居在稀樹大草原及海岸灌木叢中。
• **繁殖**：每次產 8-10 枚卵。
• **相似種**：非洲藤蛇（*Thelotornis kirtlandi*）。

非洲

發怒時，細長的頭部會變得扁平

如樹枝般的纖細身體

體色為灰色至灰褐色，綴有黑色或粉紅色的斑紋

體長：0.6-1公尺	食性 🐦🦎	活動時間 ☼

科：黃頷蛇科	學名：*Trimorphodon biscutatus*	狀態：地區性普遍

琴蛇（Lyre Snake）

琴蛇通常呈灰色或褐色，綴有中央處顏色較淡的深褐色斑塊，頭部上則有類似古希臘七絃琴的褐色斑紋。不過，其圖案或多或少會因地理分布而異。這種生性隱匿的蛇除了入夜後可能會在路上現身外，平常難得看見。主要獵食蜥蜴、小型哺乳類及蝙蝠維生，在毒液及勒絞的雙重攻擊下，這些獵物的逃生機會渺茫。琴蛇在挺身自保時會壓扁頭部、嘶嘶作響，並進行虛張聲勢的攻擊。

• **分布**：美國西南部及中美洲東部。棲居在低地荊棘叢、沙漠草原及碎石遍布的地區。
• **繁殖**：每次產 7-20 枚卵。
• **相似種**：墨西哥琴蛇（*Trimorphodon tau*）。

灰色或灰褐色的身體上有深色斑塊

北美洲、中美洲

肌肉發達的身體足以以絞殺獵物

有垂直瞳孔的眼睛

體長：0.5-1.2公尺	食性 🦇🦎🐦	活動時間 ☾

科：黃頷蛇科	學名：*Xenodon rabdocephalus*	狀態：普遍

桿頭異齒蛇（FALSE LANCEHEAD）

矛狀的頭部、粗壯的身體以及深淺不一的褐色斑紋，使這種陸棲性蛇種常被誤認成懷有劇毒的矛頭蝮（*Bothrops* spp.，見180-181頁）。其實，桿頭異齒蛇不僅沒有矛頭蝮的熱感應頰窩，也沒有可移動的前毒牙。雖然遭桿頭異齒蛇咬傷還是難免會痛，不過不至於造成太大的危險性。這種蛇的大後齒是專門用來捕食其主要獵物——蟾蜍。圓形瞳孔也是辨識桿頭異齒蛇的依據之一。

中南美洲

- **分布**：中美洲及南美洲；通常棲居在熱帶雨林中的潮濕河岸棲地。
- **繁殖**：每次產 8-12枚卵。
- **相似種**：紐氏異齒蛇（*Xenodon neuwiedi*）。

短而結實的身體有著深淺不一的褐色斑紋

斑紋與有毒的矛頭蝮極為相似

矛狀的頭部

圓形瞳孔

體長：0.6-1.2公尺	食性	活動時間 ☾ ☼

科：穴蝰科	學名：*Atractaspis bibroni*	狀態：普遍

穴蝰（BIBRON'S BURROWING ASP）☠

一名匕首蛇，身體呈圓柱形，背面為深褐色、腹面為乳白色，鱗片小而光滑。其短尾巴的末端尖細如針狀，圓形頭部則有突出的喙鱗，兩者均有助於挖掘。眼睛小而瞳孔呈圓形。本種蛇有水平方向生長的大毒牙，如果其頭部附近遭碰觸時，一或兩顆毒牙就會從唇間伸出，其毒牙可以隨著攻擊方向而移動，根本無須張嘴就能快速咬傷敵方。穴蝰毒液所引起的劇烈疼痛以及腫脹，即使注射血清也無法減輕症狀。

非洲

- **分布**：非洲中部及南部；棲居在稀樹大草原及多刺的灌木叢中。
- **繁殖**：每次產 6-8 枚卵。
- **附註**：非洲-阿拉伯穴蝰（Afro-Arabian burrowing asps）約有16種，本種蛇即為其一。

平滑的鱗片

防禦與攻擊時，頸部會弓起，頭部則壓低

圓柱形身體的背面為深褐色，腹部為乳白色

體長：50-70公分	食性	活動時間 ☾

| 科：眼鏡蛇科 | 學名：*Acanthophis praelongus* | 狀態：普遍 |

北棘蛇（Northern Death Adder）☠

北棘蛇與蝮蛇在許多方面都十分相似，不僅粗短的身體、寬闊的頭部以及伏匿不出的習性像極了蝮蛇；在覓食方面也像大多數的蝮蛇一樣都是日行性的捕食者，連守株待兔的獵食特性也如出一轍。不同的是，澳大拉西亞不產蝮蛇。北棘蛇有細而短的尾巴、不明顯的鱗脊，雙眼上方有隆起的鱗片且有垂直瞳孔。其體色多變化，從灰色至紅色、褐色、黑色都有；纖細的尾尖為黃色或白色，用以誘引獵物。

澳大拉西亞

• **分布**：澳洲北部、新幾內亞南部；棲居在森林、稀樹大草原、花園及農場中。
• **繁殖**：卵胎生，每次產 2–8 條幼蛇。
• **相似種**：棘蛇（*Acanthophis antarcticus*）。

寬闊的頭部，雙眼上方有隆起的鱗片

體鱗的鱗脊不明顯

類似蝮蛇的粗短身體

有時會出現深色的橫紋

| 體長：0.3–1公尺 | 食性 🐀🦎🐸🐦 | 活動時間 ☾ |

| 科：眼鏡蛇科 | 學名：*Aipysurus laevis* | 狀態：地區性普遍 |

側尾海蛇（Olive-brown Sea Snake）☠

這種蛇的體色不一，由褐色到紫褐色都有，腹面的顏色較為淺淡。有時一些中間部分顏色較深的鱗片會形成模糊的色帶。側尾海蛇有側扁的身體、可幫助泅水的鰭狀寬扁尾巴，小眼睛，以及平滑鱗片。這種蛇有領域性，通常會在珊瑚礁的同一個小區域中待上一段時間。側尾海蛇也十分好奇，經常會游近潛水者，不過只有在被激怒時才會咬人。其食物包括魚及甲殼類。

體色可能一無花紋，也可能出現模糊的色帶

體鱗平滑

澳大拉西亞

• **分布**：澳洲、新幾內亞南部及新喀里多尼亞的沿海。棲居在珊瑚礁附近及河口處。
• **繁殖**：卵胎生，每次產 2–5 條幼蛇。
• **相似種**：棕側尾海蛇（*Aipysurus fuscus*）、棘鱗海蛇（*Astrotia stokesii*）。

| 體長：1.2–2.2公尺 | 食性 🐟🐛 | 活動時間 ○ |

| 科：眼鏡蛇科 | 學名：*Aspidelaps lubricus* | 狀態：地區性普遍 |

盾鼻蛇（SOUTH AFRICAN CORALSNAKE）☠

盾鼻蛇有粗短的身體、小鱗片及小頭部（頭上有大喙鱗）。目前已確認有 3 個亞種：盾鼻蛇（*Aspidelaps lubricus lubricus*，如圖所示），棲居在分布區域的最南端，背面為珊瑚紅色，色澤並逐漸往體側褪成帶點粉紅色的奶油色，身上有黑色橫斑。納米比亞盾鼻蛇（*A. lubricus infuscatus*）為乳白色到灰褐色，橫斑較淡，頭部為黑色；安哥拉盾鼻蛇（*A.lubricus cowlesi*）為乳白色到灰褐色，頭部顏色較淡。

非洲

- **分布**：南非、納米比亞及安哥拉南部。棲居在灌叢林地及沙漠邊緣。
- **繁殖**：每次產 3-11 枚卵。
- **相似種**：非洲毒帶蛇（*Elapsoidea sundevallii decosteri*）。

小小的頭部上有大喙鱗，可用於挖掘

珊瑚紅色由背面逐漸往體側變淡，並綴有黑色的橫帶紋

身體粗短

體鱗平滑

| 體長：50-80公分 | 食性 🐀🦎🥚 | 活動時間 ☾ |

| 科：眼鏡蛇科 | 學名：*Aspidelaps scutatus* | 狀態：地區性普遍 |

小盾鼻蛇（SHIELDNOSE SNAKE）☠

如同其俗名所示，小盾鼻蛇是體型粗短，但口鼻部卻有片大喙鱗的毒蛇。小盾鼻蛇的前段身體鱗片光滑，中段鱗片有點鱗脊化，後段近尾部處的鱗脊化則相當明顯。其背面顏色可能是紅色、橙色、灰色或褐色，鱗片尖端則為黑色。其頭頸部主要為黑色，喉部及頸斑則為白色。盾狀的大喙鱗可用來挖鬆大石頭及灌叢下的土壤。面臨威脅，小盾鼻蛇會抬高身體、嘶嘶作響，然後迅速出擊。

非洲

- **分布**：南非；棲居在稀樹大草原及沙質灌叢林中。
- **繁殖**：每次產4-11枚卵。

越向尾端，體鱗的鱗脊化情形就越明顯

鈍形的頭部上有大喙鱗，可用於挖掘

體色可能是灰色、褐色、紅色或橙色，鱗片的尖端則為黑色

| 體長：50-75公分 | 食性 🦎🐁🐀 | 活動時間 ☀ |

科：眼鏡蛇科	學名：*Austrelaps superbus*	狀態：普遍

澳洲銅頭蝮（AUSTRALIAN LOWLANDS COPPERHEAD）☠

這種銅頭蝮棲居在涼爽的溫帶澳洲地區，其略呈尖形的頭部與身體背面同為深褐色，體側為紅銅色，靠近腹面的鱗片則為黃色調。澳洲銅頭蝮的身體可以往水平方向撐平（可能是為了增加體表面積以吸收更多的熱能），受到威脅時，其頸部可也展示相同的姿勢，如同眼鏡蛇的頸部皮褶一樣。

- **分布**：澳洲東南部，包括塔斯馬尼亞島（Tasmania）；棲居在濕地、林地及草原中。
- **繁殖**：卵胎生，每次產 9–45 條幼蛇。
- **相似種**：藍氏澳洲銅頭蝮（*Austrelaps ramsayi*）、袋鼠島澳洲銅頭蝮（*A. labialis*）。

身體背面為深褐色，體側顏色較淡

體鱗光滑

頭部略尖

澳洲

體長：1.3–1.7公尺	食性	活動時間 ☼☾

科：眼鏡蛇科	學名：*Boulengerina annulata*	狀態：稀有

水眼鏡蛇（BANDED WATER COBRA）☠

此種粗壯的大型蛇有短短的頭部及相對來說比較大的眼睛。紅褐色的圓柱形身體上有平滑的鱗片及黑色的橫帶紋。其西方亞種（*B. annulata annulata*，如圖所示）的橫帶紋布滿全身，而東方亞種（*Boulengerina annulata stormsi*）的橫帶紋則僅至頸部為止。水眼鏡蛇與無毒的水蛇——葛雷蛇（*Grayia* species）外形相當近似，但前者有頸部皮褶而後者有頰鱗，可資區別。

- **分布**：西非及中非；棲居在森林、稀樹大草原、河流及湖泊中。
- **繁殖**：卵生，產卵數不詳。
- **相似種**：葛雷蛇、伊爾水眼鏡蛇（*B.christyi*）。

非洲

採防禦姿勢時，頸部皮褶會撐平

紅褐色的底色上有黑色橫帶紋

身體粗壯有力，鱗片平滑

體長：1.4–2.7公尺	食性	活動時間 ☼☾

| 科：眼鏡蛇科 | 學名：*Bungarus caeruleus* | 狀態：普遍 |

印度環蛇（COMMON KRAIT）☠

這種鱗片平滑的大型蛇，發亮的藍黑色身體上綴有白色橫帶紋，此外通體為全黑者也相當普遍。印度環蛇的頭部略寬於頸部，眼睛相對較小。這種蛇白天時通常會躲伏在白蟻堆成的土丘內，晚上才出來捕食其他蛇類（包括體型較小的環蛇）、石龍子及哺乳類等。

亞洲

光滑的藍黑色
身體上有白色
● 橫帶紋

身體的橫剖面
● 為圓形

• **分布**：巴基斯坦、尼泊爾到斯里蘭卡；棲居在稀樹大草原及林地中。
• **繁殖**：每次產 8–12 枚卵。
• **相似種**：雙斑白環蛇（*Lycodon jara*）、鑫環蛇（*Bungarus sindanus*）。
• **附註**：印度環蛇是亞洲12種陸棲性環蛇中，最常引起嚴重蛇吻的種類。

| 體長：0.8–1.7公尺 | 食性 🦎 | 活動時間 ☾ |

| 科：眼鏡蛇科 | 學名：*Bungarus fasciatus* | 狀態：普遍 |

金環蛇（BANDED KRAIT）☠

這種環蛇的體色由黃、黑（或褐色）兩色的環紋交錯而成。由於其背骨隆起，使其橫剖面呈三角形。雖然非洲的銼蛇屬（*Mehelya species*，見147頁）也具有這種特徵，不過身體橫剖面成三角形的情形實在罕見。金環蛇在白天十分害羞，一無遮蔽時，會不斷將頭部重複埋藏在蜷曲的身體中，不會有囓咬的攻擊行為。然而一到牠活動的晚間，金環蛇就變得十分危險。牠會捕食包括印度環蛇在內的其他蛇類及老鼠。雖然金環蛇相當普遍，但仍十分少見。

亞洲

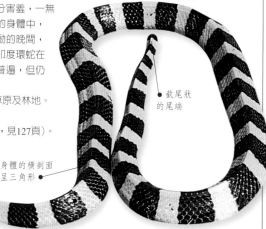

● 截尾狀
的尾端

身體的橫剖面
呈三角形 ●

眼睛小 ●

• **分布**：東南亞；棲居在低窪且近水的草原及林地。
• **繁殖**：每次產 6–12 枚卵。
• **相似種**：黃環林蛇（*Boiga dendrophila*，見127頁）。

| 體長：1.5–2.3公尺 | 食性 🦎 | 活動時間 ☾ |

| 科：眼鏡蛇科 | 學名：*Dendroaspis angusticeps* | 狀態：地區性普遍 |

曼巴蛇（East African Green Mamba）☠

一般人通常會誤將曼巴蛇與熱帶非洲更為常見、無毒、體型較小的黃綠色灌棲蛇屬（*Philothamnus species*）混為一談。一如曼巴蛇屬中的其他種蛇，曼巴蛇也有一個長長的棺木形頭部，這個特徵可用來區分本種與頭部較短的非洲樹蛇（*Dispholidus typus*，見131頁）。曼巴蛇幾乎完全棲居在樹上，幼蛇為藍綠色。

非洲

亮綠色的
● 體色

• 分布：肯亞到南非；棲居在森林及樹叢中。
• 繁殖：每次產10-17枚卵。
• 相似種：灌棲蛇屬、綠曼巴蛇
（*Dendroaspis viridis*）。

棺木形的
● 長頭部

| 體長：1.5-2.5公尺 | 食性 🐦🐀 | 活動時間 ☀ |

| 科：眼鏡蛇科 | 學名：*Dendroaspis polylepis* | 狀態：地區性普遍 |

黑曼巴蛇（Black Mamba）☠

黑曼巴蛇是非洲毒性最強的毒蛇。雖然蛇吻的紀錄不多，但是後果卻相當嚴重，通常在一個小時之內就會導致受害者死亡。黑曼巴蛇通常不是黑色，其體色為暗灰藍色到褐色，頭部兩側則為較淡的灰色。唯一的黑色出現在口腔內。受威脅時，黑曼巴蛇會將身體抬高、撐平頭部，然後裂嘴露出黑色的口腔。這種蛇十分機靈且敏捷，可棲居在地面及樹上。

棺木形
的長頭部 ●

體色由灰色
● 到褐色

• 分布：東非及南非，西非也有零星的發現紀錄。棲居在稀樹大草原、林地及荊棘叢中。
• 繁殖：每次產6-17枚卵。
• 相似種：猛蛇屬（*Thrasops species*）、
森林眼鏡蛇（*Naja melanoleuca*）。

非洲

| 體長：2.2-3.5公尺 | 食性 🐀🐦 | 活動時間 ☀ |

科：眼鏡蛇科	學名：*Enhydrina schistosa*	狀態：稀有

裂頦海蛇（Common Beaked Sea Snake）☠

裂頦海蛇的身體中等細長，體色灰白，身上還綴有淡淡的藍灰色
橫紋。這種蛇的下顎處有匕首狀的長鱗片，以及一些有助於裂開
大嘴、延展性佳的皮膚。由於帶有劇毒及個性易怒，裂頦海蛇相
當危險。

印度洋與太平洋

• **分布**：波斯灣到菲律賓及澳洲北部沿海。棲居
在近海的淺海灣、河口及淡水河流中。
• **繁殖**：卵胎生，每次產
3-30 條幼蛇。
• **相似種**：崔氏裂
頦海蛇（*Enhydrina
zweifeli*）。
• **附註**：此蛇單次囓
咬所注入的毒液足以
殺死 5-50 人。

淺底色上有
藍灰色的斑紋

尾部與身體
後部略扁

身體前部
較纖細

體長：1-1.4公尺	食性	活動時間 ☽

科：眼鏡蛇科	學名：*Hemachatus haemachatus*	狀態：普遍

唾蛇（Rinkhals）☠

唾蛇是斑紋多變的眼鏡蛇，體色有時為全黑色
或褐色，有時則帶有黑色及奶油色的斑點或橫
紋，喉部通常為黑色。這種南非唾蛇與其他非
洲眼鏡蛇的主要不同點，在於唾蛇有稜角分明
的短頭部、鱗脊化十分明顯的背鱗以及卵胎生
的繁殖特性（其他眼鏡蛇的頭部較圓、體鱗較
平滑，且為卵生）。與敵人對峙時，唾蛇會將
毒液噴在對方的臉上，然後趁機溜走；若是逃
生無門，則會採用像豬鼻蛇屬（*Heterodon
species*，見138頁）或水游蛇（*Natrix natrix*，
見148頁）肚皮朝上、嘴巴張開的裝死策略。
蟾蜍是唾蛇偏愛的獵物之一。
• **分布**：南非；棲居在草原中。
• **繁殖**：卵胎生，一次產20-60條幼蛇。
• **附註**：一般認為唾蛇的毒牙是所有眼鏡蛇中
發育最完善者，以便能噴
射毒液自衛。

尖形的
口鼻部

黑色的喉部

身體可能為單一
顏色，也可能綴
有橫紋或斑點

非洲

體長：1-1.5公尺	食性	活動時間 ☽

科：眼鏡蛇科	學名：*Lapemis curtus*	狀態：地區性普遍

印度平頦海蛇（Short Sea Snake）☠

這種淡褐色的海蛇身體粗短、頭大，綴有縱列的褐色大斑塊。由於雄蛇腹面的鱗脊上有短刺，因此又稱為針腹海蛇。這是一種近海蛇種，對於人類的危險性僅次於裂頦海蛇（*Enhydrina schistosa*，見161頁）。

淺褐色的粗短身體綴有褐色的鞍形斑紋

鰭狀的扁平尾巴有助於游水

• 分布：波斯灣到澳洲及日本南部；棲居在河口處及珊瑚礁上。

• 繁殖：卵胎生，每次產1-6條幼蛇。

• 相似種：淺灰海蛇（*Hydrophis ornatus*）。

印度洋及太平洋

體長：0.9-1.1公尺	食性 🐟	活動時間 ☼☾

科：眼鏡蛇科	學名：*Laticauda colubrina*	狀態：普遍

黃唇青斑海蛇（Yellow-lipped Sea Krait）☠

本種蛇身上的黑-藍環紋是海棲眼鏡蛇的典型特徵，黃唇是主要的辨識依據。黃唇青斑海蛇可在陸地上及水中活動。

印度洋及太平洋

身體有黑色環紋

• 分布：印度東部到日本南部及斐濟；棲居在珊瑚礁及紅樹林海岸線。

• 繁殖：每次產 6-18 枚卵。

• 相似種：黑唇青斑海蛇（*Laticauda laticaudata*）。

體長：1-2公尺	食性 🐟	活動時間 ☾

科：眼鏡蛇科	學名：*Micropechis ikaheka*	狀態：地區性普遍

小伊蛇（New Guinea Small-eyed Snake）☠

這種體鱗平滑的蛇類可能是褐色、奶油色或白色，並綴有鑲著暗色邊的紅色或紅-褐色環紋。這些環紋越向尾端越大且越密集。小伊蛇的身體前部可能會出現斑點而不是環紋。其頭部為灰色且眼睛小。白天時，會躲伏在椰子殼堆中或其他廢棄物中。

越接近尾端，深色環紋越大

• 分布：新幾內亞；棲居在潮濕的森林、沼澤及農場中。

• 繁殖：卵生，產卵數不詳。

眼睛小

新幾內亞

體長：1-2公尺	食性 🐸🦎🐸	活動時間 ☾

科：眼鏡蛇科	學名：*Micruroides euryxanthus*	狀態：稀有

西部珊瑚蛇（WESTERN CORALSNAKE）☠

西部珊瑚蛇是最小的珊瑚蛇類之一，有平滑的鱗片以及紅色、黃色（或白色）及黑色相間的環紋。這是種行動隱密的穴居蛇種，很少出現在地面上。一旦受到干擾，會抬高尾巴彎繞成 8 字型，並露出其腹面，行為一如珊瑚蛇屬（*Micrurus*，見下圖及164頁）。西部珊瑚蛇的捕食對象包括德州細盲蛇（*Leptotyphlops dulcis*，見105頁）、環頸蛇屬（*Diadophis* species）等小型蛇及石龍子等。

北美洲

- **分布**：美國西南部及墨西哥西北部；棲居在沙漠、稀樹大草原、乾燥林地與河底等乾燥環境中。
- **繁殖**：每次產 1-3 枚卵。
- **相似種**：鏟鼻蛇（*Chionactis* species）、索諾拉蛇（*Sonora* species）。
- **附註**：西部珊瑚蛇是唯一分布於美國西南部及墨西哥西北部的珊瑚蛇。

紅色、黑色與白色或黃色環紋　小小的頭部很難與身體區分　纖細的身體有平滑的鱗片

體長：40-55公分	食性 🦎	活動時間 ☽

科：眼鏡蛇科	學名：*Micrurus alleni*	狀態：稀有

艾氏珊瑚蛇（ALLEN'S CORALSNAKE）☠

這是分布在中美洲的中小型蛇類，體色為橙紅色，綴有紅色、黃色及黑色的環紋。黃–黑色的小頭部上有小眼睛。這種珊瑚蛇雖然帶有劇毒，但行動十分隱匿，與人類狹路相逢的機會很小。由於其口鼻部小，因此咬傷人的機會也相對較低。

中美洲

- **分布**：尼加拉瓜及哥斯大黎加；棲居在低地雨林中。
- **繁殖**：每次產 2-3 枚卵。
- **相似種**：黑紋珊瑚蛇（*Micrurus nigricinctus*）、巴拿馬珊瑚蛇（*M. clarki*）。
- **附註**：分布於太平洋的艾氏珊瑚蛇族群可能另區分成不同的蛇種。

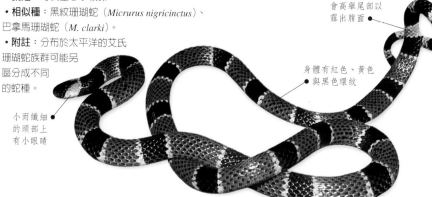

採防禦姿勢時，會高舉尾部以露出腹面

身體有紅色、黃色與黑色環紋

小而纖細的頭部上有小眼睛

體長：0.8-1.1公尺	食性 🐟🦎	活動時間 ☽

科：眼鏡蛇科	學名：*Micrurus fulvius*	狀態：普遍

金黃珊瑚蛇（Eastern Coralsnake）☠

這種劇毒蛇種的體型小而細瘦，有圓形頭部、小眼睛以及紅色、黃色、黑色的三色環紋。金黃珊瑚蛇的外形與黃頷蛇科中同樣具有三色環紋的無毒蛇十分相似。主要的不同點在於，黃頷蛇科的蛇都有頰鱗，珊瑚蛇甚至眼鏡蛇科中都沒有這個特徵。金黃珊瑚蛇主要獵食其他蛇類。

• **分布**：美國南部及東南部、墨西哥東北部；棲居在乾燥的林地，通常窩伏在落葉堆中。

• **繁殖**：每次產 3-13 枚卵。

• **相似種**：牛奶蛇（見142-143頁）、猩紅蛇（*Cemophora coccinea*）。

北美洲

圓形的頭部上有小眼睛及小嘴巴

平滑的體鱗

身體與頭部都有紅、黃、黑三色環紋

體長：0.7-1公尺	食性 🐍	活動時間 ☾☼

科：眼鏡蛇科	學名：*Micrurus lemniscatus*	狀態：普遍

南美珊瑚蛇（South American Coralsnake）☠

這種劇毒珊瑚蛇有纖細的身體、圓形的頭部及小眼睛，外形類似金黃珊瑚蛇（見上圖），不過兩者的環紋排列方式不同，南美珊瑚蛇的底色為紅色，黑色的環紋則被兩道白色環紋劃分成三截。

• **分布**：南美洲；棲居在雨林、河流沿岸的森林、稀樹大草原以及曾發生季節性氾濫的棲地中。

• **繁殖**：每次產 5-6 枚卵。

• **相似種**：蘇利南珊瑚蛇（*M. surinamensis*）、細小珊瑚蛇（*M. filiformis*）。

南美洲

紅色的底色上有黑白兩色的環紋

平滑的體鱗

體長：0.7-1.4公尺	食性 🦎🐟🐍	活動時間 ☾

科：眼鏡蛇科	學名：*Naja haje*	狀態：普遍

埃及眼鏡蛇（Egyptian Cobra）☠

這是體型粗壯且毒性強烈的大型蛇，有圓形的頭部及光滑的鱗片。其外形與南非的突吻眼鏡蛇（*Naja annulifera*，先前被分成亞種）相似，不過埃及眼鏡蛇的喙鱗小，而突吻眼鏡蛇的喙鱗大。本種蛇依地理分布可分為三個亞種：埃及亞種（*N. haje haje*，如圖所示），體色為黃灰色到褐色；摩洛哥亞種（*N. haje legionis*），身體幾近烏亮的黑色；阿拉伯亞種（*N. haje arabica*），身體通常為黃色而頭頸部則為黑色，棲居在阿拉伯半島南部（這是目前唯一分布於非洲大陸之外的非洲眼鏡蛇）。處於備戰狀態時，埃及眼鏡蛇會垂直舉起身體前部（約合全長的三分之一），並撐大頭部皮褶。如果這種威脅姿勢起不了嚇阻作用，埃及眼鏡蛇就會慢慢進逼攻擊者；假設對方還不為所動，眼鏡蛇就會伺機攻擊。埃及眼鏡蛇的獵食對象很多，從其他蛇類、蟾蜍到鳥蛋都有。

• **分布**：非洲北部的撒哈拉沙漠周圍以及阿拉伯半島（只限阿拉伯亞種）；棲居在稀樹大草原、乾燥林地及半沙漠中。

• **繁殖**：每次產10-20枚卵。

• **相似種**：突吻眼鏡蛇（*Naja annulifera*）。

非洲、中東

眼鏡蛇張口時可以看到毒牙鞘（覆蓋毒牙的皮膚）

張口時可見聲門（氣道）

採防禦姿勢時會撐開寬而長的頸部皮褶

大型的腹鱗是陸棲性蛇類的特徵

體鱗全部為單色且平滑

體長：1.5-2.4公尺	食性 🐀 🦎 🐍 🥚	活動時間 ☾ ☼

科：眼鏡蛇科	學名：*Naja kaouthia*	狀態：普遍

單眼紋眼鏡蛇（Thai Monoculate Cobra）☠

這種毒性強烈的毒蛇在東南亞十分普遍。由於頸部皮褶只有一個眼斑圖案而不像印度眼鏡蛇（*Naja naja*，見下圖）有眼鏡狀的斑紋，因此而得名。一如其他眼鏡蛇，單眼紋眼鏡蛇在威嚇敵人時不會噴射毒液，而是擴張其頸部肋骨，將頸部皮褶撐開成特殊的圓形。亞洲地區的眼鏡蛇以捕食老鼠、蟾蜍及其他蛇類為生，他們也會同類相食，獵捕本種間的幼蛇。

抬離地面的身體與撐開的頸部皮褶，警告意味十足

褐色的身體與平滑的鱗片

亞洲

• **分布**：喜馬拉雅山的東部至泰國南部及越南；棲居在丘陵、低地林地、稻田及人類聚落處附近。

• **繁殖**：每次產25–45枚卵。

• **相似種**：中國眼鏡蛇（*N. atra*）、暹邏眼鏡蛇（*N. siamensis*，見168頁）。

體長：1.5–2公尺	食性 🦎🐀🐸🐍⬤	活動時間 ☾◑

科：眼鏡蛇科	學名：*Naja naja*	狀態：瀕危

印度眼鏡蛇（Indian Spectacled Cobra）☠

這是種變異相當大的眼鏡蛇，不過大多數個體的頸部皮褶背面都有眼鏡狀的斑紋。印度眼鏡蛇的體色通常為淡褐色，不過產於尼泊爾的族群（如圖所示）為漆黑色，全身的斑紋則模糊不清；而產於斯里蘭卡的族群則為褐色，綴有奶油色的小斑點及雙眼鏡斑紋。印度眼鏡蛇雖然不會噴射毒液，不過卻是蛇吻事件的主要元兇。野生的印度眼鏡蛇已面臨數量銳減的威脅，目前在印度已獲得保護。

肋骨撐開頸部皮褶

防禦時，身體會抬離地面

• **分布**：喜馬拉雅山南方至斯里蘭卡；棲居在丘陵、低地林、稻田及人類聚落附近。

• **繁殖**：每次產10–30枚卵。

• **相似種**：單眼紋眼鏡蛇（見上圖）、中亞眼鏡蛇（*N. oxiana*）。

• **附註**：本種蛇即印度弄蛇人的工作夥伴；廣受印度教徒及佛教徒所崇奉。

亞洲

體長：1.2–1.7公尺	食性 🐀🦎🐸🐍⬤	活動時間 ☀☽

| 科：眼鏡蛇科 | 學名：*Naja nivea* | 狀態：地區性普遍 |

金黃眼鏡蛇（CAPE COBRA）☠

雖然金黃眼鏡蛇的體型較小，不過卻被公認是非洲地區毒性最強的眼鏡蛇。本種蛇的體色因地理分布而有數種變異，不過尚未區分成亞種。從波札那（Botswana）到德蘭士瓦省（Transvaal）之間普遍可見的黃色眼鏡蛇族群可能會出現乳白色或檸檬黃色；而在波札那當地，另一種綴有褐色小斑點的黃色眼鏡蛇也相當常見。本種蛇的黑色及褐色族群主要分布在納馬夸蘭（Namaqualand）或開普（Cape）。金黃眼鏡蛇以捕食其他蛇類及織布鳥為主。

- **分布**：南非、波札那及納米比亞；棲居在乾燥的稀樹大草原及半沙漠中。
- **繁殖**：每次產 8-20 枚卵。
- **附註**：金黃眼鏡蛇的毒性與令人聞之喪膽的黑曼巴蛇（*Dendroaspis polylepis*，見160頁）不相上下。

圓形的頭部與略尖的口鼻部

撐開的頭部皮褶表示焦慮不安

體色通常為黃色或白色

非洲

| 體長：1.2-1.7公尺 | 食性 | 活動時間 ☼◑ |

| 科：眼鏡蛇科 | 學名：*Naja pallida* | 狀態：地區性普遍 |

非洲眼鏡蛇（RED SPITTING COBRA）☠

非洲眼鏡蛇的體色為橙粉紅色到珊瑚紅色或褐色，頭部有一道寬闊的黑色環紋。這種小型眼鏡蛇有小而圓的頭部、大眼睛及圓形瞳孔，眼下通常有黑色的淚滴狀圖案。體色最為紅豔的族群分布在肯亞及蘇丹的半沙漠中，這些地區的土壤通常是紅色的；而分布於埃及等更北的族群，體色多為褐色。非洲眼鏡蛇自衛時，同樣會將上半身抬離地面、撐開頸部皮褶、嘴巴微張，並在 1 至 2 公尺的距離外朝攻擊者的臉部噴射出兩道毒液。

- **分布**：東非；棲居在乾燥的稀樹大草原及半沙漠中。
- **繁殖**：每次產6-15枚卵。
- **相似種**：馬利眼鏡蛇（*Naja katiensis*）。

眼下有淚滴狀的黑色斑紋

非洲

頸部有黑色環帶紋

身體與頭部均為橙紅色到珊瑚紅色

| 體長：60-75公分 | 食性 | 活動時間 ☼☽ |

| 科：眼鏡蛇科 | 學名：*Naja siamensis* | 狀態：普遍 |

暹邏眼鏡蛇（INDO-CHINESE SPITTING COBRA）☠

本種眼鏡蛇的體色為灰色、褐色或黑色，並綴有白色斑紋。這些白色斑紋的分布程度不一，有時只有一些小斑點，有時則是滿布全身（除了背脊那道黑色的寬闊條紋外，甚至多到讓體色幾近白色）。暹邏眼鏡蛇的頭部皮褶背面大都有白色花紋。這種蛇會將毒液噴進敵人的眼中。

用於防禦的頭部皮褶

白色斑紋變化不一

- **分布**：東南亞；棲居在低地及丘陵。
- **繁殖**：每次產13–19枚卵。
- **相似種**：蘇門答臘眼鏡蛇（*N. sumatrana*）、印尼眼鏡蛇（*N. sputatrix*）。

亞洲

| 體長：1.2–1.6公尺 | 食性 🐀🦎🐍 | 活動時間 ☾ |

| 科：眼鏡蛇科 | 學名：*Notechis ater* | 狀態：普遍 |

黑虎蛇（BLACK TIGERSNAKE）☠

這種體型相當粗壯的毒蛇有大頭部、小眼睛以及平滑光亮的黑色鱗片或無光澤的褐色鱗片。黑虎蛇的偏暗體色可以讓牠在棲地冷涼的氣候中迅速回暖。有些幼蛇有橫向的帶狀紋。

身體前部為褐色、後部為黑色（變異種）

眼睛小

澳洲

- **分布**：澳洲東南部；棲居在濕地、乾燥的沿岸草原及岩石遍布的島嶼。
- **繁殖**：卵胎生，每次產 6–100條幼蛇。
- **相似種**：伊澳蛇屬（*Pseudechis* species，見172頁）、虎蛇（*Notechis scutatus*，見下圖）。

| 體長：1.2–2.4公尺 | 食性 🐸🐀🦎🐍 | 活動時間 ☀☾ |

| 科：眼鏡蛇科 | 學名：*Notechis scutatus* | 狀態：普遍 |

虎蛇（MAINLAND TIGERSNAKE）☠

虎蛇的腹面為黃色，背面為無光澤的黑色或褐色，全身綴有黃色的細橫紋。其頭部渾圓發亮，眼睛小。虎蛇在攻擊之前，會先撐平頸部以示警告。

體色黑色或褐色，有黃色的橫紋

採威嚇姿勢時，頸部會撐平

澳洲

- **分布**：澳洲東南部及西南部；棲居在雨林、氾濫的河谷、沼澤地區及人類聚落的附近。
- **繁殖**：卵胎生，每次產10–90條幼蛇。
- **相似種**：黑虎蛇（見上圖）、澳洲銅頭蝮屬（*Austrelaps* species，見158頁）。

| 體長：1.2–2.1公尺 | 食性 🐸🐀🦎🐍 | 活動時間 ☀☾ |

科：眼鏡蛇科	學名：*Ophiophagus hannah*	狀態：地區性普遍

眼鏡王蛇（KING COBRA）☠

眼鏡王蛇的分布廣泛，體色也變化多端。成蛇的體色從黃褐色到灰綠色都有；幼蛇則為暗色並綴有黃色的帶狀紋，狹長的頭部皮褶上有一列黃色的 V 字型斑紋。有些族群成蛇時還保留著這些斑紋。眼鏡王蛇與其他眼鏡蛇的分別在於，本種蛇的頭部後方有一對枕後鱗。眼鏡王蛇在交配時有獨特的配對行為，雌蛇在配對期間會以枯枝落葉築巢以便產卵，雌雄蛇還會一同守護所產下的卵。眼鏡王蛇的防禦行為包括發出低吼聲、露出一顆毒牙、撐平頸部皮褶、將身體前部（約體長的三分之一）抬離地面。眼鏡王蛇以捕食其他種類的蛇為主，偶爾也會獵食鼠及蜥蜴。由於眼鏡王蛇深居在僻靜的森林深處，因此雖然毒性強烈，卻少有咬傷人類的事件。

亞洲

- **分布**：南亞及東南亞；棲居在森林及農場中。
- **繁殖**：每次產20-50枚卵。
- **相似種**：南蛇（*Ptyas mucosus*，見151頁）。
- **附註**：眼鏡王蛇是世界上最長的毒蛇。

深色的體色
上有黃色
帶狀紋 ●

幼蛇

● 當眼鏡蛇受到
威脅時，細長的
頭部皮褶會撐開

● 備戰時，身體
前半部會抬離地面

● 身體非常長

● 體色為黃褐色
至灰綠色

成蛇

體長：3-5公尺	食性 🐿🐀	活動時間 ☀☾

科：眼鏡蛇科	學名：*Oxyuranus microlepidotus*	狀態：地區性普遍

兇猛太攀蛇（Inland Taipan）☠

兇猛太攀蛇有灰色到黃褐色的鱗片，這些鱗片有時會鑲有細黑邊。其頭部略尖，眼睛相對較大。雖然這種蛇生性害羞，但也是世界毒性最強的陸棲性蛇種。兇猛太攀蛇會在河灘地上乾硬的泥巴裂縫中獵食鼠及小型的有袋類動物。

尖形的頭部通常為黑色，眼睛大

採防禦姿勢時，身體會抬離地面

灰色至褐色的底色上有深色斑點

• **分布**：中澳洲的東部；棲居在乾涸的河水沖積平原上。

• **繁殖**：每次產12-20枚卵。

• **相似種**：太攀蛇（*Oxyuranus scutellatus*，見下圖）。

澳洲

體長：2-2.5公尺	食性	活動時間 ☼

科：眼鏡蛇科	學名：*Oxyuranus scutellatus*	狀態：地區性普遍

太攀蛇（Coastal Taipan）☠

澳洲太攀蛇（*Oxyuranus scutellatus scutellatus*，如圖所示）和新幾內亞太攀蛇（*O. scutellatus canni*）為其兩個亞種，前者通常為褐色，有時頭部的顏色較淡；後者可能為褐色或烏黑色，體色為褐色時沿著背脊有一條橙色的寬條紋。兩個亞種都有狹長的棺木狀頭部，大眼睛上有突出的鱗片，看起來相當兇狠。太攀蛇是行動快速的哺乳動物殺手，毒性強烈足以致人於死。

棺木形的頭部

• **分布**：澳洲北部及新幾內亞南部；棲居在樹叢、甘蔗田及稀樹大草原中。

• **繁殖**：每次產下3-22枚卵。

• **相似種**：兇猛太攀蛇（見上圖）。

• **附註**：本種蛇為新幾內亞南部蛇吻致死的主要元兇。

細長的身體上有平滑的鱗片

身體為褐色

澳大拉西亞

體長：2-3.6公尺	食性	活動時間 ☼◑

科：眼鏡蛇科	學名：*Paranaja multifasciata*	狀態：稀有

異眼鏡蛇（BURROWING COBRA）☠

異眼鏡蛇有粗短的綠色身體，光滑的奶油色鱗片上有綠色或黑色的斑點或邊緣，形成網狀或斑點的花紋。某些成蛇身上的花紋類似森林眼鏡蛇（*Naja melanoleuca*）。其身體腹面為奶油色，沒有任何斑點。異眼鏡蛇的頭部短而呈暗色，頸背上有淡色橫帶紋，大眼睛四周則有淺淡的短條紋。成蛇的

非洲

體色有時會比幼蛇來得深。
這種雨林蛇種目前所知不
多，推測應在日間活動並以
蜥蜴及蛙類為食；一般認為
採穴居生活或躲伏在落葉堆中。
不同於其他眼鏡蛇，異眼鏡蛇沒有
頸部皮褶，加上體型小又不具攻擊
性，因此應對人類無害。

• **分布**：中非；棲居在雨林中。
• **繁殖**：每次產20-60枚卵。

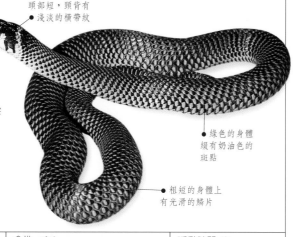

頭部短，頸背有
淺淡的橫帶紋

綠色的身體
綴有奶油色的
斑點

粗短的身體上
有光滑的鱗片

體長：50-80公分	食性 🦎🐸	活動時間 ☼

科：眼鏡蛇科	學名：*Pelamis platurus*	狀態：地區性普遍

長吻海蛇（PELAGIC SEA SNAKE）☠

長吻海蛇又稱黑背海蛇，有黃-黑色的身體、綴有黑色斑點的黃色鰭狀尾巴，是最容易辨識的海蛇。這種明顯的警戒色可以警告鯊魚「有毒勿近」。本種蛇是世界上分布最廣泛的海蛇，數量上也有可能稱冠所有蛇類，常常可以見到牠們數以千計地在海中群聚漂浮。長吻海蛇的舌下有腺體可以排出多餘的鹽分，因此能完全適應海洋生活。為了

印度洋及太平洋

體色為
黃-黑色

擺脫體外寄生蟲，長吻海蛇會在
海中扭曲身體並盤捲成團，而且
蛻皮次數要比陸棲蛇類多。長吻海
蛇的鱗片會兩兩密接相抵，如
此也可降低寄生蟲寄生的機會。

• **分布**：印度洋及太平洋；棲居
在開闊的海洋表面。
• **繁殖**：卵胎生，每次產下
2-6 條幼蛇。

鰭狀尾有助
於游水

體長：1-1.5公尺	食性 🐟	活動時間 ☼☽

科：眼鏡蛇科	學名：*Pseudechis australis*	狀態：地區性普遍

棕伊澳蛇（KING BROWNSNAKE）☠

棕伊澳蛇身體為褐色或紅色，有平滑的鱗片、寬闊的頭部及大眼睛，這是澳洲分布最廣的毒蛇。本種蛇在新幾內亞南部也曾有發現紀錄，但據最近的研究顯示，這些蛇可能是另一個新蛇種。一旦受到威脅，棕伊澳蛇在發動攻擊前會先撐平窄窄的頸部皮褶及抬高身體前部。

澳大拉西亞

- **分布**：澳洲（不含南部）及新幾內亞南部。棲地範圍相當廣，從熱帶森林到沙漠均有分布。
- **繁殖**：卵生，每次產11-16枚卵；或卵胎生，每次產18-22條幼蛇。
- **相似種**：太攀蛇（*Oxyuranus scutellatus*，見170頁）、東部擬眼鏡蛇（*Pseudonaja textilis*，見右頁）。

體色為褐色或紅色，鱗片光滑

寬闊的頭部上有大眼睛

尾部曾因受傷而截短

體長：1.5-2.7公尺	食性 🐸🦎🐦🪱	活動時間 ☾☀

科：眼鏡蛇科	學名：*Pseudechis porphyriacus*	狀態：地區性普遍

赤腹伊澳蛇（RED-BELLIED BLACKSNAKE）☠

這種伊澳蛇的身體背面為亮黑色，腹面為鮮紅色，有渾圓的頭部及相對較大的眼睛。赤腹伊澳蛇偏愛靠近水域的棲地，經常出現在沼澤及河岸等蛙類數量眾多的地區。除了蛙類之外，此種蛇也會捕食小型哺乳類、蜥蜴及其他蛇類。

澳洲

- **分布**：澳洲東部及東南部；棲居在沼澤、溪流及潟湖中。
- **繁殖**：卵胎生，每次產 8-40 條幼蛇。
- **相似種**：斑點伊澳蛇（*Pseudechis guttatus*）。
- **附註**：海蟾蜍（*Bufo marinus*，見224頁）引進澳洲後，澳洲的赤腹伊澳蛇與其他以蛙類為主食的蛇類的數量便與日驟減。原產於南美洲的海蟾蜍，係為了要控制蔗田害蟲而引入澳洲。這種蟾蜍的毒性不僅是澳洲蛇類的致命剋星，同時也是澳洲本土蛙類的殺手，因此蛇的食物來源也受到了影響。

圓形的頭部上有大眼睛　腹面為鮮紅色　光澤或帶有暈光的黑色背面

體長：2-2.7公尺	食性 🐍🦎🐸	活動時間 ☀

科：眼鏡蛇科	學名：*Pseudohaje goldii*	狀態：稀有

樹眼鏡蛇（GOLD'S TREE COBRA）☠

體型細長的樹眼鏡蛇有亮黑色的背面、黃色的腹面及唇部，而最顯著的特徵是其短頭部及超大的眼睛。樹眼鏡蛇的尾巴末端呈針狀，攀爬時可以作為輔助之用。本種蛇是相當罕見的雨林樹棲蛇種，天性敏捷，即使在地面上也可快速行動。其獵物包括松鼠等樹棲哺乳類及陸棲性兩生類。

非洲

- **分布**：西非及中非；棲居在河流沿岸的森林中。
- **繁殖**：每次產10-20枚卵。
- **相似種**：黑色樹眼鏡蛇（*Pseudohaje nigra*）、布氏林蛇（*Boiga blandingi*）。

頭部短而眼睛大 ●

發亮的黑色身體，
腹面為黃色 ●

體長：2.2-2.7公尺	食性	活動時間 ☼

科：眼鏡蛇科	學名：*Pseudonaja textilis*	狀態：地區性普遍

東部擬眼鏡蛇（EASTERN BROWNSNAKE）☠

東部擬眼鏡蛇不論是外形或行為的變異性都很大。成蛇的體色或為淺褐色或為深褐色，有時甚至是黑色。幼蛇可能為單一體色（除了頭背上的黑色條紋之外），也可能全身都綴有黑色、紅色及奶油色的帶狀紋。本種蛇的分布極為廣泛，在多種不同類型的棲地中都可發現，出沒時間可能在白天，也可能在晚上。新幾內亞曾有發現本種蛇的紀錄，不過這些蛇可能是另外一個新蛇種。東部擬眼鏡蛇十分危險，澳洲大多數的蛇咬致死事件幾乎都與牠脫不了關係。一旦受到威脅，會積極反擊，首先會將身體前端抬高並彎繞成 S 型、撐平頸部、張開嘴巴，然後迅速且猛烈的攻擊。

圓形的頭部 ●

● 吐信以
偵察危險

- **分布**：澳洲中部、東部、北部以及新幾內亞；棲居在乾燥的森林、林地、稀樹大草原及乾燥的灌叢林中。
- **繁殖**：每次產 8-35 枚卵。
- **相似種**：太攀蛇（*Oxyuranus scutellatus*，見170頁）、西部擬眼鏡蛇（*Pseudonaja nuchalis*）。

● 在正式攻擊之前，身體會抬離地面以備戰

● 體色為褐色或黑色，沒有任何花紋

澳大拉西亞

體長：1.5-2.2公尺	食性	活動時間 ☼☾

科：眼鏡蛇科	學名：*Tropidechis carinatus*	狀態：地區性普遍

澳東蛇（ROUGH-SCALED SNAKE）☠

這種毒性強烈的毒蛇有明顯鱗脊化的鱗片、圓形的頭部以及斑駁的褐色身體，外形上與同棲地內的另一種廣為人知的無毒蛇——稜背蛇（*Tropidonophis mairii*）極為相似；不同的是，稜背蛇的頭部側面有一頰鱗，而澳東蛇則無。澳東蛇善於攀爬，白天會躲伏在樹上。自衛禦敵時會將身體前端彎成S型、嘶嘶作響，並迅速出擊。

• **分布**：澳洲東部；棲居在淡水棲地、灌木叢及潮濕的林地中。

• **繁殖**：卵胎生，每次產 5-8 條幼蛇。

• **相似種**：稜背蛇。

如此明顯的鱗脊在眼鏡蛇科中並不常見 ●

當澳東蛇逼近時，其頭部與身體會撐平以示警告 ●

澳洲

體長：0.7-1公尺	食性 🦎🐸🐁🐍	活動時間 ☾

科：眼鏡蛇科	學名：*Walterinnesia aegyptia*	狀態：地區性普遍

沙漠眼鏡蛇（DESERT BLACK SNAKE）☠

沙漠眼鏡蛇有光滑平順的鱗片，體色為黑色或深灰色，腹面的顏色較淺淡。這種夜行性蛇種主要棲居在沙漠中，不過似乎也會遷入已開墾的灌溉區域。沙漠眼鏡蛇的獵物包括刺尾蜥（*Uromastyx* species，見77頁），在這些蜥蜴出現的地方特別容易見到這種蛇。沙漠眼鏡蛇在夜間覓食，炎熱的白天則躲伏在哺乳動物穴居的地洞中。受到威脅時，同樣會抬高身體、嘶嘶作響，然後再進行攻擊。本種毒蛇會致人於死。

• **分布**：埃及到伊朗；棲居在沙漠、多岩石的灌叢及灌溉區中。

• **繁殖**：卵生，產卵數不詳。

• **相似種**：小鱗穴蝰（*Atractaspis microlepidota*）。

平滑的體鱗與深色的體色 ●

採威嚇姿勢時，頭部會抬高 ●

非洲、中東

體長：1-1.3公尺	食性 🦎🐁🐀	活動時間 ☾

科：蝮蛇科	學名：*Agkistrodon bilineatus*	狀態：稀有

蝮蛇（Cantil）☠

蝮蛇有四個亞種：墨西哥蝮（*Agkistrodon bilineatus bilineatus*），分布在墨西哥西北部到薩爾瓦多，身體為深褐色，淺褐色的沙漏形鞍狀斑紋鑲有白色及深褐色邊；城主蝮（*A. bilineatus howardgloydi*），分布在宏都拉斯西部到哥斯大黎加，外形與墨西哥蝮類似，但白色部分較少；飾紋蝮（*A. bilineatus taylori*），分布於墨西哥東北部，體色為淺灰色，綴有黃色及深灰色的帶狀紋；猶加敦蝮（*A. bilineatus russeolus*），分布於猶加敦（Yucantan）及伯利茲（Belize），體色為褐色。以上四個亞種都有五道白條紋經吻端、眼睛、唇部延伸到下巴。

墨西哥蝮的幼蛇

● 在深褐色的底上有淺褐色的鞍形斑紋

• **分布**：墨西哥及中美洲（巴拿馬除外）；棲居在乾燥的熱帶森林及稀樹大草原中。

• **繁殖**：卵胎生，每次產 7-20 條幼蛇。

五道白色條紋由 ●
吻端往後輻射出去

北美洲、中美洲

淺灰色斑紋與 ●
黃色、深灰色
斑紋交錯輪換

飾紋蝮

體長：0.8-1.3公尺	食性 🦎🐸🦎	活動時間 ◑

科：蝮蛇科	學名：*Agkistrodon blomhoffi*	狀態：普遍

布氏蝮（Mamushi）☠

矢狀頭部 ●

這種蝮蛇的體色為淺灰色到沙土顏色，體側綴有倒置的U字型深色斑紋或鑲有深色邊的大斑點。布氏蝮的每一個鱗片上都有一對細小的刻紋，這是本種與其他亞洲蝮的主要區別。人類捕捉布氏蝮以供食用或泡酒，或供傳統藥用。

從吻部經眼睛至 ●
嘴角的深褐色條紋

• **分布**：日本及東亞大陸；棲居在草地、開墾地及多岩石的山坡地。

• **繁殖**：卵胎生，每次產下2-13 條幼蛇。

• **相似種**：中介蝮（*Agkistrodon intermedius*）、西伯利亞蝮（*A. halys*）。

亞洲

體長：40-60公分	食性 🦎🐸🐀	活動時間 ◑

科：蝮蛇科	學名：*Agkistrodon contortrix*	狀態：地區性普遍

銅頭蝮（COPPERHEAD）☠

銅頭蝮的體色為淡褐色至粉紅-褐色，綴有紅褐色的帶狀紋或沙漏形斑紋。其黃褐色的頭部後側有一對深色的小斑點；深色的頭頂與淡色嘴唇之間有一條深褐色的細紋界線。

身體有明顯的褐色帶狀紋或沙漏狀斑紋

頭頂後方的深色斑點

• **分布**：美國東南部及墨西哥東北部。棲居在岩石遍布且林木蓊鬱的山坡地。

• **繁殖**：卵胎生，每次產下4-16條幼蛇。

底色為淡褐色到粉紅-褐色

北美洲

體長：0.7-1.3公尺	食性	活動時間

科：蝮蛇科	學名：*Agkistrodon piscivorus*	狀態：普遍

食魚蝮（COTTONMOUTH）☠

食魚蝮的口腔內部為白色，此為其英文俗名的由來。成蛇的體色相當暗，而且只有一種顏色；幼蛇（如圖所示）的體色較淺，並綴有明顯的斑紋。

受到威脅時，會露出其毒牙鞘與白色的口腔

• **分布**：美國東南部；棲居在沼澤、多植物的長沼及緩慢流動的河流中。

• **繁殖**：卵胎生，每次產1-16條幼蛇。

• **相似種**：美洲水蛇屬（*Nerodia* species，見148頁）。

北美洲

體長：1.5-1.8公尺	食性	活動時間

科：蝮蛇科	學名：*Azemiops feae*	狀態：稀有

白頭蝰（FEA'S VIPER）☠

這種目前所知不多的毒蛇，被認為是最原始的蝮蛇。白頭蝰為黑褐色，身體背面有窄窄的粉紅色或黃色帶狀紋。黃色的頭部及頸部是最明顯的特徵，頭頸部的背面還有一對顏色略深的縱向條紋。白頭蝰的小眼睛中有垂直瞳孔。

頭部覆蓋大型鱗甲，對蝮蛇來說相當罕見

黃色的頭部與顏色較深的條紋對比分明

深色的身體綴有粉紅色或黃色的細窄帶狀紋

• **分布**：喜馬拉雅山山腳的南部。棲居在山區雨林中。

• **繁殖**：不詳，但據推測可能為卵生。

亞洲

體長：50-90公分	食性	活動時間：不詳

科：蝰蛇科	學名：*Bitis arietans*	狀態：普遍

膨蝰（PUFF ADDER）☠

膨蝰的身體粗短，體色為灰色、黃色或褐色，背面中央有一排鑲有淺色邊的深色山形花紋。其寬大的褐色頭部上有一條淡色條紋，從雙眼後方延伸至顎部後端。大型膨蝰龐大笨重的身軀讓牠只能以直線方式移動，或者像大蚺蛇一樣以毛毛蟲蠕動的方式爬行。

• **分布**：非洲及葉門；除了沙漠及山區外，所有棲地類型均見分布。

• **繁殖**：卵胎生，每次產40-150條幼蛇。

● 尾巴短

● 明顯的鱗脊

寬闊的頭部內有 ● 大毒牙

非洲、中東

體長：0.9-1.8公尺	食性 🦎🐦🦎	活動時間 ◑

科：蝰蛇科	學名：*Bitis caudalis*	狀態：地區性普遍

沙膨蝰（HORNED ADDER）☠

沙膨蝰的身體短而粗壯，體色多變化，背部從灰色到黃褐色、橙色或紅褐色都有，綴有三列深色斑塊；腹面則全為白色。

• **分布**：西南非。棲居在沙漠及灌叢中。

• **繁殖**：卵胎生，每次產 4-27條幼蛇。

• **相似種**：食卵蛇（*Dasypeltis scabra*，見130頁）。

非洲

● 身體的花紋由三列暗色的斑塊組成

● 三角形的頭部，雙眼上通常各有一尖角

體長：30-50公分	食性 🦎🐁🐀	活動時間 ☾

科：蝰蛇科	學名：*Bitis cornuta*	狀態：地區性普遍

角膨蝰（MANY-HORNED ADDER）☠

體色為灰色到褐色，身體背面有兩列方形或矩形的斑紋，這些斑紋的中間顏色深而邊緣淺。體側有較小的深色斑塊，腹面則有深色的小斑點。大多數角膨蝰的雙眼上各有2-7個角，某些個體沒有角。

• **分布**：南非東部及納米比亞。棲居在山區及多岩石的平原上。

• **繁殖**：卵胎生，每次產6-8條幼蛇。

• **相似種**：無角膨蝰（*Bitis inornata*）。

非洲

較淺的底色上有兩列深色斑紋 ●

口鼻部上 ● 有許多角

體長：25-34公分	食性 🐁🦎	活動時間 ◑

科：蝰蛇科	學名：*Bitis gabonica*	狀態：地區性普遍

加彭膨蝰（GABOON VIPER）☠

褐色、灰色、紫色的幾何花紋以及樹葉狀的大頭部，使得加彭膨蝰得以巧妙地隱身在非洲森林底層中。這是最長且最重的非洲蝰蛇，行動緩慢且通常都靜伏不動，等待缺乏警覺性的老鼠、松鼠甚至小羚羊或豪豬等獵物送上門來。加彭膨蝰有兩個亞種：分布於東非及中非的東非加彭膨蝰（*Bitis gabonica gabonica*）以及分布於西非的西非加彭膨蝰（*Bitis gabonica rhinoceros*）。

• **分布**：熱帶非洲；棲居在雨林及林地中。
• **繁殖**：卵胎生，每次產16–60條幼蛇。
• **相似種**：犀牛膨蝰（*B. nasicornis*，見右頁）。

吻端的角狀突起比東非
加彭膨蝰來得長

**西非加彭膨蝰
（幼蛇）**

一如東非
加彭膨蝰，
眼後也有條紋

**加彭膨蝰
（幼蛇）**

臥伏在落葉
堆時，其一身
的偽裝花色
有助於掩飾

笨重的
身體與短尾

眼下有
垂直條紋

鼻頭的突起
比西非加彭膨
蝰來得小

成蛇有厚實的
葉狀頭部，其毒
牙可長達5公分

**東非加彭膨蝰
（幼蛇）**

非洲

體長：1.2–2公尺	食性 🐀	活動時間 ☾

科：蝰蛇科	學名：*Bitis nasicornis*	狀態：地區性普遍

犀牛膨蝰（Rhinoceros Viper）☠

這種大型蝰蛇以伏襲方式獵食哺乳動物及大青
蛙。其體色類似其近親種加彭膨蝰（見左頁），
由灰色、藍色、紫色、橙色及柔和的深黑色組成
幾何圖案，長長的頭部頂端還有一個箭矢狀的黑
色大斑紋。犀牛膨蝰吻端的角狀突起甚至比西非
加彭膨蝰還要長。雖然這是種陸棲性
蛇，不過也會爬上矮灌叢中，也
善於游水。圖中所示為幼蛇。

角狀的鼻突●
非常明顯

●幾何形狀的
花紋提供偽裝
的保護色

• **分布**：中非及西非；棲居
在雨林及濱河森林中。
• **繁殖**：卵胎生，每次產
6-40條幼蛇。
• **相似種**：加彭膨蝰（見
左頁）。

● 頭部上有箭矢
狀的黑色大斑紋

短而粗壯
的身體

非洲

體長：0.9-1.2公尺	食性 🦫🐸	活動時間 ☾

科：蝰蛇科	學名：*Bitis peringueyi*	狀態：瀕危

侏膨蝰（Peringuey's Adder）☠

侏膨蝰又稱沙漠角響尾蛇（Namib Desert
Sidewinding Viper），會在鬆軟的沙丘上以對角
線的側繞方式快速移動，而在沙丘上留下 J 字
型的痕跡。為了躲避高溫，白天時侏膨蝰會將
身體埋入有植被遮陰的沙土中，只露出鰈魚狀
的眼睛，並以伏擊方式獵食冒險走近的日行性
蜥蜴。入夜後，才會主動獵食壁虎。

眼睛位於
● 頭部背面

身體的顏色淡
而柔和，黑色
的尾尖可用以
引誘蜥蜴 ●

非洲

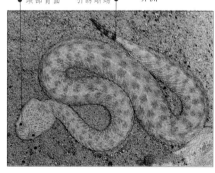

• **分布**：西南非。棲居在沙漠中的沙丘中。
• **繁殖**：卵胎生，每次產 4-10 條幼蛇。
• **相似種**：許氏膨蝰（*Bitis schneideri*）。
• **附註**：侏膨蝰是唯一一種眼睛位於頭部背面
的蛇。

體長：25-30公分	食性 🦎	活動時間 ☾

| 科：蝮蛇科 | 學名：*Bothriechis schlegelii* | 狀態：地區性普遍 |

許氏棕櫚蝮（EYELASH PITVIPER）☠

這種蝮蛇的眼睛周圍有像睫毛一樣的隆起鱗片，其英文俗名即得自於此，此一特徵也使牠成為最容易辨識的美洲蝮蛇之一。許氏棕櫚蝮的體色變化相當大，從灰色或綠色到金黃色都有，有時還會夾雜著小斑點或斑塊。

這種樹棲蛇在天色剛暗時會溜下樹來，躲伏在低矮的植被中以伏擊獵物。

• **分布**：中美洲及南美洲西北部；棲居在雨林中。

• **繁殖**：卵胎生，每次產11-24條幼蛇。

纖細的身體以及適合抓握的長尾

眼睛周圍的隆起鱗片就像睫毛一樣

中南美洲

| 體長：50-80公分 | 食性 🐸🦎🐭 | 活動時間 ☾ |

| 科：蝮蛇科 | 學名：*Bothrops asper* | 狀態：普遍 |

粗鱗矛頭蝮（TERCIOPELO）☠

這是十分危險的毒蛇，有呈矛狀的大頭部及細長的身體，體色從灰色、黃褐色到幾近全黑。背部有鑲著淺色邊的三角形深色斑紋，這些斑紋有時會在背部互相交錯成 X 型。有些幼蛇為半樹棲。

• **分布**：中美洲與南美洲北部。棲地多樣化，由雨林到農地均見分布。

• **繁殖**：卵胎生，每次產 5-86條幼蛇。

• **相似種**：中美洲巨蝮（*Lachesis stenophrys*）以及矛頭蝮（*Bothrops atrox*，見右頁）。

• **附註**：中美洲及南美洲北部90%的嚴重蛇咬事件，其元兇就是粗鱗矛頭蝮。

中南美洲

矛狀的大頭部

毒腺位於眼後

輪廓清楚的倒 V 字型斑紋可以與落葉堆巧妙融合

| 體長：1.2-2.5公尺 | 食性 🐭🐍🐸🐭 | 活動時間 ☾ |

科：蝮蛇科	學名：*Bothrops atrox*	狀態：普遍

矛頭蝮（Common Lancehead）☠

矛頭蝮的體色由灰色到褐色，背面有倒V字型的深色斑紋，這些斑紋在幼蛇身上有時會更明顯（如圖所示）。兩眼到下顎處也各有一道深色條紋。矛頭蝮在幼蛇時期為半樹棲性，成蛇後則為地棲。
- **分布**：南美洲北部。棲地多樣化，從雨林到農地均有分布。
- **繁殖**：卵胎生，每次產10-30條幼蛇。
- **相似種**：巴西矛頭蝮（*Bothrops brazili*）、馬洛裘矛頭蝮（*B. marajoensis*）。

矛狀的頭部為其命名由來

南美洲

粗糙的鱗脊化鱗片

黃色的尾尖用以引誘蜥蜴

體長：0.8-1.5公尺	食性 🐁🐦🦎🐸	活動時間 ☾

科：蝮蛇科	學名：*Bothrops insularis*	狀態：普遍

海島矛頭蝮（Golden Lancehead）☠

這種身體細長的橙色蝮蛇可以同時適應樹棲及陸棲生活，毒性比南美洲的其他蛇種要高出五倍。由於所在的孤立小島上沒有哺乳類，本種蛇以捕食鳥類維生。
- **分布**：巴西的大克馬塔島（Queimada Grande island）。棲居在乾燥的離島森林中。
- **繁殖**：卵胎生，每次產 6-12 條幼蛇。

大克馬塔島

敏捷的細長身體

橙色的體色可以隱身在棕櫚樹的果實或枯葉中

體長：0.7-1公尺	食性 🐦	活動時間 ○

科：蝮蛇科	學名：*Bothrops jararaca*	狀態：普遍

美洲矛頭蝮（Jararaca）☠

體色為褐色，身上的斑紋多變化且具有偽裝作用。某些體色較淺的個體，背部上可以明顯見到倒V字型的深色斑紋，但體色較深者則幾乎看不出來。雖然這種蝮蛇為地棲種類，有時也可見到其幼蛇棲居在樹上。偏愛開闊的地區，與人類接觸的機會相對較多，嚴重的蛇吻事件就難以避免了。

- **分布**：巴西南部及巴拉圭東南部；棲居在乾燥森林、稀樹大草原及開墾區中。
- **繁殖**：卵胎生，每次產12-18條幼蛇。

南美洲

身體有明顯的鱗脊

大大的頭部內有可以移動的長毒牙

體長：1-1.6公尺	食性 🐁🐸	活動時間 ○

科：蝰蛇科	學名：*Calloselasma rhodostoma*	狀態：普遍

紅口蝮（MALAYAN PITVIPER）☠

紅口蝮的體色為褐色，沿著背面有深色的倒V字型小斑紋。其矛狀頭部的上半部為褐色，並以兩道黃褐色的條紋為界線。另一道深褐色的寬條紋則從眼睛往下延伸到顎部；唇、下巴及喉嚨都為白色。不同於大多數的蝰蛇，紅口蝮為卵生。

- **分布**：亞洲大陸東南部及爪哇。棲居在乾燥的林地及農場中。
- **繁殖**：每次產20~40枚卵。
- **相似種**：百步蛇（*Deinagkistrodon acutus*）。

亞洲

較淡的底色上有倒V字型的斑紋

脊背中間有深色條紋

身體的花紋可以與枯葉完全融合

垂直的瞳孔

雙眼至嘴角有條紋連接

體長：0.7~1公尺	食性 🐁🐀🦎🐦🕷	活動時間 ☾

科：蝰蛇科	學名：*Cerastes cerastes*	狀態：普遍

角蝰（SAHARA HORNED VIPER）☠

角蝰的體色為柔和的褐色及灰色，背部有顏色較深的斑塊。角蝰的雙眼上各有一塊隆起如角狀的大鱗片，不過沒有這塊大鱗片的角蝰也相當普遍。角蝰行動緩慢，白天時會藏身在疏鬆的沙土中或躲伏在植被下，以伏擊行經的獵物。角蝰會以斜對角的側繞移動方式越過鬆軟的沙土。嚇阻天敵時，角蝰會摩擦其粗糙的鱗片以發出刺耳的聲音。

- **分布**：非洲的撒哈拉沙漠。棲居在沙漠及綠洲中。
- **繁殖**：每次產10~23枚卵。
- **相似種**：蓋氏角蝰（*Cerastes gasperettii*）、埃及角蝰（*C. vipera*）。

非洲

淺淺的灰色是沙漠中的偽裝色

雙眼上各有角狀構造

體側鱗脊明顯，可以摩擦出聲，以警告入侵者

體長：60~85公分	食性 🐁🦎🐦	活動時間 ☾

科：蝰蛇科	學名：*Crotalus adamanteus*	狀態：地區性普遍

東部菱斑響尾蛇（EASTERN DIAMONDBACK RATTLESNAKE）☠

這是北美洲最長及最重的毒蛇，褐色的身體背面有菱形斑紋，尾端則有黃色環紋。

• **分布**：美國東南部。棲居在乾燥的低地林地中。

• **繁殖**：卵胎生，每次產6–21條幼蛇。

• **相似種**：西部菱斑響尾蛇（*Crotalus atrox*，見下圖）。

背面有鑲黃邊的菱形斑紋，尾部則有黃色環紋

北美洲

鑲黃邊的褐色寬綠紋由眼睛延伸至顎部

體長：1–2.4公尺	食性	活動時間 ◑

科：蝰蛇科	學名：*Crotalus atrox*	狀態：普遍

西部菱斑響尾蛇（WESTERN DIAMONBDACK RATTLESNAKE）☠

體色為黃色到灰色或紅色，背上有菱形斑紋，尾部有黑白環紋。

• **分布**：美國南部及墨西哥北部；棲居在沙漠、灌叢林及乾燥的林地中。

• **繁殖**：卵胎生，每次產下4–25條幼蛇。

• **相似種**：紅菱斑響尾蛇（*Crotalus exsul ruber*）。

北美洲

背面有深色的菱形斑紋

尾部有黑白相間的環紋

體長：1–2.1公尺	食性	活動時間 ◑

科：蝰蛇科	學名：*Crotalus cerastes*	狀態：地區性普遍

角響尾蛇（SIDEWINDER）☠

角響尾蛇的身體細瘦，與其他響尾蛇最大的區別在於雙眼上都有角狀的突起。其體色柔和，有各種不同的沙漠色調，如黃色、粉紅色、黃褐色及灰色等，身上還有縱向排列且顏色越來越淡的斑點。尾端則有顏色較深的環紋。這種蛇已相當能適應沙漠生活，以側繞移動方式越過鬆軟的沙土，移動時會撐起身體，並在沙地上留下 J 字型的痕跡。

• **分布**：美國西南部及墨西哥西北部。棲居在沙漠中。

• **繁殖**：卵胎生，每次產 5–18 條幼蛇。

身體相對纖細，且具偽裝效果

近響環處的顏色最深

北美洲

體長：60–80公分	食性 	活動時間 ☾

| 科：蝮蛇科 | 學名：*Crotalus durissus* | 狀態：普遍 |

南美響尾蛇（Neotropical Rattlesnake）☠

本種蛇是墨西哥南部唯一的響尾蛇，從頭部沿著頸部而下有一對深色條紋，以及一條隆起的背脊。南美響尾蛇有13-14個亞種，包括瀕危的阿魯巴島響尾蛇（*Crotalus durissus unicolor*）及委內瑞拉境內的烏拉崗響尾蛇（*C. durissus vegrandis*）。受威脅時不一定會使用響環警告。

• **分布**：墨西哥東北部到阿根廷北部（不含厄瓜多爾及智利）。棲居在稀樹大草原的林地中。

• **繁殖**：卵胎生，每次產 2-47 條幼蛇。

• **相似種**：西海岸響尾蛇（*Crotalus basiliscus*）。

體型小，體色為淡黃色或粉紅色

阿魯巴島響尾蛇

背部的菱形斑紋

位於眼鼻間的熱感應頰窩

從頭部延伸至頸部的一對深色條紋

尾端的響環

南美響尾蛇

烏拉崗響尾蛇（幼蛇）

隆起的背脊順著背面中心往下延伸

全身滿布特殊的斑點

北美洲、中美洲及南美洲

| 體長：1-1.8公尺 | 食性 🐭🦎🐸 | 活動時間 ☾◑ |

科：蝮蛇科	學名：*Crotalus horridus*	狀態：瀕危

響尾蛇 (TIMBER RATTLESNAKE) ☠

這是歐洲移民進入美洲時最先碰到的響尾蛇，
這種蛇也是美國受害最嚴重的蛇類之一。其體
色變化極大，從黑色到深褐色、淺褐色、黃色
或淺灰色都有，背面有深淺不一的深色帶狀
紋，尾巴則幾近全黑。體色較淡的個體在背脊
中央可能會出現一條橙色條紋。其拉丁學名係
以其刺狀的鱗脊為命名依據。

- **分布**：美國東部；棲居在山區林地及低地沼
澤中。
- **繁殖**：卵胎生，每次產 3-19 條幼蛇。
- **相似種**：黑尾響尾蛇 (*Crotalus molossus*)。
- **附註**：加拿大唯一的響尾蛇族群已在1941年
滅絕了。

北美洲

不規則的
深色橫向帶紋

幾近全黑
的尾部

體長：0.9-1.8公尺	食性 🐀🐦	活動時間 ☾◑

科：蝮蛇科	學名：*Crotalus viridis*	狀態：地區性普遍

西部響尾蛇 (WESTERN RATTLESNAKE) ☠

本種是北美洲西部分布最廣的響尾蛇。較淺的底色上綴有
鑲暗色邊的斑塊是其基本體色之一，不過有 9 個亞種中體
色的變化還是大有差異。亞歷桑納黑響尾蛇 (*Crotalus
viridis cerberus*) 的體色非常深；草原響尾蛇
(*C. viridis viridis*，如圖所示) 是帶有一
點綠色調或紅色調的褐色；褐皮響尾
蛇 (*C. viridis nuntius*) 為紅褐色；
侏儒褪色響尾蛇 (*C. viridis concolor*)
有時會幾近奶油色。

- **分布**：北美洲東部，從加拿大南
部到墨西哥的下加利福尼亞。棲地
多樣化，從海平面、沙漠邊緣到
海拔3,300公尺處都有分布。
- **繁殖**：卵胎生，每次產下
3-25 條幼蛇。
- **相似種**：小盾響尾蛇 (*C.
scutellatus*)、西部菱斑響尾蛇
(*C. atrox*，見183頁)。

北美洲

顏色較淡的底色上
有深色邊的斑塊

體色與響環
的顏色一致

淺色條紋從偽裝
用的假眼睛一直延伸到嘴角

體長：0.6-1.6公尺	食性 🐀🦎🐛	活動時間 ☾◑

科：蝮蛇科	學名：*Daboia russelii*	狀態：地區性普遍

鎖蛇（Russell's Viper）☠

鎖蛇又稱東亞蝰蛇，其外形及行為都相當獨特。其體色為橙色、粉紅色或灰色，並綴有三列鑲著深色邊的大斑點，通常還有兩列相似的小斑點散置其間；頭部上還有顏色相同但形狀扭曲的斑紋。鎖蛇受到威脅時，會發出悠長且刺耳的嘶嘶聲。

- **分布**：從巴基斯坦到泰國及台灣，印尼的爪哇及小巽他群島（Lesser Sunda Islands）也有分布。棲居在乾燥的林地及雜草遍生的山丘。
- **繁殖**：卵胎生，每次產30–60條幼蛇。
- **附註**：這種劇毒毒蛇在斯里蘭卡境內所導致的蛇吻傷害遠較眼鏡蛇、環蛇及鋸鱗蝰還要嚴重。

鑲著深色邊的三列大斑點

體型粗壯

亞洲

體長：1–1.5公尺	食性	活動時間 ☾

科：蝮蛇科	學名：*Echis pyramidum*	狀態：地區性普遍

埃及鋸鱗蝰（East African Carpet Viper）☠

這種褐色的小型蛇有圓形的頭部，體側的鱗脊斜向排列而呈鋸齒狀。當埃及鋸鱗蝰受到威脅時，會將身體圈成若干圈的同心圓弧，然後摩擦體側的鋸齒狀鱗片，發出刺耳的聲音；有時還會以快速的攻擊動作自我防衛。

- **分布**：非洲北部及東北部。棲居在綠洲、岩石地帶及雜草遍生的地區。
- **繁殖**：每次產下4–20枚卵。
- **相似種**：彩鋸鱗蝰（*Echis coloratus*）。

頭部小而圓

由於頭部小使眼睛顯得很大

摩擦體側鱗脊明顯的鋸齒狀鱗片會發出刺耳的聲音

圓形的頭部

非洲

體長：50–85公分	食性	活動時間 ☾

科：蝮蛇科	學名：*Lachesis muta*	狀態：地區性普遍

巨蝮（SOUTH AMERICAN BUSHMASTER）☠

這種蝮蛇的體色為褐色、黃色或粉紅色，背上滿布深褐色或黑色的菱形斑紋。眼睛到顎部之間有一道黑色條紋連接，尾巴的末端則縮減成針狀。巨蝮有兩個亞種：亞馬遜巨蝮（*Lachesis muta muta*）及深具危險性的大西洋巨蝮（*L. muta rhombeata*）。

亞馬遜巨蝮

雙眼後各有一道黑色條紋

大西洋巨蝮

尾端縮減成針狀

- 分布：亞馬遜河流域、巴西東部及大西洋沿岸。棲居在雨林中。
- 繁殖：每次產 5-18 枚卵。
- 相似種：黑頭巨蝮（*Lachesis melanocephala*）、中美洲巨蝮（*L. stenophrys*）。
- 附註：巨蝮屬（*Lachesis species*）是美洲最大型且唯一以卵生繁殖的蝮蛇。

南美洲

體色為褐色、黃色或粉紅色，綴有深色的菱形斑紋

體長：2-3.5公尺	食性 🐀	活動時間 ☾

科：蝮蛇科	學名：*Sistrurus catenatus*	狀態：瀕危

北美侏儒響尾蛇（MASSASAUGA）☠

這種小型蛇也稱為沼澤響尾蛇，體色為淡灰色或褐色，並綴有數列縱向排列的深色斑點；兩眼之間則有數道深色條紋往後延伸到頸背及顎部。這種蛇有大型頭鱗而不是顆粒狀頭鱗，這對響尾蛇來說相當不尋常。北美侏儒響尾蛇善於游水，有些族群會在螯蝦所挖掘的洞穴中冬眠。

成列的大斑點

尾部有小型響環

- 分布：加拿大東南部到墨西哥東北部。棲居在沼澤、草地及河床。
- 繁殖：卵胎生，每次產 2-19 條幼蛇。
- 相似種：侏儒響尾蛇（*Sistrurus miliarius*）、西豬鼻蛇（*Heterodon nasicus*，見138頁）。

北美洲

體長：0.8-1公尺	食性 🐢🐁🦎🐸	活動時間 ☼◐

| 科：蝮蛇科 | 學名：*Trimeresurus albolabris* | 狀態：普遍 |

白唇竹葉青（WHITE-LIPPED PITVIPER）☠

這種鮮綠色的蛇為亞洲南部數種綠色樹棲
蝮蛇之一，尾部背面有一條寬闊的紅色條紋。
雄蛇的腹側有一道白色條紋，雌蛇身上則沒有這道
條紋或是不明顯。雖然稱為白唇竹葉青，事實上這種蛇
的唇部也是綠色，喉部及腹面才是白色，並有橙色的眼
睛與垂直瞳孔。其大型的熱感應頰窩對於獵
食小型哺乳類及鳥類大有助益。

• 分布：南亞及東南亞。棲居在開闊
的低地及丘陵林地。

• 繁殖：卵胎生，每次產15-25條
幼蛇。

• 相似種：南洋洛鐵頭（*Trimeresurus
popeiorum*）。

亞洲

明顯的
頰窩

體鱗有
明顯的鱗脊

腹面層層重疊
的大鱗片

鮮綠色的寬大頭
部上有橙色眼睛與
黃綠色的雙唇

| 體長：0.6-1公尺 | 食性 🐀🐁🐸🦎 | 活動時間 ☾ |

| 科：蝮蛇科 | 學名：*Tropidolaemus wagleri* | 狀態：地區性普遍 |

瓦氏蝮蛇（WAGLER'S TEMPLE PITVIPER）☠

亞洲

體色變化大。成蛇中的雌蛇有巨
大的頭部，顏色為綠、藍綠或黑
色，並綴有黃色短條紋及淡綠、
黑色的斑點；幼蛇及部分年紀稍
長的雄蛇則全為亮綠色。貫穿過
雙眼的褐色條紋有偽裝效果。

• 分布：泰國、印尼、馬來西亞
及菲律賓。棲居在低地林地及林
木蓊鬱的沼澤中。

• 繁殖：卵胎生，每次產15-40
條幼蛇。

• 相似種：紫棕洛鐵頭
（*Trimeresurus
purpureomaculatus*）。

• 附註：馬來西亞檳城的著名蛇
廟所供奉的就是瓦氏蝮蛇。

體色與花紋的
變化非常大

寬大的
頭部

貫穿過雙眼
的褐色條紋
有偽裝效果

| 體長：0.8-1.3公尺 | 食性 🐀🐁🐸🦎 | 活動時間 ☾ |

科：蝮蛇科	學名：*Vipera ammodytes*	狀態：普遍

沙蝰（Nose-horned Viper）☠

這是歐洲毒性最強的毒蛇，鼻端有一突起構造，背部則有之字形花紋。雄蛇的體色通常為淺灰色，雌蛇則為深灰色到褐色。

• **分布**：義大利東北部到土耳其、黎巴嫩及裏海。棲居在開闊的林地或乾燥的岩質山坡上。

• **繁殖**：卵胎生，每次產 5-15 條幼蛇。

歐洲、亞洲

之字形的花紋有時會斷斷續續

吻端有往上翹的特殊構造

體長：60-90公分	食性	活動時間 ☾☀

科：蝮蛇科	學名：*Vipera berus*	狀態：地區性普遍

極北蝰（Northern Cross Adder）☠

極北蝰是不列顛群島上唯一的毒蛇，雄蛇的體色為淺灰色，背面有黑色的之字形花紋；雌蛇的體色通常為褐色，有深褐色的之字形花紋。某些雌蛇則為純黑色。

• **分布**：不列顛群島（非愛爾蘭地區）、斯堪的那維亞到日本北部的庫頁島。棲居在荒原、鐵道路基、濕地、開闊林地及草地中。

• **繁殖**：卵胎生，每次產 4-20條幼蛇。

歐洲、亞洲

頸部有深色的 V 字形斑紋

顏色較淺的底色上有深色的之字形斑紋

鱗脊化的體鱗

體長：65-90公分	食性	活動時間 ☀

科：蝮蛇科	學名：*Vipera latastei*	狀態：地區性普遍

翹鼻蝰（Lataste's Viper）☠

本種蛇鼻端的角狀構造及體色都與沙蝰（見上圖）十分相似，不過翹鼻蝰的體型較小，危險性也較低，而且分布在歐洲的西南部而非東南部。翹鼻蝰的體色為灰色到褐色，鑲深色邊的之字形花紋則帶點紅色調。

• **分布**：西班牙、葡萄牙及摩洛哥。棲居在乾燥、林木森然且多岩石的山坡地。

• **繁殖**：卵胎生，每次產 2-8 條幼蛇。

• **相似種**：山蝰（*V. monticola*）、沙蝰（見上圖）。

歐洲、非洲

鼻尖有往上翹的突起

鑲深色邊的之字形斑紋帶點紅色調

體長：60-75公分	食性	活動時間 ☾☀

鱷

鱷 目（Crocodilian）的成員包括鱷魚、短吻鱷以及食魚鱷。此目動物的身體都外覆堅韌的革質皮膚，有時還有骨板（即皮內骨或骨質皮膚）加以強化。鱷目動物無法經由堅韌的皮膚排汗，必須利用「張口」（休息時張著嘴）的方式來散熱，讓水分從富含黏液的口腔內膜蒸散，以降低體溫。

雖然現生鱷的外形仍相當原始，其實卻已經過相當程度的進化，舉例來說，牠們有一個四個腔室的複雜心臟，構造類似哺乳動物。事實上，生物學家均已公認與現生鱷關係最為親近的首推鳥類而不是其他的爬行類

動物。由於棲地的破壞、大量的獵捕以及環境的污染，目前除了美洲短吻鱷（*Alligator mississippiensis*）之外，幾乎鱷目中的所有種類都面臨生死存亡的關頭，不是分布區的某些地區已發生瀕危情形，就是某些種類有全面性的滅絕危機。

鱷目中有廿三個現生種類，通常區分為以下三個不同科：短吻鱷科（Alligatoridae）、鱷科（Crocodylidae）以及食魚鱷科（Gavialidae）；不過有時則統歸為同一科的三個亞科，本書分類採用前者。

科：短吻鱷科	學名：*Alligator mississippiensis*	狀態：普遍

美洲短吻鱷（AMERICAN ALLIGATOR）

這種短吻鱷又稱密河鱷。幼鱷為黑色，並綴有不規則的黃色橫向帶紋。由於黑色素與藻類的覆蓋，成年美洲短吻鱷的身上完全看不到這些黃色斑紋。美洲短吻鱷有圓而寬的口鼻部，其體色與同樣棲息在佛羅里達州南部的美洲鱷（*Crocodylus acutus*）不一樣，後者的體色為褐色，且口鼻部尖細。雄美洲短吻鱷的體型比雌鱷大很多，繁殖季期間，體型龐大的雄鱷會彎著身體，將頭部與尾巴用力推出水面，並以咆哮方式來吸引交配對象。當牠們吼叫時，少量噴出的水會在短吻鱷背部的鱗片上振動。交配行為在水中進行，雌鱷將卵產在植物碎屑堆中，並在65天的孵化期間一旁守護。幼鱷以無脊椎動物、

眼睛有內層膜眼瞼，因此在水中也能視物

蛙和魚為食，而成年鱷則捕食烏龜、水鳥及哺乳動物。

• **分布**：美國東南部。棲居在淡水的沼澤、湖泊與河流中。

• **繁殖**：每次產20-50枚卵。

• **相似種**：揚子江鱷（*Alligator sinensis*，見右頁）。

• **附註**：短吻鱷攻擊或殺害人類的紀錄遠比鱷魚少，不過偶爾還是會有意外發生。美洲短吻鱷於1960年代從全面獵殺的情形轉變為保育動物，族群數量已逐漸增加；事實上，短吻鱷在某些地區仍被視為不受歡迎的危險動物而遭驅逐。

體長：2.8-5公尺	食性 🦎🐦🐭🦫	活動時間 ☼

科：短吻鱷科	學名：*Alligator sinensis*	狀態：瀕危

揚子江鱷（CHINESE ALLIGATOR）

揚子江鱷與美洲短吻鱷（見左頁）的親緣關係最接近。這種中國短吻鱷的體色為帶點綠色調的黑色，其體側有黃色的斑點與短條紋。幼鱷的體色較為鮮豔明亮，綴有黃色及黑色的帶狀斑紋。

- **分布**：中國。棲居在長江（揚子江）下游附近，以及鄰近的草澤和湖泊中。
- **繁殖**：每次產10–40枚卵。
- **相似種**：美洲短吻鱷（見左頁）。

寬短且上翹的口鼻部

粗壯的橄欖色身體

亞洲

體長：1.5–2公尺	食性 🐟🐢🐀🦗	活動時間 ☾

黑色的底色上有黃色的網狀斑紋

北美洲

幼鱷

強而有力的尾部有利於泅水

成年鱷

背部的鱗片隆起形成硬脊

後肢有蹼（五趾中只有三趾有趾甲）

| 科：短吻鱷科 | 學名：*Caiman crocodilus* | 狀態：普遍 |

眼鏡鱷（SPECTACLED CAIMAN）

這種短吻鱷的體色為黃褐色到深褐色，有粗壯的身體及寬闊的口鼻部，兩眼間還有一個類似眼鏡鼻樑架的骨質稜脊。這種鱷魚是森蚺屬（*Eunectes* species）獵食的對象。

中南美洲

頭頂的大眼睛提供
絕佳的視力

- **分布**：中南美洲（已引進佛羅里達與古巴）。棲居在湖泊、河流與沼澤中。
- **繁殖**：每次產40枚卵。
- **相似種**：寬吻鱷（*Caiman latirostris*）、雅卡鱷（*C. yacare*）。
- **附註**：在其原來的天然分布區之外，目前眼鏡鱷已成為深具威脅的外來種。

黃褐色的身體上有
顏色較深的帶狀紋

雙眼間的骨質
脊橫跨過口鼻部

| 體長：2.5-3公尺 | 食性 | 活動時間 ☼ |

| 科：短吻鱷科 | 學名：*Melanosuchus niger* | 狀態：瀕危 |

黑鱷魚（BLACK CAIMAN）

黑鱷魚的頭部長而寬，沿著背部有一列隆起的骨脊。這是寬吻鱷中體型最大且唯一能讓人致命的鱷魚。黑鱷魚在其分布範圍的大部分地區已幾近滅絕，不過對圭亞那來說，這種鱷魚仍是致命的威脅。

背部中央有 　成年鱷的
明顯的骨脊　 體色較深　南美洲

- **分布**：南美洲。棲居在湖泊、河流、沼澤和洪水氾濫的草原。
- **繁殖**：每次產50-65枚卵。
- **相似種**：美洲短吻鱷（見190-191頁）。

| 體長：4-4.5公尺 | 食性 | 活動時間 ☽ |

| 科：短吻鱷科 | 學名：*Paleosuchus palpebrosus* | 狀態：普遍 |

矮鱷魚（CUVIER'S DWARF CAIMAN）

這是體型最小的寬吻鱷，身體的皮膚有骨板加以強化。其體色為褐色，綴有深褐色或黑色的橫向帶狀斑紋。這種鱷魚會用腐壞的植物與泥巴築巢。

南美洲

- **分布**：南美洲北部。棲居在氾濫的森林中。

口鼻部平滑，　身體皮膚
雙眼間沒有骨脊　有骨板加
以強化

褐色的體色上有不
規則的深褐色或黑色
橫向帶狀斑紋

- **繁殖**：每次產下12枚卵。
- **相似種**：史氏侏儒鱷（*Paleosuchus trigonatus*）。

| 體長：1.2-1.5公尺 | 食性 | 活動時間 ☽ |

| 科：食魚鱷科 | 學名：*Gavialis gangeticus* | 狀態：瀕危 |

食魚鱷（Ganges Gharial）

又稱恆河鱷（Gavial）。這種身體修長、體色為橄欖綠的食魚鱷有長而窄的頸部，口中的牙齒可多達100顆，使牠能熟練地獵食魚。雄成年鱷的吻端有個肉質的圓形突起，其功能尚不清楚。雖然食魚鱷是世界上最長的鱷魚之一，但尚未傳出吃人的事件。尼泊爾及印度近年來推動的保育計畫，已重新建立食魚鱷的族群數量。

亞洲

- **分布**：亞洲南部。棲居在大河流中。
- **繁殖**：每次產40-90枚卵。
- **相似種**：馬來鱷（*Tomistoma schlegeli*，見195頁）。
- **附註**：獨特的食魚鱷是食魚鱷科中唯一的現生種類。

雄鱷的口鼻部長而窄，尖端有球狀突起

細長的身體為橄欖綠色

| 體長：4-7公尺 | 食性  | 活動時間 ☼ |

| 科：鱷科 | 學名：*Crocodylus niloticus* | 狀態：普遍 |

尼羅河鱷（Nile Crocodile）

這是種十分強壯的大型鱷魚，體色為橄欖綠色到褐色，綴有黑色的斑點及網狀花紋。其下顎第四齒從上顎的V字形凹陷中往外突出。成年尼羅河鱷的體重可重達一噸，獵食的對象包括大羚羊、斑馬及水牛，甚至還能獵殺河馬、獅子及人類。雌鱷會在沙質河岸挖洞築巢。對這種鱷魚的卵來說，最大的威脅是水災及尼羅河巨蜥（*Varanus niloticus*，見100頁）。

非洲、馬達加斯加島

強有力的尾巴有助於游泳

- **分布**：非洲及馬達加斯加島。棲居在河流與湖泊中。
- **繁殖**：每次產25-100枚卵。
- **相似種**：西非長吻鱷（*Crocodylus cataphractus*）。
- **附註**：這種鱷魚目前在尼羅河可以說已經滅絕了。

緊閉嘴巴時仍可見到下顎的第四齒

體色為橄欖綠色到褐色，綴有黑色斑紋

| 體長：5-6.5公尺 | 食性  | 活動時間 ○ |

科：鱷科	學名：*Crocodylus porosus*	狀態：地區性普遍

印度鱷（INDO-PACIFIC CROCODILE）

又稱鹹水鱷。這種橄欖綠的鱷魚是現生爬蟲類動物中體型最大者，也是世界上最強而有力的動物之一。由於印度鱷是鱷目中唯一一頭背沒有大鱗片的鱷魚，有時也稱為裸頸鱷。這種鱷魚善於游泳，因此得以越洋分布，從印度到澳洲、從印度洋的科科斯島（Cocos Islands）到太平洋的斐濟之間都有發現紀錄。

亞洲、大洋洲

- **分布**：從亞洲南部、東南部到澳洲北部及太平洋西南部。棲居在近海河流、潟湖與河口處（偶爾也出現在開闊的海洋中）。
- **繁殖**：每次產20~90枚卵。
- **相似種**：食人鱷（*Crocodylus palustris*）、新幾內亞鱷（*C. novaeguineae*）。
- **附註**：印度鱷可以輕易獵食人類。

橄欖綠的身體經常
覆蓋著綠藻

牙齒可長達
10-13公分

張嘴可以
幫助散熱

體長：7-9公尺	食性	活動時間 ☼☾

科：鱷科	學名：*Crocodylus rhombifer*	狀態：瀕危

古巴鱷（CUBAN CROCODILE）

古巴鱷最容易辨識的特徵就是黑、黃兩色交錯的體色，以及眼睛上方有骨質的突起構造。這是種生性好鬥的鱷魚，整個身體可以躍出水面捕食。古巴鱷的分布範圍最小，1959年時曾經面臨滅絕威脅，不過經由復育計畫已重建其族群。引進青年島（Isla de la Juventud）的中美鈍吻鱷（*Caiman crocodilus fuscus*）即以古巴鱷的幼鱷為食。

- **分布**：古巴。棲居在淡水沼澤中。
- **繁殖**：每次產20~50枚卵。
- **相似種**：美洲鱷（*Crocodylus acutus*）。
- **附註**：古巴鱷可與美洲鱷雜交。

成年鱷的
黑-黃斑紋
較不明顯

短而有力
的後腳可以
跳過 2 公尺
以上的距離

頭部有角狀
的骨質構造

古巴

體長：3-3.5公尺	食性	活動時間 ☼

科：鱷科	學名：*Osteolaemus tetraspis*	狀態：瀕危

西非矮鱷（Dwarf Crocodile）

非洲

這是體型最小的鱷魚，頭部小且行動隱密，有兩個完全分開的族群。成年鱷的體色為黑褐色，幼鱷則為淺褐色，並綴有黑色斑點與短條紋。受到威脅時，西非矮鱷會潛入水裡並躲伏在河岸下的洞中。

• **分布**：中非及西非。棲居在雨林、沼澤、池塘以及流動緩慢的河流中。
• **繁殖**：每次產10–17枚卵。
• **相似種**：矮鱷（*Paleosuchus* species，見192頁）。

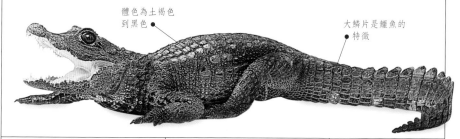

體色為土褐色到黑色

大鱗片是鱷魚的特徵

體長：1.5-2公尺	食性	活動時間 ☾

科：鱷科	學名：*Tomistoma schlegeli*	狀態：瀕危

馬來鱷（False Gharial）

亞洲

馬來鱷形似食魚鱷（*Gavialis gangeticus*，見193頁），但其頭部會逐漸往口鼻部縮窄，而且也沒有雄性食魚鱷吻端的圓球狀突起。馬來鱷的體色為深褐色，背上有模糊的黑色橫條紋；眼睛則有黃–褐色的虹膜，這點在鱷魚中相當罕見。馬來鱷目前可說是岌岌可危，由於非法的獵殺與棲地的破壞，越南南部的馬來鱷可能已經滅絕，而馬來西亞的族群也已瀕臨絕種。

• **分布**：東南亞。棲居在淡水沼澤、湖泊與河流中。
• **繁殖**：每次產20–60枚卵。
• **相似種**：食魚鱷（見193頁）。

如鉗子般的細長吻部主要用來抓魚

體色通常為橄欖綠，綴有模糊的黑色橫斑紋

強有力的尾巴有助於游泳

體長：4-5.5公尺	食性	活動時間：不詳

兩生類動物

水螈與蠑螈

有尾目（Urodela）共有五個科，包括 450 種的水螈與蠑螈，其中超過半數的蠑螈種類沒有肺臟，歸類為無肺螈科（Plethodontidae）。長長的尾巴及細長的身體是蠑螈與水螈的外形特徵，其四肢相對較短，而且差不多等長；體色則變化多端。某些種類可從皮膚腺體分泌毒液，這些有毒種類通常具有明亮鮮豔的體色以警告潛在的掠食者。

水螈與蠑螈通常在夜間活動，以在地面上爬行為主，白天時會躲在木頭及石頭下，或者藏匿在其他動物的洞穴中。少數種類可以爬樹，大多數種類均善於游泳。有些完全水棲的蠑螈則形似鰻魚。

蠑螈和水螈一般都將卵產在水中，這些卵會孵化成肉食性的幼體（與青蛙及蟾蜍的蝌蚪不同），而且都具有細長的身體。不過還是有為數不少的蠑螈將卵產在陸地上，這些種類的幼體階段完全在卵中度過，直到幼體長成迷你型的成體時才會破卵而出。至於「水螈」一名，則是指那些每年會返回水中數週至數個月以便繁殖的種類。

科：鰻螈科	學名：*Siren lacertina*	狀態：地區性普遍

大鰻螈（Greater Siren）

大鰻螈是一種形似鰻魚的大型兩生類動物，其前肢短小且沒有後肢。體背為灰色，並綴有深色斑點；體側顏色較淡，有不規則的黃褐色斑紋。其鰭狀尾側扁，中央處有脊柱貫穿。大鰻螈利用鏟狀的頭部在泥中尋找食物。攝食種類多樣化，特別偏愛蝸牛及蛤蚌。

- **分布**：美國東南部。棲居在泥濘且植物叢生的淺河流、水道、湖泊、池塘及溝渠中。
- **繁殖**：春季產卵於水中。
- **附註**：在乾旱的環境下，大鰻螈會將自己包裹在囊中並藏身在泥濘裡長達兩年，以體內貯存的脂肪提供能量。

頭部兩側有明顯的外鰓

體側有淺淺的黃褐色花紋

北美洲

扁平的頭部

體長：50~90公分	習性：完全水棲	活動時間 ☾

| 科：洞螈科 | 學名：*Necturus maculosus* | 狀態：地區性普遍 |

斑泥螈（Mudpuppy）

就像常見的小泥螈，這種具侵略性的大型蠑螈通常為灰色或褐色，並綴有顏色淺淡的斑紋。其頭部兩側有明顯且茂密的紅褐色外鰓，細長扁平的體型則使牠白天時可以藏身在木頭或石頭底下。斑泥螈是貪婪的掠食者，取食多種無脊椎動物、魚類以及其他兩棲類。雌螈會在木頭與石頭下掘穴為巢，作為卵孵化的安全處所。

• 分布：北美洲東部與中部。棲居在小溪、河流、水道及湖泊中。

• 繁殖：秋冬時產卵於水中。

北美洲

羽狀的紅褐色大型外鰓 ●

細長扁平的身體 ●

| 體長：20–50公分 | 習性：完全水棲 | 活動時間 ☾ |

| 科：隱鰓鯢科 | 學名：*Cryptobranchus alleganiensis* | 狀態：稀有 |

隱鰓鯢（Hellbender）

這種大蠑螈斑駁的褐色身體上有特殊的膚褶。其扁平的頭部與身體使牠能鑽入石頭底下，而牠黏滑且具刺激性的皮膚分泌物則可用來禦敵自衛。繁殖季期間，雄鯢會在石頭下掘穴，將雌鯢誘引上門或強迫帶回。雌鯢在產下一長串的卵之前，都不能離開這個地穴，而雄鯢則在上方釋放精子。產卵後，雄鯢會將雌鯢驅離，並負責看守受精卵直到孵化。

• 分布：美國東部。棲居在多石頭且湍急的大溪流中。

• 繁殖：秋冬時產卵於水中。

• 附註：由於環境污染，這種原本相當普遍的物種已日漸稀少。

北美洲

體背與尾部都有鋸齒狀的脊突 ●

大而扁平的頭部 ●

身體下側有膚褶 ●

| 體長：30–75公分 | 習性：完全水棲 | 活動時間 ○ |

| 科：洞螈科 | 學名：*Proteus anguinus* | 狀態：稀有 |

洞螈（OLM）

洞螈是一種獨居的穴居蠑螈，而且從不離水。其體色通常為白色，不過有時也會出現一些灰色、粉紅色或黃色的個體。洞螈不會變態為成體，而是在幼體時期就直接性成熟。終其一生都保有外鰓。洞螈的大尾巴使其善於泅水，而發育不全的眼睛則能適應完全黑暗的一生。求偶期間，雄螈會在雌螈的口鼻部前擺動尾部以散發氣味，受精方式為體內受精。雌螈一次可產卵70 顆，這些卵會附著在石頭底下。

• **分布**：斯洛維尼亞（Slovenia）至蒙特尼格羅（Montenegro）。棲居在石灰岩洞中的地下溪流及水池中。

• **繁殖**：春季時產卵於水中。

歐洲

非常小的眼睛

細長而扁平的口鼻部

大型外鰓

體色為白色、灰色、粉紅色或黃色

| 體長：20-30公分 | 習性：完全水棲 | 活動時間 ○ |

| 科：隱巨鯢科 | 學名：*Dicamptodon tenebrosus* | 狀態：地區性普遍 |

太平洋蠑螈（PACIFIC SALAMANDER）

這種體型粗壯的蠑螈為深褐色至黑色，綴有淺褐色的斑點或斑紋。這種蠑螈的水生幼體階段長達數年。其中有些個體在成熟後改為陸棲，並返回水中繁殖；其他從未離水生活的成體則仍保留著鰓。這些離水生活者是世界上體型最大的陸棲性蠑螈。

• **分布**：美國西北部。棲居在海岸森林的溪流附近。

• **繁殖**：春秋兩季產卵於水中。

北美洲

體色為深褐色至黑色

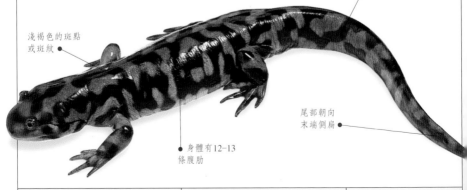

淺褐色的斑點或斑紋

身體有12-13條腹肋

尾部朝向末端側扁

| 體長：17-34公分 | 習性：陸棲或水棲 | 活動時間 ☾ |

科：兩棲鯢科	學名：*Amphiuma tridactylum*	狀態：地區性普遍

三趾兩棲鯢（THREE-TOED AMPHIUMA）

這種大型蠑螈有黏滑的皮膚、長尾巴及細小的四肢（各具三趾），外形類似鰻魚。其體背為黑色、灰色或褐色，腹面為淺灰色。雄鯢通常每年都可進行繁殖，但雌鯢卻是隔年生殖。此外，雌鯢還負有保衛卵至孵化的責任。三趾兩棲鯢會以痛咬敵人還擊。

• **分布**：美國中部與南部。棲居在沿海平原的溝渠、沼澤、溪流及池塘中。

• **繁殖**：冬季與春季產卵於水中。

北美洲

黏滑的皮膚

體背為灰色、黑色或褐色；腹面為淺褐色

具有三趾的短小四肢

體長：0.4–1.1公尺	習性：水棲為主	活動時間 ○

科：蠑螈科	學名：*Chioglossa lusitanica*	狀態：稀有

金紋伸舌螈（GOLDEN-STRIPED SALAMANDER）

金紋伸舌螈形似蜥蜴，有細瘦的身體及長長的尾巴，可以快速移動。其體色為深褐色，背部兩條金褐色的條紋往下延伸到尾部時合併為一條。這種蠑螈有大眼睛以及用來捕食、長而黏的舌頭。遭到攻擊時通常會斷尾求生，不過重新長出的尾巴長度會稍短。其幼體會在水中度過整個冬季。

• **分布**：葡萄牙北部及西班牙西北部。棲居在潮濕的山區。

• **繁殖**：夏季及秋季產卵於水中。

歐洲

尾巴非常長

身體為深褐色，緣有金褐色的條紋

體長：12–14公分	習性：陸棲為主	活動時間 ☾

科：蠑螈科	學名：*Cynops pyrrhogaster*	狀態：地區性普遍

紅腹蠑螈（Japanese Fire-bellied Newt）

側扁的尾巴使這種蠑螈可以游得相當快，已完全能適應以水棲為主的生活型態。雄螈的尾端纖細如絲。紅腹蠑螈的腹側顏色鮮豔，用以警告捕食者。一旦被抓時，頭部兩側的大腺體會滲出氣味難聞的分泌物。紅腹蠑螈的求偶過程相當長，期間雄蠑螈會快速拍打尾巴，以便將氣味傳送到雌蠑螈的口鼻部。其受精方式為體內受精，精子被送到精莢中。雌蠑螈將卵一顆一顆黏附在水生植物的葉子上。

• 分布：日本。棲居在池塘或水池中。
• 繁殖：春季時產卵於水中。

頭部兩側的突出腺體可以製造刺激性的分泌物

鮮紅色的腹面用以警告捕食者

粗糙多疣的皮膚

細長的尾巴

日本

體長：9–12公分	習性：水棲為主	活動時間 ○

科：蠑螈科	學名：*Pachytriton brevipes*	狀態：地區性普遍

槳狀肥螈（Tsitou Newt）

這種以水棲為主的蠑螈有槳狀的大尾巴（尾端呈圓形）以及短小的四肢與腳趾。其尾部可以讓牠在流動的水流中奮力前進，而唇上的膚褶則有助於吸食無脊椎動物。其皮膚會分泌刺激性的分泌物，並藉由亮黃色或橙色的腹面來警告潛在的捕食者。採體內受精，雄性的精子由精莢傳送到雌蠑螈體內。

• 分布：中國東南部。棲居在丘陵或山區的溪流中。
• 繁殖：夏季時產卵於水中。

亞洲

方形頭部上有小眼睛及其膚褶的嘴唇

短小的四肢與腳趾

槳狀尾巴的末端呈圓形

體長：14–18公分	習性：水棲為主	活動時間 ☾

| 科：蠑螈科 | 學名：*Paramesotriton hongkongensis* | 狀態：地區性普遍 |

香港疣螈（Hong Kong Warty Newt）

這種蠑螈大部分時間都待在水中，並藉由拍打長扁的尾巴來游泳。其四肢比較粗短，是鮮少花時間在地面上爬行的代表動物之一。香港疣螈的皮膚上有難以計數的疣粒，頭部則有大型鰓腺，一旦遭受攻擊時，這些腺體就會分泌毒液，有時也會翻身露出鮮亮的腹部來裝死。繁殖季時，雄蠑螈會以拍打尾巴的動作來求偶，身上還會出現白色或藍色的條紋，如此在這微弱的光線下還可以發現到牠。精子藉由精莢傳遞到雌蠑螈體內。雌蠑螈會產下一顆顆的卵，分別以葉子包裹。

• **分布**：香港。棲居在溪流中。
• **繁殖**：冬季時產卵在水中。

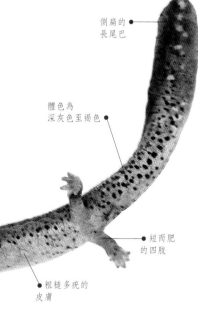

側扁的長尾巴

體色為深灰色至褐色

頭側的鰓腺

短而肥的四肢

粗糙多疣的皮膚

香港

| 體長：12–16公分 | 習性：水棲為主 | 活動時間 ☾ |

| 科：蠑螈科 | 學名：*Pleurodeles waltl* | 狀態：地區性普遍 |

歐非肋突螈（Sharp-ribbed Newt）

這種身體粗壯、皮膚粗糙的大水螈，是水生無脊椎動物的貪婪掠食者。其體側各有一列淺淡的大斑點，這些斑點覆蓋在從皮膚伸出的肋骨末端（肋骨可以在遭受攻擊時提供保護）。如果居住的池塘乾掉了，這種水螈會將自己包裹在泥巴裡面以求生。春天時，雄螈的四肢會長出粗糙的顆粒，以便在交配時抱緊雌螈。

• **分布**：西班牙、葡萄牙及摩洛哥。棲居在長有水生植物的溝渠、池塘及湖泊中。
• **繁殖**：春夏兩季產卵於水中。

歐洲、非洲

扁平的頭部上有相對較小的眼睛

體側有明顯的黃色或橙色斑點

末端尖的側扁尾巴

灰色的表皮上有深色斑點

雄螈的尾巴比雌螈長

| 體長：15–30公分 | 習性：完全水棲 | 活動時間 ☾ |

科：蠑螈科	學名：*Salamandra salamandra*	狀態：地區性普遍

真螈（FIRE SALAMANDER）

真螈的體型粗壯、尾巴短，一旦完全脫離幼體時期後就成為完全陸棲性的種類。在其分布區裡，個體之間的體色和花紋都變化相當大，有些是黑色的體色上綴有黃色斑紋，有些是黃色的體色上綴有黑色斑紋，偶爾也會出現紅色或橙色的個體。真螈的四肢粗短，並有寬大的腳趾；圓柱形的尾巴則比身體短。頭部兩側各有兩列毒腺，可在遭受攻擊時噴出毒液。雌螈的體型比雄螈略大。真螈會在夜間從木頭或石頭底下鑽出來覓食蠕蟲、昆蟲、昆蟲幼蟲以及蛞蝓，尤其是在下雨過後。交配時，雄螈會從下方緊抱住雌螈。卵在雌體內發育至幼體時（一次約有12–50隻）才產在池塘或溪流中。當這些幼體在輸卵管中發育時彼此自相殘殺，吃掉較小的幼體或卵。某些高海拔地區的族群，其幼體會一直待在輸卵管中直到完全變態為成體。

• **分布**：歐洲、非洲西北部和亞洲西南部。棲居在丘陵和山區的林地。

• **繁殖**：春夏兩季產卵於水中。

• **相似種**：阿爾卑斯真螈（*Salamandra atra*）。

大型的耳後腺上有明顯的細孔

黑色的體表上有黃色條紋

條紋型種類

尾巴比身體短

黑色的體表上有黃色斑點

圓柱形的尾巴

肥短的四肢有寬大的腳趾

斑點型種類

明顯的大眼睛

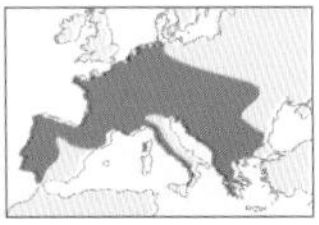

歐洲、非洲及亞洲

體長：18–28公分	習性：陸棲為主	活動時間 ☾

科：蠑螈科	學名：*Taricha torosa*	狀態：普遍

肥漬螈（CALIFORNIA NEWT）

肥漬螈的體色為褐色到磚紅色，皮膚粗糙多疣。繁殖季期間，雄螈會蛻去一身粗糙的皮膚，身體會比雌螈來得肥胖與平滑。雌雄兩性的皮膚裡都有神經毒以作為自我防衛的武器。肥漬螈將卵產在池塘、湖泊和溪流中的植物上。

• **分布**：美國加州。棲居在丘陵與山區的草原、茂密的樹叢以及林地中。
• **繁殖**：冬季與春季時產卵於水中。
• **相似種**：粗皮螈（*Taricha granulosa*）。

體色為褐色
至磚紅色

北美洲

四肢長

眼睛
有金色
的虹膜

非繁殖季
期間，體型
比較細長

體長：12–20公分	習性：陸棲為主	活動時間 ☾

科：蠑螈科	學名：*Triturus alpestris*	狀態：地區性普遍

高山歐螈（ALPINE NEWT）

這種體色鮮明的水螈雖然稱為高山歐螈，但是卻分布於歐洲大部分地區的低地上。其體色有藍色、橙色、黑色及褐色等多種顏色。繁殖季節期間，雄螈的體色還會更加鮮艷，背部也會長出一列低的脊突。每顆卵都會包裹在一片葉子裡。

• **分布**：歐洲。棲居在地底下或木頭下（只有在分布區的南部才會出現在山區）。
• **繁殖**：春夏兩季產卵於水中。
• **附註**：有些高山歐螈的族群（例如巴爾幹半島的族群）具有外鰓，且完全為水棲。

尾部有藍色
斑紋

體側為
亮橙色

歐洲

體長：6–12公分	習性：陸棲為主	活動時間 ☾

科：蠑螈科	學名：*Triturus marmoratus*	狀態：地區性普遍

理紋歐螈（MARBLED NEWT）

理紋歐螈的綠色體色大異於其他歐洲的水螈。繁殖季節時，其綠色會更為鮮艷，雄螈背部還會長出大型脊突，上面飾有垂直的黑色和白色的條紋。雌螈（如圖所示）的背脊上則有一道紅色條紋。

• **分布**：西班牙及法國南部。棲居在林地、荒原及灌木樹籬中。
• **繁殖**：春夏兩季產卵於水中。

背部及體側有
綠色及黑色的
大理石斑紋

歐洲

雌螈背部
有紅色條紋

體長：10–14公分	習性：陸棲為主	活動時間 ◑

科：蠑螈科	學名：*Triturus vulgaris*	狀態：地區性普遍

普通歐螈（SMOOTH NEWT）

除了繁殖季外，雄螈與雌螈的體表均為暗淡的褐色。不過一等到雄螈（如圖所示）進入池塘準備繁殖時，其外形就會產生戲劇性的大改變：體色轉為淺淡，並且出現深色大斑點；背部會長出大型脊突；尾部變得厚實且背面邊緣呈鋸齒狀，基部也出現了亮紅色或藍色的條紋。雄螈求偶時會在雌螈面前展示尾巴。其肉食性的幼體在秋季時會大批離水上岸，經過兩、三年後才重返水中繁殖。雌螈一顆顆產卵，並將卵包裹在葉子中。

- **分布**：歐洲西部及亞洲。棲居在地底下與木頭下。
- **繁殖**：春夏兩季產卵於水中。
- **相似種**：有蹼蠑螈（*Triturus helveticus*）。

身體、脊突及尾巴滿布深色斑點

歐洲、亞洲

繁殖季節會長出脊突

正值繁殖期的雄螈，腳趾有皮瓣

寬扁的尾巴邊緣呈鋸齒狀

體長：7-10公分	習性：陸棲為主	活動時間 ◑

科：蠑螈科	學名：*Tylototriton verrucosus*	狀態：地區性普遍

紅瘰疣螈（MANDARIN SALAMANDER）

一稱鱷魚蠑螈。這種皮膚粗糙多疣且身體粗壯的動物以陸棲為主，雨季期間才會遷移至池塘進行繁殖。其身體為深褐色，頭部及尾巴則為亮橙色。其橙色的背脊與橙色的大疣，在在顯示出這種蠑螈遭受攻擊時，會分泌極具刺激性的毒液。這些毒液由頭側的大型耳後腺及皮膚所分泌。雄螈在交配時會緊緊抓住雌螈一段時間，以便將精子傳送到精莢中。雌螈可以產下約50顆卵，這些卵會黏附在植物上。

- **分布**：中國、印度北部、泰國北部與越南北部。棲居在潮濕的山區森林裡。
- **繁殖**：雨季時產卵於水中。

亞洲

粗壯的身體有亮橙色的背脊

寬大的頭部上有圓形的頸部

大型的耳後腺會分泌難聞的液體

肋骨末端有顯眼的亮橙色疣斑

側扁的尾巴

體長：12-18公分	習性：陸棲為主	活動時間 ☾

| 科：鈍口螈科 | 學名：*Ambystoma macrodactylum* | 狀態：地區性普遍 |

長趾鈍口螈（LONG-TOED SALAMANDER）

體色為深灰色到黑色，體背上有黃色、黃褐色或綠色的條紋或斑塊。主要棲居在地底下，繁殖時會大批趕往臨時性的池塘、湖泊以及溪流中。雌螈會一顆顆產卵或產下成串的卵，並將卵黏附在植物上。

- **分布**：美國東北部及加拿大。棲居在森林、草地與蒿屬植物（*Artemisia*）中。
- **繁殖**：春季時產卵於水中。
- **附註**：加州亞種（*Ambystoma macrodactylum croceum*）已瀕臨滅絕。

黃色、黃褐色或綠色的背部條紋

體側有白色小斑點

北美洲

| 體長：10-17公分 | 習性：陸棲為主 | 活動時間 ☾ |

| 科：鈍口螈科 | 學名：*Ambystoma maculatum* | 狀態：地區性普遍 |

斑點鈍口螈（SPOTTED SALAMANDER）

這種四肢短小的蠑螈白天棲居在地底下，濕潤的夜晚才會出來覓食；並在早春時遷入暫時性的池塘中繁殖。雌螈將產下的卵黏附在植物的細枝上。幼體在 2-4 個月內迅速完成變態。

- **分布**：北美洲的東部。棲居在森林裡。
- **繁殖**：春季時產卵於水中。
- **附註**：斑點鈍口螈會重返相同的池塘進行繁殖。

北美洲

粗壯的身體有黃色或橙色的斑點

受攻擊時，皮膚會分泌有毒物質

| 體長：15-25公分 | 習性：陸棲為主 | 活動時間 ☾ |

| 科：鈍口螈科 | 學名：*Ambystoma tigrinum* | 狀態：地區性普遍 |

虎紋鈍口螈（TIGER SALAMANDER）

這種多變的蠑螈通常是黑色或褐色，綴有顏色較淺的斑紋。主要生活在地底下，繁殖時才會遷往靜止不動的水域中。雄螈將精子注入精莢中，雌螈則將卵成團產在草叢或細枝上。幼體可能會在水中度過整個冬季。

- **分布**：北美洲。棲居在沙漠、開闊林地、草原、森林、田野與草地中。
- **繁殖**：春季時產卵於水中。
- **相似種**：加州虎紋鈍口螈（*Ambystoma californiense*）。

大頭部上有圓形的吻部與小眼睛

北美洲

不規則的黃色或白色斑紋

底色為黑色或褐色

| 體長：18-25公分 | 習性：陸棲為主 | 活動時間 ☾ |

| 科：鈍口螈科 | 學名：*Ambystoma mexicanum* | 狀態：瀕危 |

美西鈍口螈（AXOLOTL）

美西鈍口螈是兩生類中在幼體階段就已經性成熟的典型代表。其野生個體不會變態成為陸棲種，不過人工飼養的個體有時會刻意誘發成陸棲的生活型態。美西鈍口螈的天然體色為深灰色或褐色，人工飼養繁殖者有時則出現黃色的個體或白化種，或者是白色的體色上綴有灰色或黑色的大斑塊。雄螈將精子注入精莢中，雌螈則將卵產在湖底。

- **分布**：墨西哥霍奇米爾科（Xochimilco）湖。
- **繁殖**：秋季及春季時產卵於水中。
- **附註**：美西鈍口螈曾是墨西哥老饕的最愛，目前已列為保育類動物。

北美洲

圓形頭部上有小眼睛

大型的羽狀鰓

白化種

野生種通常為黑色或深灰色

野生種

| 體長：10–20公分 | 習性：完全水棲 | 活動時間 ○ |

| 科：無肺螈科 | 學名：*Batrachoceps attenuatus* | 狀態：地區性普遍 |

細蜥尾螈（CALIFORNIA SLENDER SALAMANDER）

被捕時會斷尾求生

這種體型細長且四肢相當小的螈螈主要生活在地底下、木頭下或岩石下，只有在夜晚或雨後才會出來活動。有些雌螈會將卵產在同一個地方。卵直接孵化成小型成體，不經過水棲幼體的階段。

- **分布**：美國加州及俄勒岡州。棲居在草原、樹叢、松樹林及林地中。
- **繁殖**：秋季時產卵於地底下。

北美洲

| 體長：7.5–14公分 | 習性：完全陸棲 | 活動時間 ☾ |

| 科：無肺螈科 | 學名：*Desmognathus ochrophaeus* | 狀態：普遍 |

蒼白鈍口螈（Mountain Dusky Salamander）

蒼白鈍口螈在某些地方的數量相當多，但是非常不容易發現。其體色及斑紋變化非常大，大部分為深褐色，背部並綴有條紋或成列的大型斑塊，這些斑紋可能為黃色、橙色、橄欖綠色、灰色、黃褐色、褐色或紅褐色；體側一般為淺灰色或褐色。成體主要居住在地底下，只有在夜晚時才會現身，幼體則生活在溪流中。繁殖季期間的雄螈有兩顆小牙，可用來摩刮雌螈的皮膚，其頷下的腺體還會分泌催情激素，並藉由摩擦滲入雌螈的皮膚內。蒼白鈍口螈在陸地上交配，卵則產在地底下，並成堆黏附於石頭或木頭下。每個繁殖季的生殖次數可能會在一次以上。

後肢較前肢粗壯

深灰色的體背上通常綴有條紋或斑塊

圓形的長尾巴

• **分布**：美國東部。棲居在森林裡。

• **繁殖**：從春季到秋季期間會產卵於地底下。

北美洲

| 體長：7–11公分 | 習性：完全陸棲 | 活動時間 ☾ |

| 科：無肺螈科 | 學名：*Plethodon cinereus* | 狀態：地區性普遍 |

灰紅背無肺螈（Red-backed Salamander）

這種體型細長的蠑螈有狹窄的身體、短而細的四肢，以及佔有一半體長的圓形尾巴。由於其身體及尾巴上有一道鑲黑邊的紅色條紋，因此而得名。不過也有不少個體的背上條紋為橙色、黃色或灰色。灰紅背無肺螈棲居在落葉堆中，以捕食螞蟻及白蟻維生。雄螈會在領域周圍留下排泄物，以便雌螈能循線找出攝食較多白蟻的雄螈進行交配。求偶時，雄螈會利用兩顆突出的牙齒來摩擦雌螈。雌螈一次只產下6–13顆的大型卵，並將卵黏附在地洞的洞頂上。

背部有紅色、橙色、黃色或灰色的寬闊條紋

北美洲

• **分布**：美國中部及東部、加拿大東南部。棲居在森林裡。

• **繁殖**：秋季到春季期間產卵於地下。

| 體長：7–12公分 | 習性：完全陸棲 | 活動時間 ☾ |

科：無肺螈科	學名：*Plethodon jordani*	狀態：地區性普遍

紅頰無肺螈（JORDAN'S SALAMANDER）

這是一種身體細長、體色為灰色到黑色的大螈，有長而窄的頭部及突出的眼睛。某些族群全身上下都是同一個顏色，有些則有紅色的臉頰或四肢。紅頰無肺螈遭受攻擊時，尾巴會分泌黏稠難聞的液體，而且危急時還會自斷尾巴以分散掠食者的注意力，尋找逃生的機會。這種螈白天時都躲伏在木頭下，只在晚上出來活動，特別是雨後。雄螈交配時會用頜下的大腺體輕敲雌螈的口鼻部。雄螈每年都可繁殖，雌螈則是兩年繁殖一次。

北美洲

尾巴的橫剖面為圓形　　16條肋溝　　臉頰有紅斑

- **分布**：美國東部的阿帕拉契山南部。棲居在山區森林裡。
- **繁殖**：夏秋兩季產卵。

體長：9–18.5公分	習性：完全陸棲	活動時間 ☾

科：無肺螈科	學名：*Pseudotriton ruber*	狀態：地區性普遍

紅土螈（RED SALAMANDER）

紅土螈有粗壯的身體、短尾巴與短四肢，雖然敏捷度不如其他螈，但有時卻以其他螈為食。紅土螈的頭部相對較小，有醒目的黃色眼睛。鮮紅色的體色上有不規則的黑色斑點，年紀越大斑點越黑。其體色一般認為係擬態自劇毒的紅斑蠑螈（*Notophthalmus viridescens*）的幼體。遭受攻擊時會將尾巴舉高並擺動。

北美洲

身體上有肋溝　　尾巴及四肢均短

- **分布**：美國東部。棲居在泉水或清澈溪流附近的木頭及石頭下。
- **繁殖**：秋季時產卵在陸地上或水裡。
- **附註**：紅土螈有時會在交配後的數個月才產卵。

鮮黃色的虹膜

體長：10–17公分	習性：陸棲為主	活動時間 ☾

蚓螈

蚓螈有長長的身體，沒有四肢，也幾乎可以說沒有尾巴，常常被誤認成大蚯蚓。許多蚓螈的身體上環繞著一圈圈明顯的深溝。有些種類的身體細長，而有些則較爲粗短。蚓螈的頭部尖而頭骨厚重，有利於鑽土。蚓螈以嗅覺爲主，眼睛則已退化。

蚓螈目（Gymnophiona）一稱無足目（Apoda），共有五科165種左右。多數蚓螈生活在鬆軟的泥土中，或躲伏在熱帶森林的厚厚落葉堆中，不過也有部分蚓螈棲居在溪流中。所有的蚓螈均爲肉食性動物，主要的獵物包括蚯蚓、白蟻和其他的無脊椎動物。

這些肉食者通常不會積極主動去獵食，而是靜靜等待獵物送上門來。一旦獵物接近其攻擊範圍，牠們就會起而突擊，用上顎的雙排牙齒及下顎的單排或雙排牙齒緊緊咬住獵物不放。

所有的蚓螈均採體內受精，雄蚓螈將部分的泄殖腔推出體外，將精子送入雌蚓螈體內。蚓螈中有某些種類將卵產在水中，孵出有鰓且會游泳的幼體；其他種類則將卵產在土中，幼體孵化後就像成體的縮小版。此外，還有一些種類會將卵留在體內發育，並直接產下小蚓螈。

科：魚螈科	學名：*Ichthyophis glutinosus*	狀態：地區性普遍

雙帶魚螈（Ceylon Caecilian）

雙帶魚螈深褐色的圓柱形身體上約有400多個環紋，看起來就像一條非常大的蚯蚓。其身體腹面爲淡褐色，頭部兩側各有一道明顯的黃色條紋沿著腹側往下延伸至尾端。其頭部爲卵形，且相對較小。兩眼之間有個伸縮自如的小觸角，鼻孔可探索環境中的化學訊息，以補強嗅覺功能。由於眼睛相當小且覆蓋著一層皮膚，所以幾乎看不到；尾巴則很短。雙帶魚螈主要棲居在地底下，難得鑽出地表。這種蚓螈主要以蚯蚓和其他的無脊椎動物爲食。雌蚓螈將卵產在近水的洞穴中，一次可產卵54顆，並在一旁守護直到卵孵化爲止。水生幼體一孵化即會游到附近的池塘或溪流中。

• **分布**：斯里蘭卡。棲居在泥濘的土壤和沼澤中。

• **繁殖**：雨季期間將卵產在陸地上。

斯里蘭卡

體色爲褐色，且泛著藍色光澤●

身體的環節使牠像極了蚯蚓●

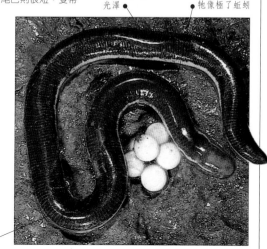

雌蚓螈將身體盤繞在卵的四周以爲保護●

體長：30-40公分	習性：完全陸棲	活動時間 ○

| 科：真蚓科 | 學名：*Dermophis mexicanus* | 狀態：地區性普遍 |

墨西哥蛇皮蚓（MEXICAN CANCILIAN）

墨西哥蛇皮蚓有灰色至橄欖-褐的光滑皮膚，其長圓筒形的身體上有界線分明的環紋；尾巴則極短。這是種體型相對較大的蚓螈，通常以無脊椎動物為食，偶爾也會獵食小蜥蜴。據說這種蚓螈會發出輕微而短促的聲音，但原因至今不明。卵和幼體時期完全在母體內，直到長成小型成體時才會產出。

北美洲、中美洲及南美洲

- **分布**：墨西哥至哥倫比亞北部。棲居在土壤中。
- **繁殖**：卵胎生。

一圈圈的環紋相當清楚

眼睛幾乎看不見

灰色至橄欖褐的光滑身體

| 體長：10–60公分 | 習性：完全陸棲 | 活動時間 ○ |

| 科：真蚓科 | 學名：*Siphonops annulatus* | 狀態：地區性普遍 |

環管蚓（SOUTH AMERICAN CAECILIAN）

這是種體型較短的蚓螈，深藍色的體色上有白色環紋。據載，環管蚓會發出輕微而短促的聲音，主要以蚯蚓為食；皮膚會分泌黏液以嚇阻掠食者。

南美洲

- **分布**：從哥倫比亞到阿根廷的安地斯山脈東側。棲居在森林的土壤中。
- **繁殖**：將卵產在地上（繁殖季節不詳）。

圓筒形的厚實身體有明顯環紋

深藍色的體表上有白色條紋

| 體長：20–40公分 | 習性：完全陸棲 | 活動時間 ☾ |

| 科：盲游蚓科 | 學名：*Typhlonectes compressicaudus* | 狀態：地區性普遍 |

扁尾盲游蚓（CAYENNE CAECILIAN）

這是種體型細長的蚓螈，圓柱形的身體上有80-95圈環紋，其背面為光滑的黑色，而腹面則為深灰色。其身體向後方側偏形成尾部，還有一個小小的背鰭。扁尾盲游蚓為完全水棲，悠游於水中時就像是條鰻魚。其皮膚會分泌毒液以防衛掠食性的魚類。卵則留在雌蚓螈體內。

南美洲

身體向尾部側扁

光滑的背面為黑色

- **分布**：圭亞那及巴西；棲居在河流、湖泊和小溪中。
- **繁殖**：卵胎生。

| 體長：30–60公分 | 習性：完全水棲 | 活動時間 ☾ |

蛙與蟾蜍

無尾目（Anura）的蛙和蟾蜍，全世界共有4,100多個種類，是兩生類中最大的一群。蛙與蟾蜍主要棲居在熱帶，其中又以淡水水域及其附近地區為主。

成體沒有尾巴是蛙與蟾蜍的主要特徵。多數種類的後肢比前肢發達，因此可以跳躍，有時甚至可以跳很長的一段距離。許多種類有非常鮮豔漂亮的體色，有時是用於偽裝，有時則是為了警告掠食者（表示牠們的皮膚會分泌毒液）。雖然不是所有擁有迷人體色的種類都有毒，不過有些種類的毒性卻強烈到足以致命。

蛙和蟾蜍的個體歧異性也相當大。單就行動方式來說，有些種類除了跳躍和爬行之外，還會用腳游泳、鑽土、爬樹以及在林間滑翔。蛙與蟾蜍最主要的官能是視覺（這也是牠們都有大眼睛的原因）與聽覺。許多蛙藉由響亮的蛙鳴來互相聯繫溝通，特別是繁殖季節期間。交配季節一到，各色蛙種都會大批集聚在淡水中或水邊，等待交配繁殖出下一代。

蛙與蟾蜍通常都把卵產在水中。卵孵化為圓球形的草食性蝌蚪。成熟的蛙和蟾蜍則為肉食性，主要以昆蟲為食。活動時間一般多在夜間。

「蟾蜍」一名狹義上是指蟾蜍屬（Bufo）中約250個種類而言，但廣義來說則是指無尾目中行動緩慢、皮膚粗糙多疣的種類。

科：尾蟾科	學名：*Ascaphus truei*	狀態：地區性普遍

尾蟾（Tailed Frog）

尾蟾因其獨特的尾狀附屬物而得名，這種尾狀構造並非真正的尾巴而是泄殖腔的延伸，而且只出現在雄蟾身上。尾蟾的身體略扁，粗糙的皮膚為橄欖綠、褐色、灰色或紅褐色。眼睛有一道深色條紋貫穿，頭頂上則通常有塊黃色或淡綠色的三角形斑塊。繁殖季節期間，雄蟾的前肢與胸部的顏色都會出現粗糙的深色肉墊。尾蟾採體內受精，雄蟾利用尾狀的泄殖腔將精子送進雌蟾體內。雌蟾產卵時，會將卵成串產在湍急小溪中的石頭底下。蝌蚪有吸盤狀的大嘴巴，使牠們得以在湍急的水流中吸附在岩石上；發育完全要經兩年的時間。

• **分布**：美國西北部。棲居在潮濕的森林中，也分布於海拔2,000公尺的草原和灌木叢中。

• **繁殖**：夏季產卵於水中。

北美洲

粗糙的皮膚

扁平的身體

深色的過眼線

後腳趾間有蹼

明顯的泄殖腔形似尾巴

體長：2.5–5公分	習性：陸棲為主	活動時間 ☾

科：盤舌蟾科	學名：*Alytes muletensis*	狀態：瀕危

馬約卡產婆蟾（Majorcan Midwife Toad）

馬約卡產婆蟾的體型比其大陸的相近種類來得小，這種小型蟾可以棲居在又深又窄的裂縫中。其體色通常為黃色到褐色，並綴有顏色較深的斑駁花紋。雄蟾與雌蟾以鳴叫方式來確定彼此的位置。雌蟾一年中可以產卵數次。交配時，雌蟾會將一堆卵纏繞在雄蟾的後腿上讓其攜帶；卵受精後，再放入水池中。蝌蚪可以長得很大，因此在完成變態後幾乎就不會再長了。

馬約卡島

深色的點狀斑紋

垂直瞳孔

• **分布**：西班牙的馬約卡島（Majorca）。棲居在高海拔的峽谷中。

• **繁殖**：春季到秋季期間，雄蟾會將卵放入水中。

• **附註**：馬約卡產婆蟾是世界上數量最少的蛙之一，經由成功的復育計劃，已將人工繁殖的個體野放到馬約卡島上數個新地點。

多疣的乾燥皮膚

體長：3-4.5公分	習性：陸棲為主	活動時間 ☾

科：盤舌蟾科	學名：*Alytes obstetricans*	狀態：地區性普遍

產婆蟾（Midwife Toad）

產婆蟾的體型小而圓胖，強而有力的前腳可用於挖掘。其體色可能為灰綠色、灰色或褐色，通常綴有深色斑紋。由於雄蟾會將卵連在後腿上帶著走以隨身保護，因此而有產婆蟾一名。雄蟾從裂縫或洞穴中發出高音調的「蹼蹼」聲以吸引雌蟾。交配時，卵由雌蟾轉交給雄蟾，並由雄蟾一直隨身攜帶到卵將要孵化為止，才會將卵放入淺水中。

歐洲

突出的大眼睛中有垂直瞳孔

顏色淺淺的卵相互串連

• **分布**：歐洲西部。棲居在乾石壁、林地、花園、採石場、沙丘以及岩石崩落處。

• **繁殖**：雄蟾在春、夏兩季將卵放入水中。

• **相似種**：西班牙產婆蟾（*Alytes cisternasii*）。

體長：3-5公分	習性：完全陸棲	活動時間 ☾

科：盤舌蟾科	學名：*Bombina orientalis*	狀態：地區性普遍

東方鈴蟾（ORIENTAL FIRE-BELLIED TOAD）

東方鈴蟾的體背為亮度較高的綠色或褐色，並綴有黑色的斑駁斑點。其外形最顯著的特徵是朱紅色的腹面（也夾雜著黑色斑紋），遭受攻擊時，就會露出顏色鮮豔的腹面。東方鈴蟾也會分泌毒液。雌蟾的產卵數相當少（2-8 顆），這些大型卵會產在溪流中的石頭下。其繁殖季相當長，在此期間雄蟾的前肢會出現粗糙的深色肉墊，以便在交配時能緊緊抓住雌蟾。

亞洲

- **分布**：中國東北部和韓國。棲居在沿海地區的山區溪流中。
- **繁殖**：春、夏二季產卵於水中。
- **附註**：東方鈴蟾非常容易飼養和繁殖，在水族界中相當受歡迎。

突出的雙眼

背面為
亮綠色

腹面為鮮紅色

體長：3-5公分	習性：水棲為主	活動時間 ○

科：盤舌蟾科	學名：*Bombina variegata*	狀態：普遍

多彩鈴蟾（YELLOW-BELLIED TOAD）

這種體型小而扁平、皮膚多疣的多彩鈴蟾，幾乎在所有的水域裡都可發現。其背面為灰色、褐色或橄欖綠色，腹部則為黃色（有時為橙色）。多彩鈴蟾是群居性相當高的種類，雄蟾會成群合唱一起吸引雌蟾。這種蟾蜍會分泌毒液，受到攻擊時也和其他鈴蟾屬（*Bombina*）的成員一樣，會有一個戲劇性的反射動作，即將腹部朝上並舉起四肢，以露出腹部鮮豔的警告色。由於後腳具蹼，因此善於游泳，經常可以看到牠們漂浮在水面上或在水池邊上曬太陽。

趾尖通常為
亮黃色

歐洲

後腳的蹼
為黃色

- **分布**：歐洲西部及南部。棲居在低地與丘陵地區的河流、溪流、水池、池塘、濕地、水坑和轍跡中。
- **繁殖**：春、夏兩季產卵於水中。

腹面為亮黃色
並有深色斑紋

體長：4-5公分	習性：水棲為主	活動時間 ○

科：負子蟾科	學名：*Xenopus laevis*	狀態：普遍

非洲爪蟾（AFRICAN CLAWED TOAD）

這種蟾蜍已能高度適應水棲生活，由於具有流線型的扁平身體、肌肉發達的強壯後腳以及長長的蹼狀趾，都使牠成為技高一籌的游泳好手。其身體兩側都有白色的針狀條紋，可作為辨識特徵。這種食性貪婪的掠食者，在其小小的前腳上長有具爪的三根腳趾，可用來將食物撥進嘴裡。朝上的小眼睛則可讓牠隨時提防蒼鷺等天敵的威脅。

腳趾具爪在蛙類中相當特殊

非洲

體側有白色針狀斑紋

• **分布**：非洲東南部的安哥拉。棲居在池塘與湖泊中。
• **繁殖**：雨季時產卵於水中。
• **附註**：體側的白色針狀斑紋有特別的感覺器官，可用以偵測水中的震動，讓非洲爪蟾能在混濁的水中找到掠食者和食物的位置。

體色可從灰色轉變成黑色以配合環境

後肢肌肉發達

體長：6-13公分	習性：水棲為主	活動時間 ☾

科：鏟足蟾科	學名：*Megophrys nasuta*	狀態：地區性普遍

山角蟾（ASIAN HORNED FROG）

隱藏偽裝性的花紋、綠色和黑色的體色以及難以名狀的體型，使得山角蟾能成功模擬枯葉，在白天時達到最好的偽裝效果。山角蟾的眼瞼上有明顯的角狀突起，因此而得名。其大頭部上有突出的口鼻部，背部皮膚下則有一層骨質保護層。這是種「守株待兔」型的捕食者，以小型蛙類與無脊椎動物為食。其幼體蝌蚪覓食時會垂直懸掛在水中，大大的傘狀嘴就像漏斗一樣，吸取過往的微小生物。

亞洲

眼瞼上有角狀突起

體背為綠色並雜有黑色斑紋

• **分布**：東南亞。棲居在熱帶森林中。
• **繁殖**：雨季時產卵於水中。

尖尖的口鼻部

體長：7-14公分	習性：陸棲為主	活動時間 ☾

科：鏟足蟾科	學名：*Pelobates fuscus*	狀態：地區性普遍

棕色鏟足蟾（COMMON SPADEFOOT TOAD）

這種蟾蜍的後腳上有淺色的角質突
起，可以讓牠向後掘土，因此稱為鏟
足蟾。本種的其他特徵還包括圓肥的
身體、比較平滑的皮膚以及頭頂上的
明顯突起。其體色與花紋的變異性相
當大，從乳白色到灰色或褐色都有。
這種蟾蜍大多在潮濕的天氣出現，而
且通常會釋放出類似大蒜的臭味。遭
受攻擊時會長聲尖叫，並鼓脹身體，
還會用四肢挺起身體。繁殖季節期
間，雄蟾會在水下鳴叫以吸引雌蟾。
• **分布**：歐洲和東亞。棲居在沙丘、
荒原與耕地。
• **繁殖**：春季產卵於水中。

大眼睛中有垂直瞳孔

頭頂有明顯的突起

歐洲、亞洲

身體圓胖且皮膚平滑

體長：4-8公分	習性：陸棲為主	活動時間 ☾

科：鏟足蟾科	學名：*Scaphiopus couchii*	狀態：地區性普遍

庫其鏟足蟾（COUCH'S SPADEFOOT）

這種蟾蜍的名稱源自於其後肢上有鐵鏟狀的黑色突起。當牠
要逃遁到地下時，這個構造可用來挖土。庫其鏟足蟾的身體
圓胖，布滿淺色的顆粒狀小突起。其
體色為綠色、黃綠色或褐色，並綴有
黑色、褐色或深綠色的斑紋，腹面則
全為乳白色。這種蟾蜍會挖洞至軟泥
層，一生中大部分時間都在地底的繭
中度過。在半乾燥的棲地中，庫其鏟
足蟾會將卵產在臨時的小水塘中。卵
的孵化相當快，約產卵後的三到四天
就可孵化為蝌蚪；蝌蚪的成長速度也
相當驚人，在臨時的小水塘乾涸之前
就已經長成成體了。
• **分布**：美國南部和墨西哥。棲居在
草原、沙漠的灌木叢和荊棘林中。
• **繁殖**：夏季產卵於水中。

垂直的瞳孔　平滑的白色腹部　圓胖的身體

北美洲

體長：5.5-9公分	習性：陸棲為主	活動時間 ☾

| 科：鏟足蟾科 | 學名：*Pelodytes punctatus* | 狀態：地區性普遍 |

斑點鏟足蟾（Parsley Frog）

這種四肢修長、行動敏捷的鏟足蟾，由於背部有亮綠色的斑
點而得名。其體色一般為淡灰色至亮綠色，體背通常有個X
字形的斑紋。斑點鏟足蟾白天時會挖洞躲
伏在土中，雖然其腳趾沒有蹼也
沒有吸盤，卻能精於游泳、
跳躍和攀爬。當牠爬在平滑
的表面上時，腹面可充當吸
盤以協助移動。雄蟾與雌蟾
在繁殖季都會發出鳴叫。大雨
後，雌蟾會將卵成串產在池塘中。
蝌蚪有時會長得比成體還大。

• **分布**：歐洲西南部。出現在潮濕
且植物多的棲地中。

• **繁殖**：春季產卵於水中。

歐洲

突出的大眼睛
有垂直瞳孔

扁平的頭部

修長的腿

| 體長：3–5公分 | 習性：陸棲為主 | 活動時間 ☾ |

| 科：龜蟾科 | 學名：*Crinia insignifera* | 狀態：地區性普遍 |

弱斑索蟾（Sing-bearing Froglet）

弱斑索蟾有個小而纖細的身體以及相對來說比較細長的四
肢。其體色的變化相當大，從灰色到褐色都有，並綴有顏
色較深的斑點和條紋。其兩眼之間通常有一塊深色的
三角形斑。弱斑索蟾的腳趾長且無蹼，皮
膚可能光滑，也可能背部長疣或出現
膚褶。其繁殖場所位於沿海的沼澤
地。雌蟾產卵時可能一顆顆分開
產下或成團產下。

• **分布**：澳洲西南部。棲居在
各種類型的沼澤地中。

• **繁殖**：冬季產卵於水中。

體色為褐色
至灰色

兩眼間通常有
三角形斑塊

澳洲

長而
無蹼的腳趾

細長的四肢

| 體長：1.5–3公分 | 習性：陸棲為主 | 活動時間 ☾ |

科：龜蟾科	學名：*Limnodynastes peronii*	狀態：地區性普遍

棕條汀蟾（BROWN-STRIPED FROG）

棕條汀蟾有深褐色和淺褐色的縱向條紋，有時會帶點粉紅色；而且背脊上大都有一條淺色條紋。其體側有深色斑塊，腹側則為白色。棕條汀蟾會躲伏在地底下度過乾旱。雄蟾會發出響亮的滴答聲。雌蟾將卵產在漂浮的泡沫巢中，卵孵化的速度很快，蝌蚪的發育亦相當快。

長而有力的後腳

強壯的前腳

澳洲

- **分布**：澳洲東部。棲居在多種類型的沼澤地中。
- **繁殖**：春、夏兩季產卵於水中。

體長：3–6公分	習性：陸棲為主	活動時間 ☾

科：龜蟾科	學名：*Neobatrachus pictus*	狀態：地區性普遍

喵音新澳蟾（PAINTED BURROWING FROG）

矮胖的身體及短小的四肢使這種蟾適於挖洞躲藏。其後腳鏟狀的堅硬突起可以向後挖掘。後腳的腳趾有蹼。喵音新澳蟾的體色為灰色或黃色，並綴有深褐色或深綠色的斑駁花紋；背部中間有時會出現淺色條紋。雄蛙會發出類似顫音的鳴叫聲。

突出的眼睛中有垂直瞳孔

短腿

澳洲

- **分布**：澳洲南部。棲居在林地、矮樹叢、草原和農田中。
- **繁殖**：雌蟾秋、冬兩季產卵於水中。

體長：4.5–6公分	習性：陸棲為主	活動時間 ☾

科：龜蟾科	學名：*Uperoleia lithomoda*	狀態：地區性普遍

石匠蟾（STONEMASON TOADLET）

這種四肢短小、體型矮胖的小蟾蜍，身體上滿布突起的疣狀腺體。其體色為暗褐色或灰色，體側各有一條金線或一列塊斑。石匠蟾的後腳有個角質突起，可用來挖洞躲藏。其趾間無蹼。

體色為褐色或灰色

體型矮胖

- **分布**：澳洲北部。棲居在開闊的草原中。
  - **繁殖**：冬季產卵於水中。
  - **附註**：由於鳴叫聲類似石頭碰擊的聲音，因此稱為石匠蟾。

四肢短

澳洲

體長：1.5–3公分	習性：陸棲為主	活動時間 ☾

科：塞舌蛙科	學名：*Sooglossus gardineri*	狀態：瀕危

加氏塞舌蛙（SEYCHELLES FROG）

加氏塞舌蛙是體型很小的陸棲種類，體色相當歧異，從乳白色或黃綠色到褐色都有。這種蛙有相對較大的突出眼睛及水平瞳孔，其腳趾沒有吸盤和蹼；富含蛋黃的大型卵不會孵化為蝌蚪，而是直接發育成小蛙，此時的小蛙雙眼尚未發育完全。在此同時，雄蛙會坐在卵塊上，讓小蛙能爬上雄蛙的背上，並藉由黏液黏附在雄蛙背上。小蛙會在雄蛙的背上一直待到卵黃用完及腿部發育完全為止。

- **分布**：印度洋的塞舌爾（Seychelles）。棲居在林地及森林中。
- **繁殖**：雨季時產卵於陸地上。
- **附註**：由於棲地的破壞使得加氏塞舌蛙的數量日漸減少。

突出的眼睛有水平瞳孔

小小的身體為乳白色或黃綠色

塞舌爾

體長：1-1.5公分	習性：完全陸棲	活動時間 ☾

科：沼蟾科	學名：*Heleophryne purcelli*	狀態：地區性普遍

珀塞爾沼蟾（CAPE GHOST FROG）

珀塞爾沼蟾主要棲居在水流湍急的溪流中，已非常適應水棲生活。其長而有力的後腳有蹼，因此善於游泳；扁平的身體讓牠能輕鬆自如地鑽進鵝卵石間的石縫中躲藏，扁平的趾尖則可用來抓住滑溜的表面。其光滑的體表為黃色、褐色或綠色，並夾雜著暗紅色或深褐色的斑點。繁殖季節時，雄蟾全身會滿布細針狀的突起，以便在交配時能緊緊抱住雌蟾。雄蟾以鳴叫聲來吸引雌蟾，交配前有個很特殊的行為——磨擦彼此的前肢。蝌蚪有吸盤狀的嘴巴，可以緊緊吸附在石頭上。

- **分布**：南非開普的南部和西部。流經鵝卵石遍布的峽谷且水流湍急的溪流中均可見到。
- **繁殖**：將卵產於水中或緊鄰水邊（繁殖季節不詳）。

非洲

扁平的身體

突出的大眼睛

只有後腳趾間有蹼

體長：3-6公分	習性：水棲為主	活動時間 ☾

科：細趾蟾科	學名：*Physalaemus pustulosus*	狀態：普遍

東加泡蟾（Tungara Frog）

這種體型小、形似蟾蜍的青蛙有疣狀突起，體色為深褐色。除了繁殖季節之外很少現身。一年中的第一場雨後，雄蟾會出現在大池塘及轍跡等大大小小的水池中，以鳴聲吸引雌蟾。雄蟾不斷鼓起其大型鳴囊，發出響亮的聲音。其叫聲各有不同，以類似哀嚎的「哇哇」聲為基調，再加入一次或若干次的咯咯聲。當然這樣的叫聲也會引來天敵蝙蝠俯衝而下，將牠們整隻吃掉。雌蟾在交配時會分泌液體，再由雄蟾用後腳拍打成卵泡。大雨過後，雌蟾會將卵產在泡沫卵塊中。卵孵化的速度很快，蝌蚪的發育也十分迅速。

• **分布**：中美洲。棲地類型多樣化，從灌木叢到森林不一而足，花園或其他都市環境也有分布。

• **繁殖**：雨季時產卵於水中。

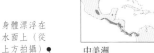

身體漂浮在水面上（從上方拍攝）

中美洲

呼叫雌蟾　　　　　　　膨脹的鳴囊

突出的眼睛
有水平瞳孔

雄蟾

深褐色的身體
雜有淺色斑點

粗糙多疣
的皮膚

深褐色的體色
是泥濘中的絕佳
保護色

卵產在漂浮的
泡沫卵塊中

雄雌蟾在泡沫卵塊中產卵

體長：3-4公分	習性：陸棲為主	活動時間 ☾

科：細趾蟾科	學名：*Ceratophrys cornuta*	狀態：地區性普遍

南美角蛙（Amazonian Horned Frog）

南美角蛙有圓胖且龐大的體型，身體的長度和寬度大約相同。
其頭部和嘴巴也相當大。體色為紅色或褐色，並綴有深褐色的
斑點、條紋和斑塊。由於無法快速移動，
南美角蛙只好躲伏在落葉堆中等待獵物
經過。其大嘴巴可以讓牠吃下幾乎
與自己體型相等的動物。頭
部上的角狀構造其實是
眼瞼的突起，可用以補
強偽裝成落葉的效果。
雄蟾求偶時會發出像牛
吼的大聲蛙鳴。

南美洲

眼瞼上的
角狀突起

多疣的褐色
或紅色身體

• **分布**：巴西東北部、圭
亞那及厄瓜多爾西部。棲居
在熱帶森林中。

• **繁殖**：雨季時產卵於水中。

寬大的
嘴巴

深褐色的斑紋

體長：10-20公分	習性：陸棲為主	活動時間 ○

科：細趾蟾科	學名：*Eleutherodactylus planirostris*	狀態：地區性普遍

溫室蟾（Greenhouse Frog）

溫室蟾的體色為褐色或黃褐色，背部有顏色較深的斑點或條紋。其
四肢的趾端上有發育良好的吸盤。溫室蟾善於攀爬，可在高高的鳳
梨科（bromeliad）植物上發現牠們的蹤跡，不過白天時通常都躲
在木頭或石頭底下。雄蟾會在地上發出像鳥叫般的蛙鳴。

加勒比海

雌蟾產卵於石頭下、木頭下及碎屑堆中，
每次產下 3-26 顆。卵會直接孵化成
幼蛙，而不經蝌蚪階段。

• **分布**：古巴、巴哈馬、土
耳其和開科斯群島（Caicos
Islands）、開曼群島（Cayman
Islands）（已引進亞買加）。棲
居在林地和花園中。

• **繁殖**：夏季產卵於
陸地上。

大瞳孔

四肢的趾端
上有吸盤

體長：2.5-4公分	習性：完全陸棲	活動時間 ☾

科：細趾蟾科　　學名：*Leptodactylus pentadactylus*　　狀態：地區性普遍

五趾細趾蟾（SOUTH AMERICAN BULLFROG）

這種細趾蟾體色為黃色或淡褐色，並綴有紅色、深褐色與黑色斑紋。其體型龐大而強壯，頗具攻擊性。雄蛙為了保護地盤，會在湖畔用拇指上尖銳的黑色突起作為武器和競爭對手一較長短。通常在大雨過後，會在氾濫的湖泊小洞中進行交配。大量的卵產在雄蛙用後腳拍打而成的泡沫卵塊中。其肌肉發達的後腳常成為人類的盤中美味。

• **分布**：中美洲和南美洲。棲居在森林中、沼澤中、沼澤邊、水池、湖泊和溪流中。

• **繁殖**：雨季時產卵於水中。

• **附註**：被捕時會發出響亮尖銳的叫聲，趁掠食者嚇一跳時逃生。

中南美洲

肌肉發達的前腳

突出的鼓膜

體色為淡褐色或黃色

體長：8-22公分　　習性：水棲為主　　活動時間 ☽

科：細趾蟾科　　學名：*Telmatobius culeus*　　狀態：地區性普遍

的的喀喀池蟾（TITICACA WATERFROG）

的的喀喀池蟾有卵形的身體、寬大的頭部以及大嘴巴。其體色為淡褐色，並綴有深褐色或黑色的斑駁斑點。為了適應安地斯山上的的喀喀湖寒冷、缺氧的湖水，的的喀喀池蟾的肺部非常小，主要用皮膚呼吸。其身上的膚褶則可增加體表面積。這種池蟾會輕輕在水中擺動身體，以增加氧氣的吸收。其後腳趾間有全蹼，即使身處泥濘中也能到處移動以尋找食物。目前對這種生物的生殖習性所知不多。雄蟾的叫聲很小，交配時會緊緊環抱雌蟾的腰部。

• **分布**：南美洲的的喀喀湖（Lake Titicaca）。

• **繁殖**：夏季產卵於水中。

趾間有蹼

南美洲

淡褐色的體色上有顏色較深的斑點

眼睛小

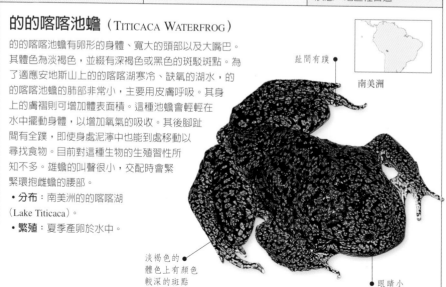

體長：8-12公分　　習性：完全水棲　　活動時間 ○

科：蟾蜍科	學名：*Atelopus zetecki*	狀態：瀕危

澤氏斑蟾（HARLEQUIN TOAD）

尖尖的口鼻部、纖細的身體和長長的四肢是這種蟾蜍的外形特徵。其體色為亮黃色或橙色，並綴有黑色的斑紋。大雨後會在滿溢的水池中進行繁殖。卵的孵化相當快，蝌蚪的發育速度也很快。

- **分布**：巴拿馬。棲居在山區森林中。
- **繁殖**：春、夏二季產卵於水中。
- **附註**：這是中美洲數種瀕危的蛙類之一，棲地的破壞、氣候的改變和疾病可能是其主要原因。

尖尖的口鼻部

鮮艷的體色用來警告掠食者牠會分泌毒液

中美洲

細長的四肢

身上與四肢有一處或數處黑色斑紋

體長：4-5.5公分	習性：陸棲為主	活動時間 ☼

科：蟾蜍科	學名：*Bufo americanus*	狀態：地區性普遍

美洲蟾蜍（AMERICAN TOAD）

這種變異性大的蟾除，其體色可能是褐色或其他鮮艷的顏色，許多個體的背部上有淺色條紋。主要移動方式為跳躍。繁殖季時會在靜止的水域中進行交配，雄蟾會連續發出 3-60 秒悅耳的顫音。雌蟾產下成串的卵。

- **分布**：美國東部和加拿大。棲居在花園等潮濕之處。
- **繁殖**：春季時產卵於水中。
- **相似種**：浮蟾（*Bufo fowleri*）。

大大的耳後腺

體色為褐色或其他鮮艷的顏色

北美洲

體長：5-9公分	習性：陸棲為主	活動時間 ☾

科：蟾蜍科	學名·*Bufo boreas*	狀態：瀕危

西部蟾蜍（WESTERN TOAD）

這種灰色或綠褐色的蟾蜍背部有道淺色的條紋。其移動方式一般為步行，偶爾才會跳躍前進。除了高海拔地區，白天時幾乎都待在地底下其他動物的洞穴中。雄蟾會發出「吱喳」的鳴叫聲。雌蟾則在池塘中產下成串的卵。

- **分布**：美國西部及加拿大。棲居在沙漠、草原、林地及山區草地。
- **繁殖**：春季產卵於水中。

背部中間有淺色條紋

體表有疣和深色斑塊

北美洲

體長：6-12公分	習性：陸棲為主	活動時間 ☾

| 科：蟾蜍科 | 學名：*Bufo bufo* | 狀態：普遍 |

大蟾蜍（EUROPEAN COMMON TOAD）

大蟾蜍的身體粗壯，在其分布區的南端體型可以長到很大，皮膚上的疣還會轉變為角質棘（此圖所示為分布區北部的大蟾蜍）。雄蟾會比雌蟾提早20天到準備繁殖的池塘或湖邊，且雌雄蟾的比例約為1：3。雌蟾的體型較雄蟾大很多，需要比雄蟾多一年的發育時間才有生育能力。雄蟾沒有鳴囊，很少發出求偶聲。卵用膠質包裹，成串產在植物周圍。

歐洲、非洲、亞洲

大大的半月形耳後腺

多疣的皮膚為綠色、褐色或灰色

- **分布**：歐洲、非洲西北部以及亞洲。棲居在林地、花園與田野中。
- **繁殖**：春季產卵於水中。
- **附註**：由於大蟾蜍取食蛞蝓和蝸牛，因此又稱為「花匠之友」。

雄蟾的前肢較雌蟾粗壯

| 體長：8–20公分 | 習性：陸棲為主 | 活動時間 ☾ |

| 科：蟾蜍科 | 學名：*Bufo calamita* | 狀態：地區性普遍 |

黃條背蟾蜍（NATTERJACK TOAD）

這種蟾蜍的四肢比其他蟾蜍來得短，因此走起路來就像老鼠以疾行的方式移動。其體色為褐色、灰色或綠色，並雜有深色斑紋，背部通常有一道鮮黃色的條紋。黃條背蟾蜍白天時會躲在自己挖掘的地洞中或借用其他動物的洞穴躲伏。繁殖季期間的雄蟾有大鳴囊，會連續1–2秒重複發出響亮的鳴聲。這種蟾蜍的繁殖季比大多數蟾蜍要長，有些個體甚至可以一年交配多次。其繁殖場所包括池塘及湖泊。雌蟾將成串的卵產在水草間。

歐洲

背部中間有黃色條紋

背部有許多小小的扁平疣

- **分布**：歐洲中西部及俄羅斯。棲地多樣化，包括沙丘、荒原和山區。
- **繁殖**：春、夏二季產卵於水中。
- **附註**：黃條背蟾蜍在英國是瀕危物種。

短小的四肢適合跑而不是跳躍

| 體長：5–10公分 | 習性：陸棲為主 | 活動時間 ☾ |

科：蟾蜍科	學名：*Bufo marinus*	狀態：地區性普遍

海蟾蜍（MARINE TOAD）

一稱甘蔗蟾蜍（Cane Toad），這是世界上體型最大的蟾蜍。其身體十分粗壯，頭部巨大，多疣的皮膚為褐色或黃褐色，並綴有顏色較深的斑塊，腹部則為乳白色。這種蟾蜍的獵物包括其他的蛙及蟾蜍。

全世界

• **分布**：中南美洲（已引入全球各地）。大多數棲地都有分布，包括城鎮。
• **繁殖**：全年都是繁殖期，將卵產於水中。
• **附註**：自1920年起，許多國家為了防治甘蔗害蟲而紛紛引進海蟾蜍。在澳洲，海蟾蜍已嚴重威脅到當地蟾蜍與蛙的生存空間。

耳後腺
分泌毒液

粗糙
多疣的
革質皮膚

體色為褐色
或黃褐色

體長：10-24公分	習性：陸棲為主	活動時間 ☾

科：蟾蜍科	學名：*Bufo punctatus*	狀態：地區性普遍

紅點蟾蜍（RED-SPOTTED TOAD）

紅點蟾蜍的體型相當小，扁平的身體比其他蟾蜍細瘦。其體色為灰色到褐色，由於皮膚上有紅色或橙色的疣而得名。紅點蟾蜍善於攀爬，通常出現在陡峭的岩石棲地上，白天時就藏身在石縫中以躲避天敵。繁殖季時，雄蟾會以 2-6 隻為一群在水中鳴唱以吸引雌蟾。牠們可持續 4-10 秒不斷發出高音調的顫音。

相對較大的
頭部

北美洲

• **分布**：美國西南部和墨西哥。棲居在粗糙的岩石地形和草原。
• **繁殖**：春、秋二季產卵於水中。
• **附註**：紅點蟾蜍通常會和其他蟾蜍屬的蟾蜍雜交。

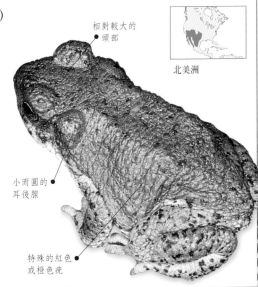

小而圓的
耳後腺

特殊的紅色
或橙色疣

體長：3-7公分	習性：陸棲為主	活動時間 ☾

科：蟾蜍科	學名：*Bufo viridis*	狀態：地區性普遍

綠蟾蜍（Green Toad）

這種粗壯的蟾蜍體色為灰色或橄欖綠色，多疣的皮膚上有明顯的綠色斑塊。其體色較大多數的蟾蜍鮮豔，但在躲藏時會變得比較淺淡。綠蟾蜍通常出現在沙質的棲地上，並以後肢挖洞。繁殖季期間，體型較小的雄蟾會有領域性，牠所發出的高音調顫音，除了吸引雌蟾外，也用以警告其他的雄蟾遠離。

歐洲、非洲、亞洲

長而窄的
● 耳後腺

綠色的斑塊是
● 很好的保護色

- **分布**：東歐、北非和亞洲。棲居在低地且乾燥的環境，偶爾也會出現在山區。
- **繁殖**：春、夏二季產卵於水中。
- **附註**：綠蟾蜍常生活在人類周圍，而且經常在夜間的路燈下捕食昆蟲，這是兩生類中所罕見的。

強壯的四肢 ●

體長：9-12公分	習性：陸棲為主	活動時間 ☾

科：蟾蜍科	學名：*Capensibufo tradouwi*	狀態：地區性普遍

崔度蟾蜍（Tradouw Toadlet）

這種小型蟾蜍有修長的身體及光滑的皮膚，背部有水泡狀的疣和突起。其體色相當歧異，通常為淺灰色，綴有深褐色或黑色的斑駁斑紋以及磚紅色的斑點；背部中間通常有道淺色條紋。其四肢修長且肌肉發達，眼睛從頭部突出；趾間無蹼；梨形的耳後腺相當明顯。春雨過後，在潮濕的山窪地或暫時性的水塘繁殖。雄蟾會發出呱呱的叫聲吸引雌蟾。

- **分布**：南非開普西南部。棲居在山區。
- **繁殖**：春季產卵於水中。

背部中間有
● 一道條紋

獨特的梨形
耳後腺

非洲

黑色斑紋

體長：3-4.5公分	習性：陸棲為主	活動時間 ☾

科：蟾蜍科	學名：*Pedostibes hosii*	狀態：地區性普遍

霍西漿蟾（Boulenger's Asian Tree Toad）

不同於其他的蟾蜍，霍西漿蟾善於攀爬，且以樹棲
生活為主。不過也如同一般的蟾蜍，其皮膚上滿
布疣和小棘刺，趾端的吸盤有利於攀爬。霍西
漿蟾以螞蟻為食，棲居在溪流邊的樹上或灌
木叢上。雌蟾在水中產下成串的卵。蝌蚪
有吸盤狀的嘴可附在石頭上。

• **分布**：泰國南部、馬來西亞、蘇門
答臘以及婆羅洲。棲居在森林中。

• **繁殖**：雨季時產卵於水中。

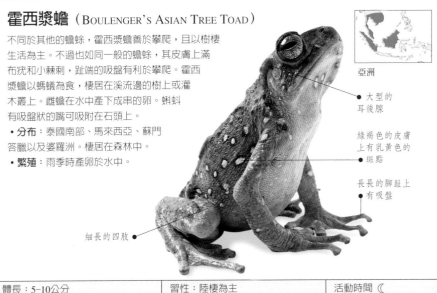

亞洲

大型的
耳後腺

綠褐色的皮膚
上有乳黃色的
斑點

長長的腳趾上
有吸盤

細長的四肢

體長：5-10公分	習性：陸棲為主	活動時間 ☾

科：多指節蟾科	學名：*Pseudis paradoxa*	狀態：地區性普遍

奇異多指節蟾（Paradoxical Frog）

奇異多指節蟾有肌肉發達的強壯後肢以及全蹼的後
腳趾，因此善於游泳。長長的腳趾上有額外的一節
骨頭，可用來挑起泥土擾亂獵物。當地潛入水中
時，只有朝上的眼睛和鼻孔會露出水面。雌蟾將
卵產在漂浮的泡沫卵塊中，卵塊中的卵黃足
以讓蝌蚪6-10週間不用進食。

• **分布**：南美洲和千里達。棲居在
湖泊、池塘和沼澤中。

• **繁殖**：雨季時產卵於水中。

• **附註**：其蝌蚪可以長到25
公分，為成年蟾的四倍
大，因此這種蟾蜍又
稱為「萎縮蛙」。

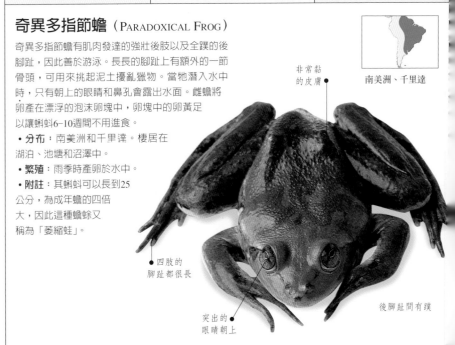

非常黏
的皮膚

南美洲、千里達

四肢的
腳趾都很長

突出的
眼睛朝上

後腳趾間有蹼

體長：5-7公分	習性：完全水棲	活動時間 ○

科：樹蟾科	學名：*Acris crepitans*	狀態：普遍

北蝗蛙（Northern Cricket Frog）

這種小型蛙有粗糙的皮膚、鈍形的口鼻部和相對較短的四肢，其後腳趾間有蹼。北蝗蛙出現在水中或水邊，雖然不會攀爬卻可以跳得很遠，經常可以看到牠們曬太陽來提高體溫。繁殖季期間，池塘中會群蛙聚集，雄蛙的鳴聲響亮嘈雜，發出的一連串金屬滴答聲就像蟋蟀的叫聲。某些地區的北蝗蛙蝌蚪有黑色尾端，如此可以分散水蠆的注意力，讓蝌蚪身體的重要部位不被攻擊。

- **分布**：美國東南部和東部。棲居在水邊的植被上。
- **繁殖**：春季產卵於水中。
- **相似種**：南蝗蛙（*Acris gryllus*）。

北美洲

短短的腿部 ●

兩眼間有深色三角形斑紋 ●　粗糙的皮膚 ●

體長：1.5-4公分	習性：陸棲為主	活動時間 ☾☀

科：樹蟾科	學名：*Agalychnis callidryas*	狀態：地區性普遍

紅眼樹蛙（Red-eyed Treefrog）

這種亮綠色的樹蛙體側有黃色和藍色的條紋。大腿內部則為相當特殊的藍色，不過只有在牠移動時才看得到。由其修長的四肢和趾端的吸盤可以得知這是種善於攀爬的種類。牠們在懸垂於水邊的樹上交配，同一棵樹上常常就有群蛙聚集。雄蛙求偶時會發出輕軟的喀擦聲來吸引雌蛙。交配時，體型較小的雄蛙會爬到雌蛙背上，雌蛙在爬到樹上前會先吸收一點池中的水。雌蛙將卵塊產在樹葉上，然後背著雄蛙回到水裡，再爬上樹產下另一團卵塊。大約五天後，卵就會孵化成蝌蚪掉進水中。

- **分布**：中美洲。棲居在森林中。
- **繁殖**：夏季時產卵於陸地上。

中美洲

亮綠色的體色可以在樹葉間形成很好的掩護 ●

紅色的大眼睛有垂直瞳孔

細長的腿部 ●

發育良好的吸盤 ●

體長：4-7公分	習性：完全陸棲	活動時間 ☾

科：樹蟾科	學名：*Gastrotheca monticola*	狀態：地區性普遍

山袋蛙（Mountain Marsupial Frog）

山袋蛙有結實而渾圓的身體、寬闊的頭部和圓形的口鼻部，這種分布於高地上的種類體色通常為褐色，背部有些綠色區塊，有時也會出現通體綠色的個體；只有後腳有蹼。由於雌蛙背上有育兒袋，因此而得名。雄蛙會將受精卵放入雌蛙的育兒袋中以孵化。當卵完全發育為蝌蚪後，雌蛙會用腳趾協助蝌蚪從育兒袋中游入水池裡。

• 分布：厄瓜多爾南部和祕魯北部。棲居在山區森林中。

• 繁殖：蝌蚪在春、夏兩季從育兒袋中遷入水池裡。

雌蛙背部有育兒袋

南美洲

寬大的頭部

突出的大眼睛

體長：4–6公分	習性：完全陸棲	活動時間 ☾

科：樹蟾科	學名：*Hyla arborea*	狀態：地區性普遍

歐洲樹蛙（European Treefrog）

歐洲樹蛙有修長的四肢，趾端也有吸盤，因此善於攀爬和跳躍。其典型的體色為亮綠色，雙眼有深色的條紋貫穿，並往下延伸至身體後部。歐洲樹蛙也可能出現黃色或褐色的個體。這種樹蛙可以快速改變體色。繁殖季節期間，雄蛙會群聚在池塘邊的樹上或灌木叢中，集體合鳴以吸引雌蛙。配對成功者則會下到水邊產卵。

• 分布：歐洲大部分地區。棲居在植物茂盛的環境中。

• 繁殖：春、夏二季產卵於水中。

• 相似種：無斑樹蛙（*Hyla meridionalis*）。

歐洲

由頭部而下一直到全身有一道明顯的深色條紋

趾端有吸盤

體長：3–5公分	習性：陸棲為主	活動時間 ☾

| 科：樹蟾科 | 學名：*Hyla cinerea* | 狀態：普遍 |

灰綠樹蛙（GREEN TREEFROG）

這種樹蛙的體色通常為亮綠色，不過體色的變化速度相當快，例如在繁殖季期間，鳴叫中的雄蛙會變成黃色，而在不活動的寒冷季節則變成灰色。灰綠樹蛙的趾端有發達的吸盤，善於攀爬，也可以跳得很遠。為了覓食被燈光吸引而至的昆蟲，夜晚經常會現身在窗口前。他們在水邊交配繁殖，成群的雄蛙一起大聲鳴叫以吸引雌蛙，不過也有些安靜不出聲的雄蛙（稱為衛星雄蛙），會企圖半途攔截聞聲而至的雌蛙。

- **分布**：美國東南部。棲居在林地中。
- **繁殖**：春季時產卵於水中。
- **附註**：由於只在下雨前或下雨時鳴叫，因此俗稱為「雨蛙」。

上唇的淺色斑紋一直延伸到身體

金色的眼睛有水平瞳孔

北美洲

趾端有吸盤

| 體長：3–6公分 | 習性：陸棲為主 | 活動時間 ☾ |

| 科：樹蟾科 | 學名：*Hyla chrysoscelis* | 狀態：地區性普遍 |

灰樹蛙（GREY TREEFROG）

灰色的體色以及皮膚上的疣狀突起，讓牠得以巧妙混雜在所棲息的樹幹上的地衣中，而不容易被發現。灰樹蛙改變體色的速度也很快，天氣寒冷時體色就變得較深，而在強光照耀下，體色會變得較淺。繁殖季節時，雄蛙會聚集在水邊大聲合鳴以吸引雌蛙。灰樹蛙的蝌蚪有紅色的尾巴，用以警告天敵其味道不佳。

- **分布**：美國東部。棲居在林地中。
- **繁殖**：春季時產卵於水中。
- **相似種**：本種灰樹蛙看起來和另一種灰樹蛙（*Hyla versicolor*）幾無二致，不過後者的染色體為前者的兩倍，且求偶聲較為緩慢低沉。
- **附註**：酷寒的季節，其體內的甘油可以提供抗凍劑的功效，防止灰樹蛙凍死。

趾端有吸盤

突出的大眼睛

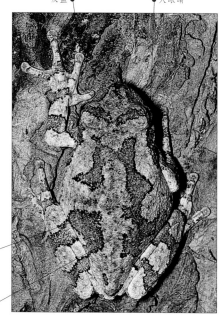

身上的花紋是良好的偽裝

背部皮膚有疣

北美洲

| 體長：3–6公分 | 習性：陸棲為主 | 活動時間 ☾ |

| 科：樹蟾科 | 學名：*Litoria caerulea* | 狀態：地區性普遍 |

綠雨濱蛙（WHITE'S TREEFROG）

綠雨濱蛙雖然體型肥胖，但卻是行動敏捷的攀爬者與跳躍者。其體色通常為淡綠色，有時還點綴著奶油色的小斑點。綠雨濱蛙食性貪婪，主要覓食昆蟲，有時還會吃小老鼠。通常會棲居在人類聚居地周圍。繁殖季時，雄蛙會在接近池畔的樹枝上高聲鳴叫。雌雄蛙配對後會一起跳入水中。雌蛙用力將卵自體內噴散而出，這些卵會散布於池中，然後往下沉到水底。

澳大拉西亞

• **分布**：澳洲東北部與新幾內亞南部。棲居在林地中。

• **繁殖**：夏天時產卵於水中。

• **附註**：綠雨濱蛙的皮膚含有多種可抗濾過性病毒與細菌的成分。其中一種成分（caerulein）已知可用來治療人類的高血壓。

水平的瞳孔

淡綠色或藍綠色的皮膚上有時會有奶油色斑點

趾端有發達的大吸盤

| 體長：5-10公分 | 習性：陸棲為主 | 活動時間 ☾ |

| 科：樹蟾科 | 學名：*Litoria infrafrenata* | 狀態：地區性普遍 |

巨雨濱蛙（GIANT TREEFROG）

這是體型最大的樹蛙之一，體背為純綠色或古銅色，腹面則為白色或乳白色。其四肢細長，小腿上有斑紋（雌蛙為白色，雄蛙為粉紅色）。巨雨濱蛙可以在樹枝間穿梭自如，但在陸地上卻又行動笨拙。繁殖季節期間，雄蛙會聚集在池塘邊，於離地3-4公尺的樹枝上鳴叫。

• **分布**：新幾內亞及澳洲東北角。棲居在森林或花園裡。

• **繁殖**：夏季時產卵於水中。

上唇有白色條紋

大眼睛中有水平瞳孔

澳大拉西亞

發達的吸盤

| 體長：10-14公分 | 習性：陸棲為主 | 活動時間 ☾ |

| 科：樹蟾科 | 學名：*Ololygon rubra* | 狀態：地區性普遍 |

紅鼻樹蛙（Red-snouted Treefrog）

學名又為*Scinax rubra*。這種體型纖細的樹蛙體色為銀色、灰色或黃色，四肢修長。雄蛙會在雨後成群聚集在暫時性的池塘中大聲鳴叫以吸引雌蛙。雌蛙依據體型來擇偶，偏愛比自己的體型小20%的雄蛙，這是因為和這種大小的雄蛙交配時，兩者的泄殖孔距離最為接近，如此卵的受精率才會最高。交配期間，雌蛙將卵散布於池塘各處，以降低天敵取食的風險。

• 分布：巴拿馬、南美洲北部、千里達、托貝哥及聖露西亞。棲居在稀樹大草原及人類聚落附近。

• 繁殖：秋季時產卵於水中；春、夏二季時又再次產卵。

中南美洲

扁平的身體為黃色、銀色或灰色，綴有深色斑紋

略呈尖形的頭部

趾端有吸盤

| 體長：2.5-4公分 | 習性：陸棲為主 | 活動時間 ☾ |

| 科：樹蟾科 | 學名：*Phyllomedusa hypochondrialis* | 狀態：地區性普遍 |

粒葉泡蛙（Orange-sided Leaf Frog）

這種綠-橙色的小型青蛙偏愛乾燥的棲地，其滿布全身的皮膚腺體可以分泌蠟質，能有效減少水分的散失。遭受攻擊時，這種青蛙會藉由腹面朝上、四肢緊縮的動作來裝死。觸摸牠時，牠還會排放可能對天敵有毒或令其不舒服的難聞氣味。雌蛙將卵包覆在水面上的葉片中，並以空卵囊來包裹受精卵，以便在乾季時留住水分。

• 分布：巴拿馬與哥倫比亞。棲居在氣候乾燥的棲地。

• 繁殖：春、夏二季時產卵於陸地上。

眼睛非常大

中南美洲

相對立的腳趾可以抓住小枝條

細長的四肢可以敏捷行動

| 體長：4-5公分 | 習性：完全陸棲 | 活動時間 ☾ |

科：對蛙科	學名：*Centrolenella valerioi*	狀態：地區性普遍

玻璃蛙（La Palma Glass Frog）

這種纖細的小型蛙類由於腹面皮膚透明，可以看到內部器官，因此稱為玻璃蛙。其四肢細長，加上趾端有發達的吸盤，所以可以輕易爬在樹枝及平滑的樹葉上。玻璃蛙有大而突出的眼睛。雌蛙將卵產在懸垂於溪流水面上的植物上，由雄蛙一旁守衛，以防止胡蜂等天敵的侵襲。蝌蚪孵化後掉入水中，然後再鑽入溪流底層的泥土中。

- **分布**：中美洲。棲居在熱帶森林裡。
- **繁殖**：雨季時產卵於水面上。

中美洲

突出的眼睛有水平瞳孔

後肢長

趾端有吸盤

體長：2-3公分	習性：陸棲為主	活動時間 ☾

科：叢蛙科	學名：*Dendrobates auratus*	狀態：地區性普遍

綠色箭毒蛙（Black-and-green Poison-dart Frog）

這是種體色鮮豔的蛙類，有圓形的口鼻部。其黑-綠色的光滑表皮可以在茂密的熱帶森林中提供最完美的偽裝。由其名字可知這是個有毒種類，昔日就有原住民將其足以致人於死的劇毒塗抹在吹箭的箭頭上。雌蛙在引發交配的過程中，扮演較積極的角色，而且一次可以在落葉堆中產下數窩5-13顆的卵。雄蛙負責照顧子代，通常可以同時照顧好幾窩的卵。待蝌蚪孵化後，雄蛙會一次帶1-2隻蝌蚪前往鳳梨科植物的小積水池或樹洞裡。

- **分布**：巴拿馬與哥倫比亞西北部。棲居在熱帶森林裡。
- **繁殖**：雨季時產卵於陸地上。
- **附註**：綠色箭毒蛙經常可以在可可田裡看見，牠們在此取食腐爛水果上的昆蟲。

中南美洲

光滑的亮綠色皮膚上有黑色斑紋

趾端有吸盤

後肢長

體長：2.5-6公分	習性：完全陸棲	活動時間 ☼

科：叢蛙科	學名：*Dendrobates azureus*	狀態：瀕危

天藍箭毒蛙（BLUE POISON-DART FROG）

其鮮豔的靛藍色體色上夾雜著黑色的斑點，用以警告侵略者牠身懷劇毒。雌蛙在森林的落葉堆上產下數窩5-13顆的卵；負責照顧的雄蛙可以同時兼顧好幾窩。當卵孵化為蝌蚪後，每次會有1-2隻蝌蚪以蠕動方式爬到雄蛙背上，由雄蛙帶往鳳梨科的葉子積水處或樹洞裡。

- **分布**：南美洲東北部。棲居在熱帶森林的植被上。
- **繁殖**：雨季時產卵於陸地上。

南美洲

亮藍色的皮膚上有黑色斑點

前肢相當長，趾端有吸盤

體長：3-5公分	習性：完全陸棲	活動時間 ☼

科：叢蛙科	學名：*Dendrobates pumilio*	狀態：地區性普遍

火紅箭毒蛙（STRAWBERRY POISON-DART FROG）

其體色因地理分布區的不同而差異極大，有些地區為鮮豔的藍色或紅色，有些地區則為褐色、藍色或綠色。雄蛙會高聲鳴叫以吸引雌蛙，而雌蛙則在落葉堆上產下窩數只有 4-6 顆的卵。當卵孵化之後，蝌蚪會以蠕動方式爬到雌蛙背部，由雌蛙帶往積滿水的樹洞或鳳梨科植物上，而且是一隻蝌蚪一個水坑。此後雌蛙還會定期回去將未受精的卵產下以餵食蝌蚪。約經六週，蝌蚪就可完成變態。

- **分布**：尼加拉瓜、哥斯大黎加及巴拿馬。棲居在熱帶森林的植被上。
- **繁殖**：雨季時產卵於陸地上。
- **附註**：數百年來，當地原住民用火燒烤火紅箭毒蛙以萃取致命的毒素。

圓形的口鼻部

中美洲

大眼睛

前肢細長，趾端有吸盤

體長：2-2.5公分	習性：完全陸棲	活動時間 ☼

科：叢蛙科	學名：*Dendrobates tinctorius*	狀態：地區性普遍

花箭毒蛙（DYEING POISON-DART FROG）

這是體型最大的箭毒蛙，身體
有黑-黃色的斑紋，藍色的四肢
上則綴有黑色斑點。由於後肢
肌肉發達，加上所有的趾端都有
吸盤，因此善於跳躍與攀爬。雌
蛙會在葉子上產約20顆的卵；
由雄蛙負責保護，並在卵孵化之
後，將蝌蚪一一移送至水塘內，然
後雄蛙才會離開。

• **分布**：法屬圭亞那與巴西東北部。
棲居在熱帶雨林中。

• **繁殖**：雨季時產
卵在陸地上。

南美洲

趾端有吸盤 ●

體長：3-6公分	習性：完全陸棲	活動時間 ☼

科：赤蛙科	學名：*Ceratobatracus guentheri*	狀態：稀有

所羅門島角蛙（SOLOMON ISLAND HORNED FROG）

顧名思義，這種蛙的頭部上應該長有角
狀的突起構造。此構造有助於打散其頭
部輪廓，並補強其偽裝成葉子的效
果。其他特徵還包括三角形的扁
平頭部，以及外側趾端的大型吸
盤，其體色也相當歧異。所羅門
島角蛙的下顎有齒狀突，這
對蛙類來說十分罕見；這
些骨質突起並非真正的
牙齒，而且雄蛙的齒狀
突比雌蛙要大。雌蛙產
下的大顆卵會直接在溪流中
孵化成幼蛙。這些幼蛙長有皮褶，
可以幫助他們從卵中吸收卵黃。

• **分布**：所羅門群島。棲居在林木
茂密的棲地中。

• **繁殖**：雨季時產卵於水中。

頭上有
角狀突起 ●

扁平的
三角形
● 頭部

所羅門群島

趾端有
吸盤 ●

體長：5-8公分	習性：陸棲為主	活動時間 ☾

| 科：赤蛙科 | 學名：*Conraua goliath* | 狀態：稀有 |

霸王蛙（GOLIATH FROG）

這是世界上體型最大的蛙類，已能完全適應水棲的生活型態。霸王蛙有平順滑溜的皮膚、強而有力的後肢以及帶蹼的長腳趾，在在使牠成為游泳及潛水好手。其體色為藍灰色到綠色，綴有褐色斑紋。霸王蛙很少離水太遠，一旦在陸地上遇到危險，會馬上跳進最近的溪流中避難。他們主要以其他脊椎動物為食。雄蛙的體型比雌蛙大，而且鼓膜也比較大，這對蛙與蟾蜍來說都相當不尋常。

非洲

- **分布**：喀麥隆及赤道幾內亞。棲居在叢林中的溪流沿線。
- **繁殖**：雨季時產卵（產卵地點不詳）。

有利於游泳的
強健後肢●

具蹼的
長腳趾 ●

| 體長：10-40公分 | 習性：水棲為主 | 活動時間 ☾ |

| 科：赤蛙科 | 學名：*Hylarana albalabris* | 狀態：地區性普遍 |

白頷水蛙（WHITE-LIPPED RIVER FROG）

這種體色黑綠錯雜的水蛙，腳趾有大型吸盤，因此善於攀爬。白頷水蛙有尖形的頭部、白色的上唇，背部兩側則有明顯的膚褶。雄蛙的鼓膜比較大且清楚可見，這對蛙類來說相當罕見。繁殖季期間，雄蛙上臂會出現大型腺體，其作用可能有助於在水流中抱緊雌蛙。雌蛙將卵成團產在溪流之中。

背部有
● 明顯膚褶

非洲

- **分布**：非洲中部及西部。棲居在雨林及林地中。
- **繁殖**：夏季時產卵於水中。

大眼睛中有
圓形瞳孔 ●

| 體長：6-10公分 | 習性：陸棲為主 | 活動時間 ☾ |

科：赤蛙科	學名：*Mantella auriantiaca*	狀態：瀕危

金色曼蛙（Golden Mantella）

金色曼蛙的體色相當歧異，從黃色、橙色到紅色都有。幼蛙為綠色及黑色。這是分布在馬達加斯加島雨林的日行性毒蛙。一般認為金色曼蛙採體內受精，與一般青蛙截然不同，而且雄蛙求偶時係在地面上鳴叫，而不是在植物上或水上。雌蛙將卵產在潮濕的落葉堆中，孵出的蝌蚪會隨著雨水沖入小池塘中。

馬達加斯加島

- **分布**：馬達加斯加島中西部。棲居在雨林中陽光照射得到的地區。
- **繁殖**：雨季時產卵在陸地上。
- **附註**：由於森林棲地遭破壞，使得本種蛙已瀕臨滅絕。此外，商業性的販賣行為也嚴重影響其生存，不過目前已有所管制。

黑色眼睛有水平瞳孔

吻端尖

體色為黃色、橙色到紅色

細長的身體與纖細的四肢

體長：2-3公分	習性：完全陸棲	活動時間 ☼

科：赤蛙科	學名：*Mantella viridis*	狀態：稀有

綠色曼蛙（Green Mantella）

綠色曼蛙的體背及體側為黃色或淡綠色，頭部兩側與身體前半部有黑色大斑塊；上唇有一道白色條紋，前後肢的趾端都長有吸盤。雄蛙求偶時發出一連串的卡喀聲。交配地點在陸地上，卵則產在接近溪流之處，蝌蚪即在此處發育。

- **分布**：馬達加斯加島東部及北部。棲居在熱帶森林中。
- **繁殖**：雨季時產卵在陸地上。
- **附註**：由於棲地遭破壞以及寵物買賣，已嚴重威脅其生存。

體背及體側上部為淡綠色或黃色

上唇有白色條紋

馬達加斯加島

前後肢的趾端均有吸盤

體長：2-3公分	習性：完全陸棲	活動時間 ☼

| 科：赤蛙科 | 學名：*Pyxicephalus adspersus* | 狀態：地區性普遍 |

非洲牛蛙（African Bullfrog）

這是種具侵略性的大型蛙類，有龐大的身體、寬大的頭部、大嘴巴以及肌肉發達的後肢。其體色為橄欖綠色，沿著膚褶有深綠色、褐色或黑色的斑紋。雄蛙體型比雌蛙大。非洲牛蛙一年有十個月會躲伏在地底下，並將自己包裹在一個囊繭中，以減少水分散失而脫水。其後腳有硬化的小結，可以用來深掘入土。雄蛙以鳴叫方式吸引雌蛙，然後雙雙在滿溢的池塘中交配。負責守護卵的雄蛙會挖掘通道，讓蝌蚪能順利游離。

非洲

- **分布**：非洲亞撒哈拉沙漠。棲居在乾燥及潮濕的稀樹大草原中。
- **繁殖**：雨季時產卵於水中。
- **附註**：在難得下雨的乾燥地區，非洲牛蛙仍可躲在地底下好幾年。

橄欖綠的身體上●
有深色斑紋

大頭與●
大嘴巴

●後腳有用來
掘土的硬化小結

| 體長：8–23公分 | 習性：陸棲為主 | 活動時間 ○ |

| 科：赤蛙科 | 學名：*Rana catesbeiana* | 狀態：地區性普遍 |

美洲牛蛙（North American Bullfrog）

這是北美洲最大的蛙類，其體背為橄欖綠色，並綴有深色斑紋。頭部通常為淡綠色，腿部有黑色或褐色的斑紋與斑塊。美洲牛蛙食性貪婪，其獵食對象包羅廣泛，例如小型哺乳動物、爬行動物以及其他蛙類。繁殖季期間，雄蛙會保護產卵地點，雌蛙則可產下數以千計的卵。美洲牛蛙的蝌蚪可能要花上四年時間才臻成熟。

雄蛙的鼓膜明顯●
且大於雌蛙

北美洲

●體色為褐色
或橄欖綠色

- **分布**：美國中部及東部（已引進到美國西部與其他地區）。棲居在大池塘或湖泊中。
- **繁殖**：春、夏兩季產卵在水中。
- **附註**：美洲牛蛙已引進到世界許多地方，對於各地的原生蛙類造成相當大的威脅。

| 體長：9–20公分 | 習性：水棲為主 | 活動時間 ☾☀ |

| 科：赤蛙科 | 學名：*Rana dalmutina* | 狀態：地區性普遍 |

捷蛙 （AGILE FROG）

這種淡褐色的蛙類有強而有力的長後肢，體背上有深色斑點，腿上則有深色條紋。由於善於跳躍，行動敏捷，因此稱為捷蛙；受到威脅時會跳得又高又遠，雖然泳技不理想，還是會跳進水裡避難。冬季時，雌蛙仍會待在陸地上，不過雄蛙會躲在池塘或湖泊的冰層下越冬。春天冰層開始融化後，繁殖季就接著來臨。雌蛙產下的一大團卵塊孵化成蝌蚪後，還要再經3-4個月的時間才會發育為成蛙。

• **分布**：主要分布在歐洲中部及南部，少部分族群分布在北歐。棲居在開闊的林地與草澤中。

• **繁殖**：春季時產卵於水中。

• **相似種**：荒蛙（*Rana arvalis*）。

深褐色的條紋貫穿過眼睛，並覆蓋在突出的鼓膜上

身體為淡褐色，有深色斑點

歐洲

吻端尖

修長的後肢上有斑紋

| 體長：5-9公分 | 習性：陸棲為主 | 活動時間 ☾ |

| 科：赤蛙科 | 學名：*Rana ridibunda* | 狀態：地區性普遍 |

湖蛙 （LAKE FROG）

這是歐洲體型最大的蛙類，引進英國後又稱沼蛙。其體色為綠色或褐色，綴有深色斑紋，吻端尖。湖蛙經常會現身在水邊曬太陽取暖，一旦受到干擾，就會馬上跳入水中。雄蛙的鳴叫聲音非常多變且響亮。雌蛙產卵數可多達12,000顆。

• **分布**：歐洲。棲居在湖泊、池塘、溝渠及溪流中。

• **繁殖**：春季時產卵於水中。

• **相似種**：食用蛙（*Rana esculenta*，這是湖蛙與池蛙的雜交種）、池蛙（*Rana lessonae*）。

歐洲

背上的皮膚有縱褶

大腿上有橙色或黃色的斑紋

體型小於食用蛙與湖蛙，大腿為黃色

食用蛙　　　　　　　　　　池蛙

湖蛙

肌肉發達的長後腳善於游泳

| 體長：9-15公分 | 習性：水棲為主 | 活動時間 ☼ |

| 科：赤蛙科 | 學名：*Rana temporaria* | 狀態：地區性普遍 |

林蛙（EUROPEAN COMMON FROG）

林蛙的體色變化相當大，通常為綠色或褐色，不過也曾
經出現過紅色或黃色的個體。有些個體有黑色斑點。林
蛙又稱草蛙，主要生活在陸地上；早春時會遷移至池塘
邊進行繁殖，繁殖期僅有 2 至 3 天。有些雄蛙會在池塘
中越冬，但如果湖水結冰則可能凍死。雄蛙在繁殖季期
間，前肢會比雌蛙粗壯，且拇指也會出現突出的深色婚
姻墊，以確保在交配時能夠緊
抱住雌蛙。許多雌蛙會一起
將卵產在池塘、溝渠、水
道中。

雄蛙的前臂
粗厚，拇指有
深色的婚姻墊

歐洲

體色為綠色或褐色，
有時有黑色斑點

• **分布**：歐洲。棲居在各
種潮濕的棲地中。
• **繁殖**：春季時產卵於水中。
• **相似種**：荒蛙（*Rana arvalis*）。

明顯的
鼓膜

| 體長：5-10公分 | 習性：陸棲為主 | 活動時間 ☾ |

| 科：赤蛙科 | 學名：*Rana utricularia* | 狀態：地區性普遍 |

美洲豹蛙（SOUTHERN LEOPARD FROG）

美洲豹蛙有肌肉發達的長後腳，善於跳躍。遇到蒼鷺
或浣熊等天敵攻擊時，會以連續的之字形跳躍一路逃
進水裡。如果難以脫身，則會分泌出令人不舒服的難
聞液體。美洲豹蛙的體色通常為鮮豔的綠色，並綴有
許多黑色的大斑點；背部兩側則各有一條突
出的膚褶，顏色通常為黃色。
雄蛙的求偶鳴聲中包括不
同的哇聲與咯咯聲。許多
雌蛙會一起將卵塊產於共
用的繁殖場所。

背上有
突出的膚褶

北美洲

卵形或圓形的
深色斑點

• **分布**：美國東南部。棲
居在長滿青草的池塘、湖泊
及濕地中。
• **繁殖**：春季時產卵於水中。
• **相似種**：北美洲豹蛙（*Rana pipiens*）、
梭魚蛙（*R. palustris*）。

吻端尖

長而有力
的後腿

| 體長：5-12公分 | 習性：水棲為主 | 活動時間 ☾ |

| 科：赤蛙科 | 學名：*Hemisus marmoratus* | 狀態：地區性普遍 |

理紋扁蛙 (MOTTLED SHOVEL-NOSED FROG)

這種鑽洞穴居的蛙類有矮胖的身體、有力的四肢、小而尖的頭部、小眼睛以及堅硬的吻端。其體色為黃色或灰色，並綴有黑色或褐色的斑駁花紋。雄蛙在池畔發出嗡嗡的鳴叫聲以吸引雌蛙。雌蛙將卵產在池畔的地底密室內，並挖掘通道將孵化的蝌蚪引入池塘之中。

非洲

粗壯的四肢

• **分布**：非洲東南部。棲居在稀樹大草原及乾燥的矮灌叢中。
• **繁殖**：雨季時產卵在陸地上。
• **附註**：理紋扁蛙會先用頭部來掘土，大異於一般掘洞蛙類（通常用後肢向後挖掘）。

吻端尖

| 體長：3-4公分 | 習性：陸棲為主 | 活動時間 ☾ |

| 科：非洲樹蛙科 | 學名：*Afrixalus fornasinii* | 狀態：地區性普遍 |

側條阿非蛙 (GREATER LEAF-FOLDING FROG)

側條阿非蛙有細長的四肢，加上趾端有吸盤，因此能夠生活在植被間。其體色變異大，從黃褐色到黃綠色都有，其背脊上的深色條紋以及體側顏色較淡的條紋可作為辨識特徵。雄蛙求偶時會從植被間發出一連串短促的卡嗒聲。不過體型較小的雄蛙通常不鳴叫，而是埋伏在正在鳴叫的雄蛙附近，以便攔截聞聲而至的雌蛙。雌蛙產卵時會分泌特殊的黏液，以便將卵黏附在葉子上。孵化的蝌蚪會直接落入水中。

背部中央有深色條紋，體側則有顏色較淺的條紋

非洲

• **分布**：非洲東南部。棲居在低矮的植物上。
• **繁殖**：雨季時產卵於水面植物上。

垂直瞳孔

長腳趾上有吸盤

| 體長：3-4公分 | 習性：完全陸棲 | 活動時間 ☾ |

科：非洲樹蛙科　　學名：*Hyperolius tuberilinguis*　　狀態：地區性普遍

舌疣非洲樹蛙（TINKER REED FROG）

舌疣非洲樹蛙的身體纖細、後肢細長，加上趾端有吸盤，使牠成為行動敏捷的攀爬者與跳躍者。其體色為鮮綠色、黃色或褐色，皮膚上完全沒有斑紋。其大腿內側為鮮亮的橙色或黃色，只有在牠跳躍時才看得到。這種樹蛙的眼睛為黃色或橙色，有水平瞳孔。雖然體型嬌小，但雄蛙的鳴聲卻相當響亮，通常會數千隻集聚合鳴。雌蛙將果凍狀的卵塊產在沼澤、池塘或湖泊上方的植物間。

- **分布**：非洲。棲居在低地植物上。
- **繁殖**：春季時產卵在水面上方的植物上。

非洲

大眼睛中有水平瞳孔

纖細的身體

長腳趾上有吸盤

體長：3-4.5公分　　習性：陸棲為主　　活動時間 ☾

科：非洲樹蛙科　　學名：*Leptopelis modestus*　　狀態：地區性普遍

宜小黑蛙（AFRICAN TREEFROG）

宜小黑蛙是行動敏捷的蛙類，有細長的四肢，四肢趾端均有大型吸盤。其體色為灰色或淡褐色，背部有顏色較深的沙漏形斑塊。宜小黑蛙有寬闊的頭部，特大的嘴巴可以吞食大昆蟲；此外，還有獨特的前視大眼睛以及明顯的鼓膜。雄蛙鳴叫時，會露出藍色或綠色的鮮豔鳴囊，發出悠長且低沉的卡喀聲。雄蛙體型遠小於雌蛙。

- **分布**：非洲西部與東非中部。棲居在丘陵與山區的森林裡。
- **繁殖**：不詳。

前視的大眼睛中有垂直瞳孔

非洲

大型鼓膜

有力的四肢

長腳趾上有吸盤

體長：2.5-4.5公分　　習性：陸棲為主　　活動時間 ☾

科：節蛙科	學名：*Trichobatrachus robustus*	狀態：地區性普遍

壯髮蛙（HAIRY FROG）

由於其獨特的毛髮狀構造而得名。這種構造可以讓雄蛙一直待在水面下保護卵，而不用浮出水面換氣。滿布在體側及四肢上的毛髮狀皮膚構造，可以增加皮膚的表面積，有助於吸收水中的氧氣。壯髮蛙有大頭部，是體型相對較大的蛙類。其蝌蚪的腹部有吸盤，可用來黏附在石頭上。

• **分布**：奈及利亞東部、幾內亞、喀麥隆及薩伊。棲居在雨林中。

• **繁殖**：雨季時產卵於水中。

背部有大量的毛髮狀構造 ●

背部中央有深色條紋 ●

非洲

吻端尖

體長：7-13公分	習性：陸棲為主	活動時間 ☾

科：樹蛙科	學名：*Chiromantis xerampelina*	狀態：地區性普遍

大灰攀蛙（FOAM-NEST FROG）

大灰攀蛙有細長的四肢，趾端具吸盤，是傑出的攀爬好手。白天休息時，可以藉著改變體色來隱藏偽裝。雌蛙在水池上方的樹上產卵並分泌黏液，在數隻雄蛙幫忙下，用腳將黏液攪拌成泡沫狀。然後這個卵泡的外部會乾掉，卵就在卵泡內孵化，蝌蚪鑽出卵泡後會掉進下方的水池中。

• **分布**：非洲南部。棲居在林木森然的大草原中。

• **繁殖**：雨季時產卵於水面上方的植物上。

非洲

突出的大眼睛 ●

改變體色進行偽裝 ●

細長的四肢 ●

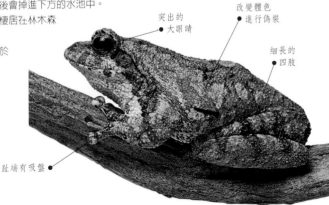

趾端有吸盤 ●

體長：5-9公分	習性：完全陸棲	活動時間 ☾

科：樹蛙科	學名：*Rhacophorus reinwardti*	狀態：地區性普遍

爪哇飛蛙 (JAVAN FLYING FROG)

由於爪哇飛蛙一躍之後可以在樹間進行長距離的滑翔（並非真正可以飛），因此而得名。這種滑翔動作主要藉助於趾間的大蹼來完成，展開的大蹼作用就像降落傘。其修長的四肢也使這種樹蛙成為行動敏捷的攀爬者。其體色為綠色，趾間的蹼有黑色斑紋。雌蛙將卵產在水面上的卵泡內。

• **分布**：馬來西亞、蘇門答臘及爪哇。棲居在林地及森林中。

• **繁殖**：雨季時產卵於水面上方的樹上。

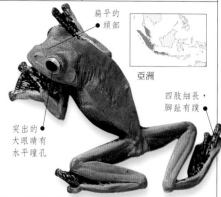

扁平的頭部

亞洲

四肢細長，腳趾有蹼

突出的大眼睛有水平瞳孔

體長：5–8公分	習性：陸棲為主	活動時間 ☾

科：異舌穴蟾科	學名：*Rhinophrynus dorsalis*	狀態：地區性普遍

異舌穴蟾 (MEXICAN BURROWING FROG)

異舌穴蟾的外形與其他蛙類大不相同。其獨特的外形是完全為了要適應地底生活。這種大型蛙有圓錐狀的頭部與尖硬的吻部，使牠能在土壤裡挖掘，並藉著短小卻有力的四肢前進。只有在雨後才會鑽出地面，行動笨拙地一步步走向暫時性的池塘進行繁殖。其獵物包括白蟻與螞蟻。

• **分布**：中美洲。棲居在低地森林與開闊地區。

• **繁殖**：雨季時產卵於水中。

中美洲

背脊處有紅色條紋

圓錐狀的頭部上有小眼睛

四肢短小

體長：6–8公分	習性：陸棲為主	活動時間 ☾

科：狹口蛙科	學名：*Breviceps adspersus*	狀態：地區性普遍

散疣短頭蛙 (BUSHVELD RAIN FROG)

散疣短頭蛙善於挖掘，有肥胖的球形身體、短小的四肢以及扁平的臉部。其體色為灰色或深褐色，並綴有黑色、黃色或橙色等斑點組成的帶狀斑紋。向後挖掘時，其後腳上的角質結節可以移動土壤。一旦受到干擾，身體會充氣膨脹，寸步不移地用身體卡住洞口，守住洞穴；只有在雨後的夜晚才會鑽出地面覓食白蟻與螞蟻。

• **分布**：南非與辛巴威。棲居在沙質土壤的樹林中。

• **繁殖**：雨季時產卵於陸地上。

扁平的臉部

身體有由斑點組成的帶狀斑紋

非洲

圓胖的身體

有力的四肢

體長：3–6公分	習性：陸棲為主	活動時間 ☾

科：狹口蛙科	學名：*Dyscophus antongilli*	狀態：瀕危

番茄蛙（Tomato Frog）

其圓胖的體型與鮮紅的體色，確實不負「番茄」之名。若遭碰觸，番茄蛙的皮膚會分泌黏液來自我防衛。這種地棲型的蛙類，大部分時間都埋在土裡，夜間才會出來覓食昆蟲。大雨後會在水池或溝渠中產卵。由於棲地遭到破壞，使得野生番茄蛙已瀕臨滅絕，目前正以人工大量繁殖。人工飼養的番茄蛙體色不如野生種鮮豔。

• **分布**：馬達加斯加島西北部。棲居在低地中。

• **繁殖**：雨季時產卵於水中。

馬達加斯加島

肥胖的身體

扁平的頭部

鮮紅的體色

體長：8-12公分	習性：陸棲為主	活動時間 ☾

科：狹口蛙科	學名：*Gastrophryne olivacea*	狀態：地區性普遍

西狹口蛙（Western Narrow-mouthed Toad）

西狹口蛙又稱為大平原狹口蛙（Great Plains Narrow-mouthed Toad），小而尖的頭部以及短小的四肢，讓牠們能藏身在土壤的小縫隙或地道中。其體色為褐色或灰色，眼睛非常小，頭頂上有明顯的膚褶。西狹口蛙以螞蟻為食，常常埋身在蟻窩附近的沙地、土壤或腐木下。大雨過後會大量聚集在暫時性的池塘邊繁殖。卵孵化時間短，蝌蚪的發育速度相當快。

• **分布**：美國西南部。棲居在半乾燥的地區。

• **繁殖**：春、夏二季產卵於水中。

北美洲

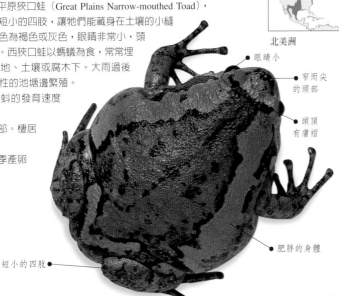

眼睛小

窄而尖的頭部

頭頂有膚褶

肥胖的身體

短小的四肢

體長：2-4公分	習性：陸棲為主	活動時間 ☾

| 科：狹口蛙科 | 學名：*Kaloula pulchra* | 狀態：地區性普遍 |

花狹口蛙（MALAYSIAN NARROW-MOUTHED TOAD）

這種挖土穴居的種類有圓胖的身體及短小的四肢。體色為褐色到深褐色，背上有米黃色或粉紅色的寬闊條紋。交配時，雄蛙腹部的腺體會分泌黏液，將自己黏附在雌蛙的背部上。

• **分布**：印度及亞洲西南部。各類鬆軟沙地都有分布，包括農田及都市地區。

• **繁殖**：雨季時產卵於水中。

亞洲

禦敵時身體會充氣膨脹

防禦時

身體放鬆的狀態

休息時

| 體長：5-7.5公分 | 習性：陸棲為主 | 活動時間 ☾ |

| 科：狹口蛙科 | 學名：*Phrynomantis bifasciatus* | 狀態：地區性普遍 |

雙條膛蛙（BANDED RUBBER FROG）

雙條膛蛙有細小的四肢、細長且扁平的身體，移動方式為跑與走。其平滑的黑色皮膚上有醒目的紅色或粉紅色條紋、小斑塊或斑點，用以警告潛在的敵人。採防禦姿勢時，會用四肢將身體撐起、身體充氣膨脹，皮膚也會分泌毒液。成熟過程中有時會改變顏色（黑色可能變成灰色，紅色可能變成粉紅色或幾近白色）。雨後會在池塘中進行繁殖。雄蛙在池畔發出顫抖的求偶聲以吸引雌蛙。雌蛙產下成團的卵塊，並將之黏附在植物上。

• **分布**：非洲南部與東部。棲居在稀樹大草原中。

• **繁殖**：春季時產卵在水中。

紅色的條紋用以警告天敵

非洲

身體長

四肢小

| 體長：4-6公分 | 習性：陸棲為主 | 活動時間 ☾ |

名詞釋義

下列名詞的定義僅適用於爬行類與兩生類的學術研究上。每一名詞的定義均力求簡明易懂，方便讀者瞭解。

• **短吻鱷 Alligator**
亞熱帶鱷類，有寬大的口鼻部，不同於一般鱷魚。

• **兩生類 Amphibian**
冷血的脊椎動物，通常棲居在陸地上，卻在水中生殖。

• **蚓蜥 Amphisbaenian**
外形似蠕蟲、善於鑽洞的爬行類，有細長的身體與短尾，鱗片排列成環狀。

• **樹棲性 Arboreal**
已適應棲居在樹上。

• **自割 Autotomization**
詳尾部自割（Caudal autotomy）。

• **鬚 Barbel**
長長的肉質凸起或小疣，通常出現在陸龜或海龜的下巴之下。

• **骨板 Bony plate**
用以增加鱷類革質皮膚堅韌度的板狀構造。

• **眼膜 Brilles**
覆蓋在眼球之前的一層固定且透明的薄膜，這是所有蛇類與某些蜥蜴的特徵。

• **蚓螈 Caecilian**
外形像蚯蚓的兩生類，身體細長、無足（也可以說沒有尾巴），通常全身滿布一圈圈的環紋。

• **寬吻鱷 Caiman**
分布於南美洲，是短吻鱷的近親。

• **背甲 Carapace**
陸龜與水龜背部的殼。

• **盔 Casque**
蜥蜴頭上隆起的裝飾物，位置通常在頭部後方。

• **尾部自割**
Caudal autotomy
蜥蜴或某些其他動物在遇到攻擊時，自斷尾巴以逃生的過程。

• **龜鱉目 Chelonian**
爬行類動物的一群，包括陸龜與水龜，擁有保護性的甲殼是其特徵。

• **泄殖腔 Cloaca**
生殖與排泄孔。

• **泄殖腔棘 Cloacal spur**
蚺蛇與蟒蛇骨盆帶或後肢的退化殘跡所形成的棘或爪，雄蛇在求偶時會派上用場。

• **窩 Clutch**
由同一雌性所產下的卵。

• **領 Collar**
橫過頸背的一道狹窄色帶。

• **壓縮纏繞 Constriction**
許多無毒蛇所使用的獵殺方式，即使用肌肉發達的身體緊緊纏繞獵物直至獵物窒息為止。

• **肋溝 Costal grooves**
出現在某些水螈、蠑螈與其幼體的體側處，為互相平行的垂直凹槽。

• **脊突 Crest**
皮膚的隆起物，出現在某些蜥蜴的背部與尾部；某些雄水螈在繁殖季節時也會長出這種構造。

• **鱷 Crocodile**
熱帶地區的鱷魚，有狹長的口鼻部，不同於短吻鱷。例如馬來鱷、古巴鱷。

• **鱷目 Crocodilian**
包括短吻鱷、寬吻鱷、長吻鱷及食魚鱷等所有鱷魚的分類名詞，其外形特徵為流線型的身體、長長的尾巴以及由骨板強化的革質皮膚；鱷類的口鼻部通常狹窄，長短則不一。

• **橫帶或橫條紋**
Cross-band or -bar
狹長形的斑紋，橫過體背但不在腹側相連。

- **隱藏性花紋**
Cryptic patterning
可以改變動物輪廓或幫助其融入環境中的花紋或體色。此為偽裝自保的策略。

- **肉垂 Dewlap**
蜥蜴喉部下方的大型下垂物，有時用於展示。

- **展示 Display**
爬行類或兩生類動物在求偶或禦敵時為吸引對方注意所表現出來的行為。

- **日行性 Diurnal**
主要於白天活動。

- **背部的 Dorsal**
意即附屬在背部者。

- **暫時性水池或池塘**
Ephemeral pool or pond
往往會在一年中的某一個時期出現乾涸現象的水池或池塘。適合某些兩生類作為繁殖場所。

- **毒牙 Fang**
毒蛇中空或溝狀的長牙齒，毒液可經由牙齒注入。

- **蛙 Frog**
成體時無尾巴的兩生類動物，通常後肢粗壯且比前肢要大得多。

- **前毒牙毒蛇**
Front-fanged snake
上顎前方長著毒牙的毒蛇種類，例如眼鏡蛇。

- **食魚鱷 Gharial**
分布於亞洲的吃魚鱷魚，有非常窄長的口鼻部。

- **剛孵出的幼體 Hatchling**
剛剛破卵而出的新生動物。

- **熱感應頰窩**
Heat-sensitive pit
某些蛇種用以定位出溫血獵物所在位置的器官。此器官位於蚺蛇與蟒蛇的嘴緣處（唇窩），響尾蛇的熱感應器則介於鼻、眼與嘴巴之間（頰窩）。

- **無斑點的 Immaculate**
皮膚的一種形式，通常為白色且一無斑點。

- **鱗片間皮膚**
Interstitial skin
介於蛇類鱗片之間的皮膚。

- **幼體 Juvenile**
未完全成熟的爬行類動物。（詳剛孵出的幼體與亞成體）

- **脊鱗 Keeled scale**
鱗片中央有一至數個隆脊，產生粗糙、不光滑的外表與結構。

- **唇的 Labial**
與嘴唇相關的。詳熱感應頰窩（唇窩）

- **幼體 Larva**
指所有兩生類動物在未變態為成體之前的階段（蛙與蟾蜍的幼體通常稱為蝌蚪）。

- **側扁**
Laterally compressed
橫剖面的水平與垂直軸為高與窄，而不是圓形或扁平。

- **胎生 Live-bearing**
動物直接產下胎兒，而不是產卵。

- **蜥蜴 Lizard**
爬行類動物，典型的外形特徵包括具有四肢、尾巴較長、有可以眨動的眼瞼與外耳孔。

- **地區性普遍**
Locally common
在其大多數的分布區域內不普遍或根本沒有，但在某些特定地點卻相當普遍。

- **頰 Loreal**
相當於眼、鼻與嘴之間的區域。詳熱感應頰窩

- **變態 Metamorphosis**
幼體或蝌蚪轉變為成體的過程，發生於大多數的兩生類動物。

- **中線 Midvein**
蛇或蜥蜴頭部上或背上的細線，通常有助於偽裝。

- **幼體 Neonate**
蛇或蜥蜴以胎生方式直接產下的新生個體。

- **水螈 Newt**
半水棲性的小型兩生類動物，有細長的身體、長尾及

短四肢。有些種類的雄性在繁殖季時會長出脊突；返回水中繁殖。

• 夜行性 Nocturnal
主要於夜晚活動。

• 婚墊 Nuptial pad
手掌的隆起物，通常顏色較深且構造粗糙，繁殖季時會出現在某些蛙與蟾蜍的雄性身上。

• 枕領 Occipital flap
位於變色龍頭部後方可摺疊的皮膚。

• 眼點 Ocellus
形似眼睛的斑點，中心處的顏色比周圍淡。

• 相對拇指
Opposable thumb
可與其他趾對握的拇指。

• 上突顎 Overshot jaw
上顎較下顎突出。

• 耳後腺 Parotid gland
許多兩生類動物眼睛後方的腺體，蟾蜍尤為明顯，可分泌毒液。

• 單性生殖
Parthenogenetic
全為雌性的族群或種類毋須與雄性有性接觸就可生殖。

• 松果眼 Pineal eye
喙頭蜥（鱷蜥）與許多蜥蜴頭頂上的第三隻眼，可感應光強度，可能也有助於調節體溫。

• 腹甲 Plastron
陸龜與水龜腹部的殼。

• 枕後鱗
Post-occipital scale
眼鏡王蛇頭部後方的圓形鱗片，可用以區分眼鏡王蛇與其他眼鏡蛇。

• 可捲握的尾巴
Prehensile tail
樹棲性動物的特徵，尾巴可用於捲握。

• 長吻 Proboscis
長長的吻部或口鼻部。

• 響環 Rattle
響尾蛇尾巴上由脫落皮膚所形成的鬆散環，可震動產生聲響以阻嚇掠食者。

• 後毒牙毒蛇
Rear-fanged snake
上顎後方有毒牙的毒蛇，例如非洲樹蛇。

• 爬行類動物 Reptile
冷血的脊椎動物，其特徵包括具肺臟、外覆鱗片，以及具盾片與骨板。

• 網狀的 Reticulated
成網絡狀排列。

• 環 Ring
完全環繞過身體一圈的狹長斑紋。

• 喙鱗 Rostral scale
位於上顎處吻端的鱗片。

• 鞍形 Saddle
橫過動物背部的寬闊斑紋，並往體側延伸一小段。

• 蠑螈 Salamander
典型的陸棲型兩生類動物，有長形身體、長尾巴與短四肢。某些種類會返回水中生殖，其他則產卵於陸上。

• 摩擦鋸齒狀鱗
Saw-scaling
蛇類將身體彎成同心曲線，並摩擦其脊鱗以發出沙沙的警告聲。

• 鱗片 Scale
通常層層重疊覆蓋在蛇類、蜥蜴與蚓蜥的身體上。這種柔軟的外部構造有時平滑、有時呈顆粒狀或突起，有時則出現鱗脊。

• 盾片 Scute
界限清楚的大鱗片，如出現在陸龜與水龜背甲上者。

• 半穴居 Semi-burrowing
指某些動物有時會居住在地底下或落葉層內。

• 殼 Shell
陸龜與水龜的外在保護性覆蓋物，由背甲與腹甲組成。

• 蛇類 Snake
身體細長且無足的爬行類動物，外覆平滑或脊狀的鱗

片，具有可張大的上下顎與叉狀舌；有固定的眼膜而非可眨動的眼瞼，沒有外耳。有些種類毒性強，但大多數無害。

• 眼膜 spectacles
詳眼膜（Brilles）

• 精莢 Spermatophore
雄性精子聚合成的膠塊，由雌性的泄殖腔棘接收。

• 棘 Spur
四肢上的尖刺狀保護構造。詳生殖腔棘（Cloacal spur）

• 條紋 Stripe
斑紋的一種，通常縱行於身體上下。

• 亞成體 Subadult
較幼體大的動物成長階段，但未完全成熟。

• 眶下鱗 Subocular scale
某些蛇種所具有的鱗片，介於唇鱗與眼睛之間。

• 蝌蚪 Tadpole
蛙與蟾蜍的幼體，還未變態為成體之前的階段。

• 淡水龜 Terrapin
口語上泛指的淡水烏龜。

• 蟾蜍 Toad
蟾蜍科的成員，或泛稱任何行動緩慢、皮膚粗糙有疣的蛙或蟾蜍。

• 陸龜 Tortoise
陸棲性的龜鱉目動物。

• 截短的 Truncated
通常指尾巴的形狀短而鈍。

• 喙頭蜥 Tuatara
形似蜥蜴的原始爬行類動物，只產於紐西蘭外海的小島上。

• 瘤 Tubercle
肉質瘤狀凸起。

• 疣狀突起 Tuberculate
外覆肉質突起。

• 水龜 Turtle
淡水或海水的龜鱉目動物。

• 腹鱗 Ventral scale
蛇類身體腹側的鱗片（通常較其他鱗片寬）。

• 脊椎的 Vertebral
指背部中心沿線。

• 殘跡的 Vestigial
動物在演化的過程中正要消失的部分構造，均為小而不完整的形式，用途少或完全不具任何功用。

• 鳴囊 Vocal sac
柔軟的袋狀結構，膨脹後可作為共鳴器，可放大某些蛙或蟾蜍的求偶鳴聲。

• 蚓蜥 Worm-lizard
詳蚓蜥（Amphisbaenian）

中文索引

※斜體字者為拉丁學名。

英文索引

※斜體字者為拉丁學名。